XINXING PEIDIANWANG
GUANJIAN JISHU JI FAZHAN

新型配电网关键技术及发展

杨会轩 主编

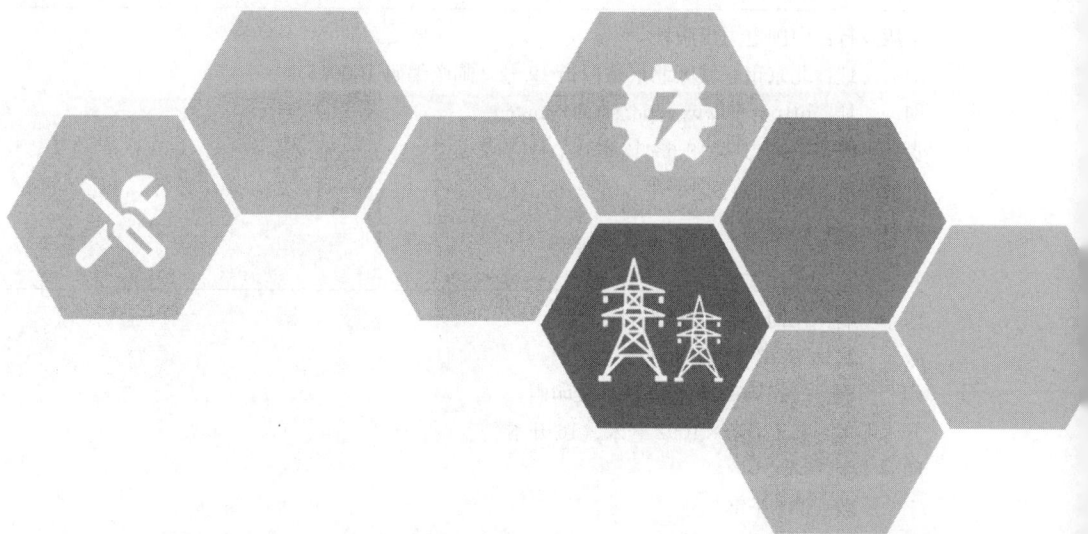

中国电力出版社
CHINA ELECTRIC POWER PRESS

内 容 提 要

本书在细致分析新型配电网的背景、意义与发展方向的基础上，详细介绍了新型配电网新技术应用相关内容，主要包括新型配电网规划技术、自愈控制技术与调度优化技术、运行评估及优化技术、数字化技术，并对新型配电网新技术的未来发展进行展望。

本书可作为各级政府、企业、团体从事配电网领域工作相关人员的读本，也可作为高等院校电气工程、智能电网信息工程等专业的参考教材。

图书在版编目（CIP）数据

新型配电网关键技术及发展/杨会轩主编. —北京：中国电力出版社，2025.7
ISBN 978-7-5198-8713-1

Ⅰ.①新… Ⅱ.①杨… Ⅲ.①配电系统—研究 Ⅳ.①TM727

中国国家版本馆 CIP 数据核字（2024）第 046676 号

出版发行：中国电力出版社
地　　址：北京市东城区北京站西街 19 号（邮政编码 100005）
网　　址：http://www.cepp.sgcc.com.cn
责任编辑：赵鸣志（010-63412385）　马雪倩
责任校对：黄　蓓　王海南
装帧设计：赵姗姗
责任印制：吴　迪

印　　刷：三河市万龙印装有限公司
版　　次：2025 年 7 月第一版
印　　次：2025 年 7 月北京第一次印刷
开　　本：787 毫米×1092 毫米　16 开本
印　　张：15.25
字　　数：338 千字
印　　数：0001—1000 册
定　　价：80.00 元

编 委 会

主　编：杨会轩

副主编：韩文德　周振宇　高　峰　李可军

编　委：苏　明　张瑞照　廖海君　李从非

　　　　李思峰　石　鑫　曹　灿　刘金会

　　　　刘智杰　彭丹丹　王金灿　夏倩倩

　　　　邢玉朋　郑国栋　肖恩珍　陈文静

　　　　王德志　毛湘钧　颜培粱　段英杰

编 写 单 位

主编单位：山东华科信息技术有限公司

　　　　　北京华清未来能源技术研究院有限公司

参编单位：中国电力企业联合会电力检测技术研究院

　　　　　清华大学能源互联网创新研究院

　　　　　华北电力大学电气与电子工程学院

　　　　　山东大学电气工程学院

前　言

　　配电网是面向用户电力能源供应的重要基础设施和实现规模化新能源消纳的关键环节，在电力系统中起着承上启下的重要作用。随着"双碳"目标和新型电力系统建设的持续推进，随机性强、波动性大的新兴分布式能源海量接入，使配电网由无源、单向、闭环向有源、双向、开环、拓扑可重构、数字化调控转变，新型配电网发展必将面临前所未有的挑战，需要在规划、自愈控制、调度优化、运行评估以及数字化等方面进行技术革新，从而形成源网荷储深度融合互动的新形态，推动配电网数字化、智能化转型，并进一步实现配电网与电力市场、碳市场的协同发展，做到绿色低碳、安全可控、智慧灵活、数字赋能和经济高效。

　　本书共6章，主要内容包括：第1章新型配电网概述，第2章新型配电网规划技术，第3章新型配电网自愈控制与调度优化技术，第4章新型配电网运行评估及优化技术，第5章新型配电网数字化技术，第6章新型配电网新技术展望。

　　本书内容涉及业务面广、专业跨度大，编写过程困难较多，鉴于编者水平有限，本书难免会有疏忽之处，欢迎读者批评指正！

编　者

2025年7月

目　录

第1章 新型配电网概述

1.1 新型配电网发展背景与意义

随着"双碳"政策和新型电力系统建设的持续推进，分布式光伏、风电建设全方位铺开，分体式定频空调、电动汽车和储能等柔性负荷也将大规模接入，配电网正在从无源、单向、闭环、拓扑固定、人为调控转变为有源、双向、开环、拓扑可重构、数字化调控。配电网作为面向用户电力能源供应的核心环节，具有承上启下的重要作用，也是实现电能转换和利用的重要基础设施，安全稳定运行至关重要。随着"碳"进程和新型电力系统建设的加快推进，高渗透率分布式光伏、风电的不确定性、波动性及与负荷之间的时空不平衡特性进一步加剧，新型配电网必将面临前所未有的挑战。

一是新型配电网规划所面临的挑战。传统配电网基本采取闭环设计、开环运行的设计思路，系统中源网荷元素各自的定位十分清晰。因此，传统配电网的规划一般遵循负荷预测、空间负荷分布分析、变电站选址定容、线路网架设计、确定用户变压器容量这一典型流程来实现。但在新型配电网中，分布式电源、新能源设备及各类调控装置和手段将广泛且大规模地接入与运营。由于可再生能源波动性和间歇性等自然特性，导致电力系统中的可调整资源变少，电源侧的变化给电力系统调控带来困难。这就要求新型配电网的规划还需要考虑高比例新能源接入、微电网、交直流混联等新型配电形式，考虑灵活控制策略下与新型配电网动态运行特性相结合，考虑与智慧能源网、智能交通网等外部系统的协调发展。因此，新型配电网的规划还面临着系统中存在的众多不确定性因素，例如分布式电源相关技术与当前集中式的大电网结构契合度低、源网荷储系统运行的时序特征混杂性、涵盖设备全生命周期成本以及新能源激励政策变化、储能技术尚未成熟等诸多挑战及风险。

二是新型配电网自愈控制与调度优化所面临的挑战。传统的配电网自愈控制技术由于未考虑高比例新能源的接入、配电网双向潮流特性、网络拓扑结构动态变化、配电线路复杂度以指数形式上升等因素，无法时刻监控、检测、识别配电网的运行情况同时在配电网发生故障后进行及时的预警，也无法对非故障失电区域进行负荷转供，以达到配电网迅速自愈的目标，导致整体配电网更加脆弱。据统计，我国与国际先进水平还存在较大差距。我国 10kV 用户平均供电可靠性为 99.940%，平均停电时间 5.22h，而新加坡在 2011 年时就达到 99.999941%，平均停电时间 0.31min。配电网调度优化是配电网运行的重要环节之一。随着分布式能源、储能、电动汽车等大量新兴能源主体接入配电网，新型配电网将转变为拥有多种可控分布式电源的主动配电网，并且大规模新能源并网常伴随着潮流倒送、接入点电压过高现象发生，且光伏、风电装置出力具有随机性和不稳定性，以上因素都增加了新型配电网的调度优化难度。传统的配电网调度优化技术由于忽略前述因素，当电价变化或者新型配电网供电安全受到影响时，无法主动改变用户用电行为也无法根据电力合约中断部分负荷得到补偿，从而导致新型配电网的调峰、调压、供电质量、运行经济性以及新能源消纳等方面面临极大挑战。

三是新型配电网运行评估及优化面临的挑战。配电网运行评估及优化通过研判配电网的运行状态与各类设备的可靠性，开展电能质量评估工作，基于评估结果找到配电网存在的问题，并提出针对性的配电网优化建设方案，保障配电网的安全稳定运行。然而，面向高比例新能源接入的新型配电网，可再生能源发电具有强随机性和间歇性，传统的配电网运行评估与优化技术仍然采用面向常规能源的供电可靠性指标体系，并且统计范围仅计及中高压用户，无法对新能源出力的不确定性引起新型配电网线路潮流分布和节点电压波动、线路潮流流向改变、功率倒送等情况进行准确评估及优化，一些电力系统保护设备因此会受到很大的冲击，这些影响直接关系到电力用户的用电效率和用电质量，情况严重时甚至会导致大面积停电事故发生。另外，对于新型配电网来说，负荷不仅密集而且类型多样，系统每个节点上负荷功率的波动形式不尽相同，无法采用统一的概率分布描述不同负荷类型的波动，这也就进一步增加了整个系统的不确定性，为新型配电网运行评估及优化增添了更大的复杂性。

四是新型配电网数字化转型面临的挑战。大数据、物联网、区块链、人工智能和数字孪生等先进数字化技术的突飞猛进为新型配电网提供了新的发展契机。然而，如何将这些前沿科技与新型配电网发展需求完美结合，仍是亟待探索的问题。例如：新型配电网电力物联安全认证接入与数据传输技术方面，现有配电网统一通过中心服务器对电力终端设备进行身份认证以保障配电网的有效运行时，往往会遇到海量的电力终端设备带来的身份认证申请或数据传输使中心服务器算力过载，导致配电终端在申请身份认证时往往无法高效完成；电力物联终端辨识方面，当前配电网电力物联终端智能管控只能覆盖至边缘设备而终端感知辨识能力薄弱，新型配电网如何利用数字化技术在边缘侧实现对电力物联终端静态信息与动态信息的高效辨识，提高电力物联终端智能辨识的准确性，支撑终端设备的精细化管控，使数字经济与实体经济深度融合，也是亟须解决的一大问题。与此同时，新型配电网系统的庞大规模、多元构成要素和复杂技术集成等特征为配电网的数字化转型带来了长期挑战。特别是在以新能源为主体的新型电力系统建设背景下，系统的波动性将急剧增大，惯量明显降低，分布式特征更加明显，设备数量剧增，多元化主体需求差异增大，电网利益格局更加复杂。

因此，为了解决上述挑战，新型配电网应该以绿色低碳、安全可控、智慧灵活、开放互动、数字赋能、经济高效为发展的基本特征，结构上实现更强的新能源消纳能力，形态上实现源网荷储深度融合互动，技术上实现各环节数字化智能化，经济上实现新型配电网和碳市场协同发展。依托电力电子技术及新一代信息通信技术，建设适应高渗透率分布式电源的智能柔性新型配电网，以加快新型电力系统建设，响应国家"双碳"目标。

1.2 新型配电网发展方向

作为新型电力系统建设的主战场，传统配电网正在加速向新型配电网演进。随着海量分布式电源、储能、电动汽车等新型广义负荷的广泛接入，用户供需互动日益频繁，使得新型配电网出现双向化、智能化、电力电子化等新特征，新型配电网的源网荷具有更强的时空不确定性，呈现出常态化的随机波动和间歇性，给新型配电网安全可靠运行带来更大挑战。为此，本书将从新型配电网规划技术、新型配电网自愈控制与调度优化技术、新型配电网运行评估及优化技术和新型配电网数字化技术四个方面详细阐述新型配电网发展方向，以助力"双碳"目标下适应新型电力系统的新型配电网快速构建。

（1）配电网规划技术方面，传统配电网规划一般遵循负荷预测、空间负荷分布分析、变电站选址定容、线路网架设计、确定用户变压器容量这一典型流程来实现。但在新型配电网中，分布式电源、新能源设备及各类调控装置和手段将广泛且大规模接入与运营，这就要求新型配电网的规划还需要考虑微电网、交直流混联等新型配电形式，考虑如何与灵活控制策略下的动态运行性能相结合以及如何与智慧能源网、智能交通网等外部系统的协调发展。然而，新型配电网规划还面临系统中存在众多不确定性因素、系统运行的时序特征和行为混杂等诸多挑战。因此，本书第2章提出新型配电网规划技术，科学地制定新型配电网整体的建设发展路线，全面提升新型配电网改造的合理性及电网运行的安全性和经济性。

（2）配电网自愈控制与调度优化技术方面，自愈控制作为新型配电网最重要的手段之一，能够时刻监控、检测、识别电网运行情况的同时在配电网发生故障后进行及时预警，实现快速的识别故障、隔开故障区域以及重新供电等；配电网调度优化一直是配电网运行的重要环节，能够实现源、网、荷、储资源的多尺度聚合调控，完成配电网分层调度优化以及支撑新型配电网资源区域自治的边缘控制优化，但随着分布式资源、储能、电动汽车等大量新兴能源主体接入配电网，配电网运行的随机性和不确定性增加，为传统配电网的优化调度带来极大挑战。因此，本书第3章提出新型配电网自愈控制与调度优化技术，实现新型配电网智能化的同时提升供电质量、可靠性和有效性。

（3）配电网运行评估及优化技术方面，配电网运行评估与优化通过研判配电网的运行状态与各类设备的可靠性，开展电能质量评估工作，基于评估结果找到配电网存在的问题，并提出针对性的配电网优化建设方案，保障配电网的安全稳定运行。然而，面向高比例新能源接入的新型配电网，国内传统配电网运行评估与优化技术仍采用面向系统的供电可靠性指标体系，无法统计到新接入的一些低压能量主体，存在无法全面反映用户真实用电体验、不适应电力市场深度开发的新要求，难以表征电动汽车及储能等新因素对用电影响的问题。因此，本书第4章提出新型配电网运行评估及优化技术，实现电能质量、供电可靠性、设备可靠性和运行风险的准确快速评估，以支撑针对性强的新型配电网优化建设方案的提出，保障配电网的安全稳定运行。

（4）配电网数字化技术方面，一方面，传统配电网通过中心服务器对电力终端设备进行身份认证以保障配电网的有效运行，往往会遇到海量电力终端设备带来的身份认证申请或数据传输，导致中心服务器回复所需要的运算量巨大，使得配电终端无法高效完成身份认证。另一方面，当前配电网电力物联终端智能管控只能覆盖至边缘设备，终端感知辨识能力薄弱，而新型配电网电力物联网应在边缘侧实现电力物联终端静态信息与动态信息的高效辨识，提高电力物联终端智能辨识准确性，支撑终端设备的精细化管控，实现数字经济与实体经济的深度融合。因此，本书第 5 章提出新型配电网数字化技术，实现新型配电网智能化管理、高效能源利用，支撑全面能源转型，保障电力系统的稳定性和可靠性，助力构建更加智能、高效的新型配电网系统体系。

（5）新型配电网新技术展望方面，本书第 6 章分别对面向低碳化发展的新型配电网规划技术、面向多形态发展的新型配电网能量调度技术、新型配电网运行评估技术及承载力提升方法、新型配电网信息流确定性控制技术进行展望，为新型配电网的演进方向提供支撑。

第2章 新型配电网规划技术

2.1 新型配电网规划原则和内容

新型配电网规划是电网发展的重要组成部分，是指导配电网进一步发展的纲领性举措，并且由于配电网是电力网络中最接近电力用户的部分，对其进行科学的优化规划，可以保证新型配电网改造的合理性和电网运行的安全性与经济性，进而提高配电网的供电质量。

新型配电网规划设计应根据统一的技术标准要求，紧扣供电可靠性和安全性，在高压、中压、低压等不同电压等级配电网规划的基础上，考虑配电网规划未来演进路线，以及区域多能互联、高比例分布式新能源接入、大规模电动汽车充放电等多场景，基于统一、结合、衔接的总体要求以及差异化的建设标准，统筹不同电压等级配电网的建设和改造，遵循可靠性、灵活性、经济性、差异性、协调性的原则。

（1）可靠性方面，新型配电网规划需满足电力用户对供电可靠性的要求和供电安全标准。可靠性通过供电可靠性来表征，根据某一时期内电力用户的停电时间进行核算，而供电安全标准则通过供电恢复容量和供电恢复时间等要求进行评判。大量间歇性高比例新能源接入电力系统后，对供电可靠性与供电质量提出了更高的要求，在发电功率具有强不确定性的情况下，新型配电网规划可靠性将面临严峻挑战，因此需要对高比例间歇性电源接入后的规划可靠性进行准确评估。

（2）灵活性方面，由于新型配电网在持续演进，尤其随着新型电力系统的提出，高比例分布式能源接入和区域能源互联概念的提出，导致配电网发展面临更多不确定因素，因此规划方案必须具有很强的灵活性，能够适应新型配电网建设过程中上级电源、负荷、站址通道等资源的变化。在此基础上，规划方案还应考虑智能化因素的加入，能够在检修和正常运行时灵活调度电力资源，确保新型配电网对运行条件变化的适应性，实现新型配电网与用户的友好互动。

（3）经济性方面，统筹考虑新型配电网发展，包括新能源、分布式电源和多元化负荷接入，按照饱和负荷需求，导线种类、数量、截面面积一次选定，电网廊道一次到位，变电站选址和数量一次确定，改造与新建并行推进，最大限度利用现有资源，避免乱拆乱建和超标改造等浪费现象，保证规划的科学经济性。规划设计初期要进行多方案对比遴选，分析投入产出比，多方评估后选取经济及技术指标最优的方案。新型配电网规划涉及的时间跨度大，在高比例间歇性新能源接入、区域能源互联的背景下，与传统

5

电力系统相比，新型配电网规划建设需要更加谨慎考虑其成本、收益和运营风险，涵盖设备全生命周期成本以及新能源激励政策变化、储能技术尚未成熟等风险。

（4）差异性方面，由于供电用户所处地理位置及环境迥异，需要应对不同地区进行差异化规划以满足不同电力用户的差异化需求。按照用户重要程度、参考地区行政级别及负荷密度等方面，遵循统一的原则和标准，根据区域的发展水平和安全可靠性需求，将配电网划分为 A+、A、B、C、D、E 等不同等级的供电区域，并制定相关标准和发展重心。传统配电网用户即为负荷，源、网、荷各自角色和定位十分清晰，但在新型配电网中，源、网、荷的角色定位和行为特征将发生根本变化，也对新型配电网不同地区差异化规划提出新的挑战。

（5）协调性方面，新型配电网处在未来电力系统发电、输电、配电、变电、用电的中间环节，起到承上启下的作用，因此新型配电网的规划设计一定要注重和不同环节的配合，实现输配协调、配用协调、多主体协调、源网协调、网荷协调等。要考虑运行层面的灵活策略调整、配用电大数据信息支撑和市场博弈等方面的多方协调，充分计及新型配电网规划决策和场景发展变化之间持续的、动态化的互动过程并满足在全规划周期内最优的动态协调，以及适应不能准确预见的技术或政策驱动下各层面发生剧烈变化的源、网、荷、储协调。

新型配电网规划整体流程示意图如图 2-1 所示。

其中主要内容有：

（1）规划原则和内容。根据新型配电网特有的多利益主体深度博弈、角色定位动态转换、海量多元终端接入等特征，制定新型配电网规划原则和内容，推动配电网进入新形态。

（2）需求预测。结合新型配电网用电及分布式能源接入情况，预测规划期内电量与负荷的发展水平，分析未来用电负荷的构成及特性，对预测期内的需电总量及负荷特性进行精准测算。根据新型配电网电源、用户规划和接入方案，提出多主体、动态、多电压等级的网供负荷需求预测，具备控制性详规的新型配电网地区应进行饱和负荷预测和空间负荷预测，进一步掌握未来配电网用户及负荷的分布情况和发展需求。

（3）变配电容量估算。根据新型配电网负荷需求预测以及考虑源、网、荷、储多主体电源参与的电力平衡分析结果，依据容载比、负荷率等相关技术原则要求，确定新型配电网规划期内各电压等级变电、配电容量需求，进一步确认新增变电站座数与位置。

（4）网络方案制定。制定新型配电网各电压等级目标网架，科学合理布点、布线，优化各类变配电设施的空间布局，明确站址、线路通道等建设资源需求。

（5）用户和电源接入。根据新型配电网不同电力用户和电源的可靠性需求，结合目标网架，提出接入方案，包括接入电压等级、接入位置等；对于分布式电源、电动汽车充放电设施、电气化铁路、分布式储能设备等特殊电力用户，开展谐波分析、短路计算等必要的专题论证。

（6）配电网规划未来演进路线。具体包括特征提取与量化、动态聚合分析预测、多要素复杂场景规划、多场景推演及动态协调决策四部分。特征提取与量化方面，开发多

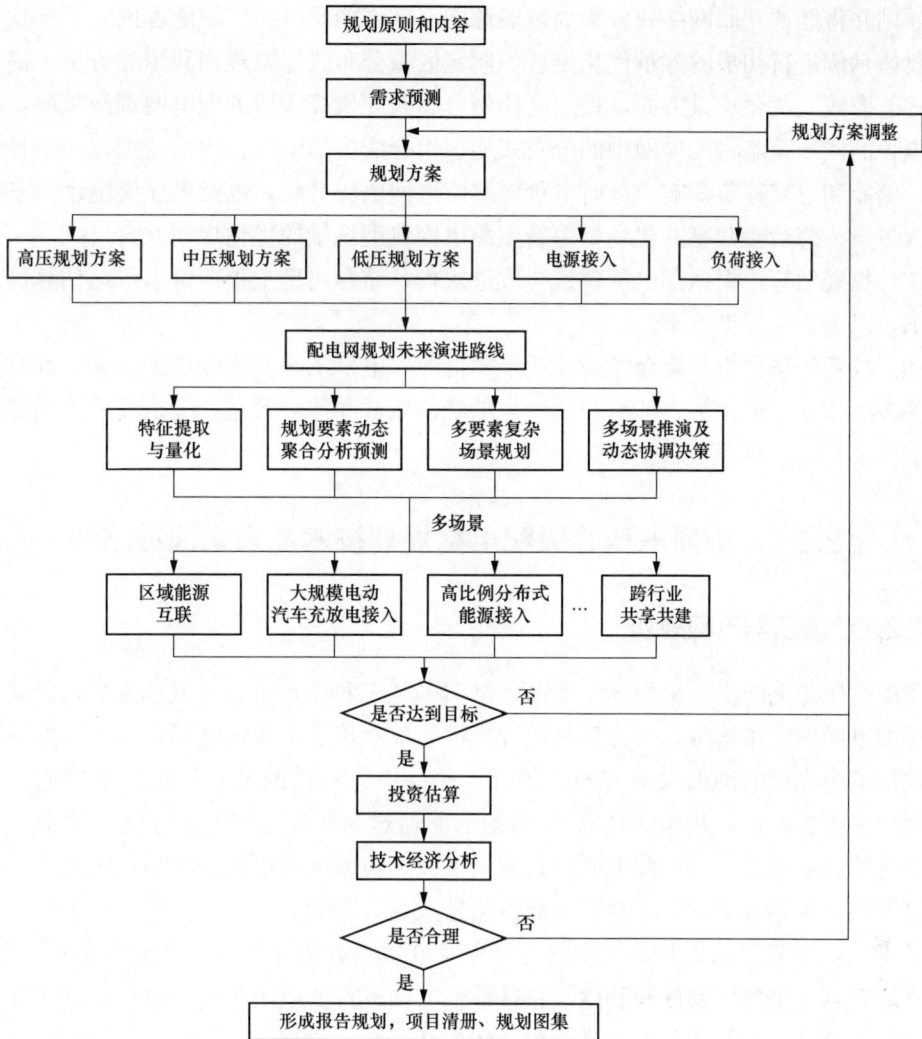

图 2-1 新型配电网规划设计流程示意图

维特征指标的定量描述方法，将不确定性、灵活性、韧性、互联性等新兴理念转化为可科学度量的计算指标，并形成统一框架下指导规划设计的指标集合和评估体系；动态聚合分析预测方面，通过场景削减等方式限制规划问题的不确定性水平，从而模拟出典型场景和极端环境下源、荷的变化趋势，把握规划要素的多尺度特征，为智能配电网规划设计奠定基础；多要素复杂场景规划方面，考虑运行层面的灵活策略调整、配用电大数据的信息支撑、市场博弈的多方协调等诸多方面，提出计及运行特征的精细规划、多源数据驱动的演进规划和多方市场博弈的协调规划；多场景推演及动态协调决策方面，综合考虑系统在运行、信息、市场等多重维度上的动态要素，构建具有强适应性和强延展性的场景集，进而提出充分计及规划决策和场景发展变化之间持续的、动态化的互动过程的动态决策方案。

（7）新型配电网多场景规划。区域能源互联网优化场景方面，提出区域能源优化配置的原则并将能源互联网络划分为局域能源网、区域能源网、广域能源网三个层次，进而对具体示例进行初步的容量优化配置，制定区域分布式能源规划利用的方案。高比例分布式能源接入优化场景方面，提出高比例分布式光伏接入后的配电网调压策略，基于分时电价的调压策略将配电网中的分布式能源聚合成虚拟电厂，虚拟电厂以经济性最优运行，储能和可转移负荷响应分时电价缓解配电网电压升高，以及大规模电动汽车充放电接入场景、跨行业共享共建场景等新型配电网典型场景的优化规划方案。

（8）投资估算。根据配电网建设与改造规模，结合典型工程造价水平，估算确定投资需求，以及资金筹措方案。

（9）技术经济分析。综合考虑企业经营情况、电价水平、售电量等因素，计算规划方案的各项技术经济指标，估算规划产生的经济效益和社会效益，分析投入产出和规划成效。

2.2 不同电压等级配电网规划技术及未来演进路线

2.2.1 高压配电网规划

我国高压配电网主要采用 35、66kV 和 110kV 三种电压等级。高压配电网是输电网和中压配电网的连接纽带，一方面高压配电网有效承接了上级输电网，另一方面高压配电网决定了中压配电网的发展规模。另外，一些中等规模的发电厂也接入这些高压网络。据相关数据统计，我国大约有 85% 的电能通过高压配电网进行下送。因此，作为电力下送的主要通道，高压配电网设备容量更大、覆盖区域更广、单站负荷更重，其系统规划复杂，规划结果的好坏会对下级网络造成巨大影响。

基于此，本节首先基于变电容量估算和变电站座数估算进行变电需求估算；其次，考虑站址布点、主变压器选择和电气主接线三方面进行变电站布点与设计，使其既安全可靠又经济合理；在此基础上，进行包括辐射状、环式和链式结构的网络结构设计；然后，根据不同高压配电网电压等级、运行方式和供电可靠性要求，进行电力线路的设计与选择；最后，根据不同电压等级，设计不同中性点接地方案，降低系统事故影响，保证电力系统安全。高压配电网规划方案如图 2-2 所示。

2.2.1.1 变电需求估算

1. 变电容量估算

（1）容载比选择。容载比是配电网规划的重要宏观性指标，是指某一供电区域、同一电压等级电网的公用变电设备总容量与对应的总负荷（网供负荷）的比值，需要分电压等级计算。对于区域较大、负荷发展水平极度不平衡、负荷特性差异较大、分区最大负荷出现在不同季节的地区，应分区计算容载比。容载比的公式计算如下：

$$R_s = \frac{\sum S_i}{P_{max}} \tag{2-1}$$

式中：R_s 为容载比；P_{max} 为该电压等级全网或供电区的年网供最大负荷；$\sum S_i$ 为该电压等级全网或供电区内公用变电站主变压器容量之和。

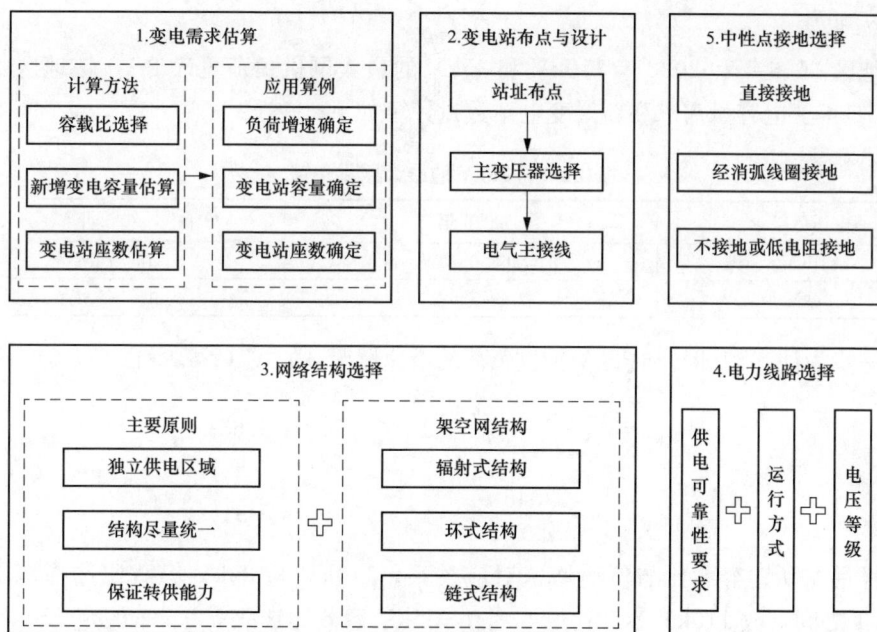

图 2-2　高压配电网规划方案

一般来说年负荷平均增长率小于 7% 时，认为负荷增长速度较慢，容载比设定为 1.8~2.0；年负荷平均增长率大于或等于 7% 且小于或等于 12% 时，认为负荷增长速度中等，容载比设定为 1.9~2.1；年负荷平均增长率大于 12% 时，认为负荷增长速度较快，容载比设定为 2.0~2.2。

（2）新增变电容量估算。变电容量估算主要是用于确定各电压等级变电设备的容量，规划期末的变电容量计算如下：

$$S = PR_s \qquad (2\text{-}2)$$

式中：S 为规划期末某电压等级变电容量需求；P 为规划期末某电压等级网供最大负荷；R_s 为规划期末的容载比。

新增变电容量按式（2-3）计算：

$$\Delta S = S - S_0 \qquad (2\text{-}3)$$

式中：ΔS 为需新增变电容量；S_0 为基准年变电容量。

2. 变电站座数估算

在同一个区域（城市、区县）内，高压配电网同一电压等级变电站内单台变压器的容量规格应尽可能统一，一般要求不超过三种容量序列。因此，根据式（2-3）得到的新增变电容量 ΔS，推算新增变电站的座数如下：

$$n = \begin{cases} \left\lceil \dfrac{\Delta S}{S_N} \right\rceil & \Delta S > 0 \\ 0 & \Delta S \leqslant 0 \end{cases} \qquad (2\text{-}4)$$

式中：n 为新增变电站的座数；S_N 为变电站的典型容量，应根据该地区典型配置进行选择；$\lceil\ \rceil$ 为向上取整。

3. 应用实例

某地区 2016 年和 2022 年 110kV 和 35kV 的最大网供负荷见表 2-1，该地区两电压等级 2018 年变电容量需求和新增变电站数量计算如下。

表 2-1   **110kV 和 35kV 的最大网供负荷**

电压等级	2016 年	2022 年
110kV	263.03MW	456.79MW
35kV	99.7MW	157.45MW

第一步为计算 110kV 和 35kV 网供负荷的增速情况，如式（2-5）和式（2-6）所示。

$$R_{110kV} = \left[\left(\frac{456.79}{263.03} \right)^{\frac{1}{6}} - 1 \right] \times 100\% = 9.63\% \tag{2-5}$$

$$R_{35kV} = \left[\left(\frac{157.45}{99.7} \right)^{\frac{1}{6}} - 1 \right] \times 100\% = 7.91\% \tag{2-6}$$

按照前文所述容载比与负荷增速对应关系，110kV 与 35kV 容载比选择范围均在 1.9～2.1 之间，故 110kV 容载比选取 2.0，35kV 容载比选取 1.9。若假定 110kV 现有容量为 465MVA，单变电站容量为 50MVA，35kV 现有容量为 180MVA，单变电站容量为 30MVA，则 2022 年变电容量需求和新增变电站数量计算如下：

$$456.79 \times 2 = 913.58\text{MVA}, \left\lceil \frac{913.58 - 465}{50} \right\rceil = 9 \text{ 座} \tag{2-7}$$

$$157.45 \times 1.9 = 299.16\text{MVA}, \left\lceil \frac{299.16 - 180}{30} \right\rceil = 10 \text{ 座} \tag{2-8}$$

即 2022 年 110kV 变电容量需求为 913.58MVA，需新增 110kV 变电站 9 座；35kV 变电容量需求为 299.16MVA，需新增 35kV 变电站 10 座。

2.2.1.2　变电站布点与设计

变电站布点是在综合考虑了用电需求以及与经济社会各方面关系后，确定变电站站址的过程。变电站的布点以及容量规划是地区电网规划设计的重要环节，布点方案规划决定了地区电网的网架结构、供电能力和规划建设的经济性。容量规划是根据未来电源的布置和负荷增长变化情况，以现有电网为基础，在满足负荷需求的条件下确定今后若干时间阶段内的变电站建设方案，使其既安全可靠又经济合理。根据变电站新增容量、数量的初步估计，提出变电站布点的多种备选方案，通过比对后选择最优方案。

1. 站址布点

站址布点的任务是根据变电站座数估算结果制定几个可比的变电站布点方案，以便进行方案优选。目前，站址布点主要是由规划设计人员来完成，其很大程度上依赖于设计者的经验，具有一定主观性。随着信息化手段的发展，基于计算机分析的方案设计方法已经得到广泛应用，极大地帮助了规划设计人员开展工作。

常规的变电站布点思路及容量规划模型是目标年规划模型。以现状规划年的规划资料数据为基础，以目标年的负荷需求为目标，一次性完成所需变电站设计规划，规划方案确定后即可建设变电站进而投入使用。目标年变电站落点及容量的规划可表述为：把规划区域分为多个负荷区域，各个负荷区域的负荷密度已知，通过负荷预测手段得到各负荷区域在目标年的供电需求。在城市建设中，受到落地困难以及跨越河流、湖泊、道路、铁路等因素影响，开展变电站布点是一个多元连续选址的组合优化过程，在确保目标年的供电需求和符合相关约束条件的前提下，以变电站规划投资费用最小为目标，采用优化方法来规划需要新建的变电站落点及容量。同时，需要兼顾电网建设时序，充分考虑电网过渡方案，并结合区域可靠性要求开展变电站故障情况下的负荷转移分析。

2. 主变压器选择

主变压器选择应综合考虑负荷密度、负荷增长速度以及上下级电网的协调和整体经济性等因素。容量可由上一级电压电网与下一级电压电网间的潮流交换容量来确定。主变压器台数可根据地区负荷密度、供电安全水平要求和短路电流水平确定，最终规模不宜多于 4 台。

对于 110kV 来说，若供电区域类型为 A＋或 A 类，则变压器选择为 3~4 台，单台容量为 80、63、50MVA 之一；若供电区域类型为 B 类，则变压器选择为 2~3 台，单台容量为 63、50、40MVA 之一；若供电区域类型为 C 类，则变压器选择为 2~3 台，单台容量为 50、40、31.5MVA 之一；若供电区域类型为 D 类，则变压器选择为 2~3 台，单台容量为 50、40、31.5、20MVA 之一；若供电区域类型为 E 类，则变压器选择为 1~2 台，单台容量为 20、12.5、6.3MVA 之一。采用有载调压方式，可选用双绕组变压器或三绕组变压器，变压器高、中压绕组均采用星形连接。

对于 66kV 来说，若供电区域类型为 A＋或 A 类，则变压器选择为 3~4 台，单台容量为 50MVA 或 40MVA；若供电区域类型为 B 类，则变压器选择为 2~3 台，单台容量为 50、40、31.5MVA 之一；若供电区域类型为 C 类，则变压器选择为 2~3 台，单台容量为 40、31.5、20MVA 之一；若供电区域类型为 D 类，则变压器选择为 2~3 台，单台容量为 20、10、6.3MVA 之一；若供电区域类型为 E 类，则变压器选择为 1~2 台，单台容量为 6.3MVA 或 3.15MVA。采用有载调压方式，双绕组变压器，绕组间采用三角形连接。

对于 35kV 来说，若供电区域类型为 A＋或 A 类，则变压器选择为 2~3 台，单台容量为 31.5MVA 或 20MVA；若供电区域类型为 B 类，则变压器选择为 2~3 台，单台容量为 31.5、20、10MVA 之一；若供电区域类型为 C 类，则变压器选择为 2~3 台，单台容量为 20、10、6.3MVA 之一；若供电区域类型为 D 类，则变压器选择为 2~3 台，单台容量为 10、6.3、3.15MVA 之一；若供电区域类型为 E 类，则变压器选择为 1~2 台，单台容量为 3.15MVA 或 2MVA。采用有载调压方式，双绕组变压器绕组间采用三角形连接。

对于三种绕组的主变压器阻抗选择，必须从电力系统稳定、无功分配、继电保护、短路电流、调相调压和并联运行等方面综合考虑。当部署 2 台或多台变压器的变电站采用并列运行方式时，必须保证电压和变比相同、联结组别相同、短路电压相等和容量差别较小以保证运行时的安全稳定。

3. 电气主接线

当 35、66kV 和 110kV 变电站存在两回路电源和两台变压器时，主接线宜采用桥形接线，而当线路较长时应采用内桥接线。内桥接线的优点是变电站占地面积较小，接线比较简单，投资较少，线路投入、断开、检修或故障时，通常对电力用户供电影响较小；缺点是变压器的切除和投入较为复杂，需要操作 2 台断路器并可能导致 1 回线路暂时停运，桥连断路器检修时，2 个回路需解列运行，并且线路断路器检修时，线路须在此期间停运。故为了提高可靠性和灵活性，可增设带隔离开关的跨条。当电源线路较短，需经常切换变压器或桥上有穿越功率时，应采用外桥接线。外桥接线的优点是变电站占地面积较小，接线比较简单，投资较少，线路投入、断开、检修或故障时，通常对电力用户供电影响较小；缺点是线路的切除和投入较为复杂，需要操作 2 台断路器，并有 1 台变压器暂时停运，桥连断路器检修时，2 个回路需解列运行，变压器侧断路器检修时，变压器须在此期间停运。

当 35、66kV 和 110kV 变电站线路为两回路以上时，应该采用单母线或单母线分段接线方式。单母线接线的优点是接线简单清晰、设备少、操作方便、占地少、便于扩建和采用成套配电装置；缺点是不够灵活可靠，任一元件故障或检修，均需要整个配电装置停电，母线故障易导致全站停电。单母线分段接线的优点是接线简单清晰、设备较少、操作方便、占地少、便于扩建和采用成套配电装置。当一段母线发生故障时，可以保证正常母线不间断供电，供电可靠性较高；而缺点是当一段母线或母线隔离开关发生永久性故障或检修时，连接在该段母线的回路在故障检修期间需要停电。当变电站站内变压器为 2 台时，可采用分段母线与主变压器交叉接线的方式提高可靠性。当 10kV 侧采用单母线多分段的接线方式时，为提高供电可靠性可将 10kV 侧的若干分段母线环接。

2.2.1.3 网络结构

1. 主要原则

（1）正常运行时，各变电站应有相互独立的供电区域，供电区不交叉、不重叠，故障或检修时，变电站之间应有一定比例的负荷转供能力。

（2）高压配电网的转供能力主要取决于正常运行时的变压器容量裕度、线路容量裕度，以及中压主干线的合理分段和联络。

（3）同一地区同类供电区域的电网结构应尽量统一。

（4）35～110kV 变电站宜采用双侧电源供电，条件不具备或处于电网发展的过渡阶段时，也可同杆架设双电源供电，但应加强中压配电网的联络。

2. 主要结构

高压配电网主要结构汇总见表 2-2。

高压配电网结构主要分为辐射、环式、链式三种。辐射结构为从上级电源变电站引出同一电压等级的一回或双回线路，接入本级变电站的母线（或桥）。其中单辐射结构可靠性较低，不满足 $N-1$ 准则但是投资较低；双辐射结构可靠性一般，满足 $N-1$ 准则但是投资相对单辐射结构有所提高，处于中等水平。

表 2-2　　　　　　　　　　　　　高压配电网主要结构汇总表

结构类型		示意图	结构特点
辐射状	单辐射		由一个电源的一回线路供电的辐射结构。110kV 变电站主变压器台数为 1~2 台。不满足 $N-1$ 要求
	双辐射		由同一电源的两回线路供电的辐射结构
环式	单环		由同一电源站不同路径的两回线路分别给两个变电站供电，站间一回联络线路
	双环		由同一电源站不同路径的四回线路分别给两个变电站供电，站间两回联络线路
链式	单链		由不同电源站的两回线路供电，站间一回联络线路
	双链		两个电源站各出两回线路供电，站间两回联络线路
	三链		两个电源站各出三回线路供电，站间三回联络线路

　　环网结构从上级电源变电站引出同一电压等级的一回或双回线路，接入本级变电站的母线（或桥），并依次串接两个（或多个）变电站，通过另外一回或双回线路与起始电源点相连，形成首尾相连的环形接线方式，一般选择在环的中部开环运行。其中单环结构可靠性一般，满足 $N-1$ 准则，投资水平处于中等；双环结构可靠性较高，满足 $N-1$ 准则，但投资相对较高。

　　链式接线方式从上级电源变电站引出同一电压等级的一回或多回线路，依次 π 接或 T 接到变电站的母线（或环入环出单元、桥），末端通过另外一回或多回线路与其他电源点相连，形成链状接线方式。其中单链可靠性较高，满足 $N-1$ 准则，投资相对较高；而双链和三链可靠性极高，同样也满足 $N-1$ 准则，但伴随而来的是极高的投资。

　　对于 A＋或 A 类供电区域类型，110kV 和 35kV 均建议选取链式的三种结构、环式结构的双环网或辐射结构的双辐射结构作为目标电网结构，以满足较高的可靠性要求。对于 B 区域类型，110kV 建议选取与 A 供电区域类型相同的电网结构，而 35kV 建议选取双链、单链、单环网和双辐射结构。对于 C 区域类型，110kV 类型相较于 A＋和 A 类还可以选择单环网，而 35kV 建议选取与 B 类区域类型相同的电网结构。对于 D 类区域类型，110kV 和 35kV 建议选取单环网或两种辐射结构。对于 E 类区域类型，110kV 和 35kV 建议选取单辐射电网结构类型以尽量节省投资金额。

2.2.1.4 电力线路

不同电压等级电力线路的基本需求见表 2-3。

表 2-3　　　　　　　　　不同电压等级电力线路的基本需求

电压等级	电力线路指标	需求	备注
110kV	架空线	钢芯铝绞线，沿海地区可选取防腐性导线，新线路不建议用耐热导线	
	电缆	交联聚乙烯绝缘铜芯电缆	
	截面	A＋、A 和 B 类供电区域：截面面积不宜小于 240mm^2	截面面积超过 300mm^2 应采用分裂导线方式，单根导线截面面积不应超 400mm^2
		C、D、E 类供电区域：截面面积不宜小于 150mm^2	
66kV	架空线	钢芯铝绞线，沿海地区可选取防腐性导线，新线路不建议用耐热导线	
	电缆	交联聚乙烯绝缘铜芯电缆	
	截面	A＋、A 和 B 类供电区域：截面面积不宜小于 240mm^2	
		C、D、E 类供电区域：截面面积不宜小于 150mm^2	
35kV	架空线	钢芯铝绞线，沿海地区可选取防腐性导线，新线路不建议用耐热导线	
	电缆	交联聚乙烯绝缘铜芯电缆	
	截面	A＋、A 和 B 类供电区域：截面面积不宜小于 150mm^2	
		C、D、E 类供电区域：截面面积不宜小于 120mm^2	

除上述基本要求外，各电压等级导线截面应综合饱和负荷需求、线路全寿命周期选定，并适当留有裕度，还应与电网结构、变压器容量和台数相匹配。并且选择导线型号和截面时还应考虑最大载流量需求，包括明确变电站主变压器台数、容量及负荷率，高压配电网运行方式（正常方式、故障方式、检修方式等）和可靠性要求。综合考虑上述因素后，便可以保证使用的电力线路更加匹配当地的实际情况。

2.2.1.5 中性点接地选择

1. 接地方式

中性点的运行方式对电力系统的安全稳定至关重要。它与电压等级、单相接地短路电流、过电压水平、保护配置等有关，直接影响绝缘水平、系统供电的可靠性和连续性、通信干扰等很多方面，对系统供电可靠性、人身及设备安全、绝缘水平等方面也具有重要影响。高压配电网的中性点接地方式一般按照 110kV 系统直接接地，66kV 系统经消弧线圈接地，35kV 系统不接地或经消弧线圈接地或低电阻接地的方式来运行。

2. 接地参数

接地参数及其影响因素见表 2-4。

表 2-4　　　　　　　　　　　　接地参数及其影响因素

接地参数	影响因素	备注
架空线的单相接地 电容电流值	故障电流	加权系数对没有架空地线的采用 2.7,对有架空地线 的采用 3.3,对于同杆双回线路电容电流为单回路的 1.3～1.6 倍
	线路的额定电压	
	线路的长度	
电缆线路的单相接地 电容电流值	线路的额定电压	其中电压单位为 kV,线路长度单位为 km
	线路的长度	
脱谐度	故障电流	若为正值则为欠补偿,不应超过 10%,若为负值则 为过补偿
	消弧线圈电感电流	
消弧线圈容量	电力网接地电流	应考虑 5 年左右的发展,并按过补偿进行设计
	电力网相电压	

除表 2-4 中的内容外,在选择消弧线圈时还应保证不论系统处在何种运行方式,当断开 1～2 条线路时,大部分电力网不会失去补偿。同时不应将多台消弧线圈集中安装在网络中的一处,并应尽量避免网络中只装设 1 台消弧线圈。

2.2.2　中压配电网规划

在我国的配电网系统中,主要采用 10kV 作为中压配电网的主流电压等级,同时,也有部分地区的中压配电网使用 6kV 或 20kV 的电压等级。中压配电网作为配电网体系中承上启下的一环,其从上层高压配电网或电源获取电能后,便可以直接向低压用户供电。由于低压用户是现有电网中的主体用户,因此主要服务于上述用户的中压配电网供电安全水平在很大程度上影响着整体配电网的供电可靠性水平。

中压配电网的核心规划内容主要包括配电设施选址定容与中压配电网络接线布置两方面。目前,中压配电设施的位置选择主要采用负荷中心分析、电压损耗分析和功率损失分析三者综合比较的方式,并以此为基础,统筹供电区域划分和供电安全标准制定中压配电网络接线方案。中压配电网规划要避免对出线进行逐条规划,而应整体规划多条出线,优化资源利用效率,合理配置联络设备,逐步构建结构清晰的典型目标网架。

中压配电网规划方案如图 2-3 所示。接下来,本小节将从配电设施位置选择、变压器及其容量选择、配电网络结构、电力线路与中性点接地选择四方面,对中压配电网的一般规划流程与内容进行分析与讨论。

2.2.2.1　配电设施位置选择

1. 按负荷中心计算

该方法以将中压配电台区设置在整体负荷中心为最终目标,可使用较为粗略的方法大致给出负荷中心的位置,以此对台区位置进行估算。在使用这种方法时,通常采用在供电区域总平面图上,按适当的比例 K(kW/m^2)做出各建筑物及居民区的负荷圆的方法实现。负荷圆的圆心通常被确定在乡镇或人口聚集区的中央,而圆半径 r(m)由上述比例系数 K 与乡镇或人口聚集区的计算负荷 P_{js} 确定,如式(2-9)所示。

$$r = \sqrt{\frac{P_{js}}{K\pi}} \tag{2-9}$$

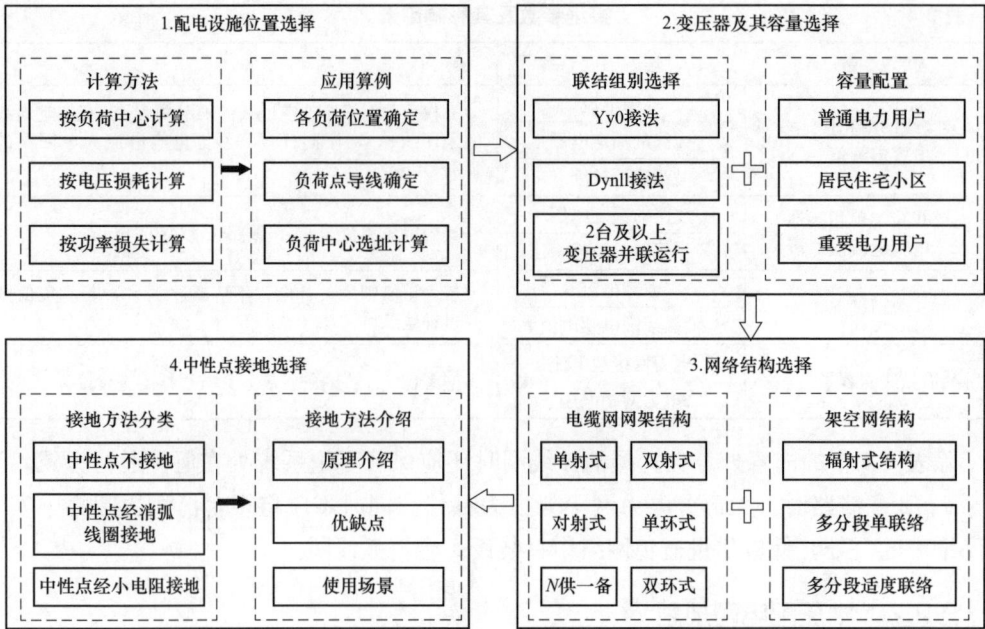

图 2-3　中压配电网规划方案图

同时，还有一种较为准确的方法，即根据映射在二维 $x-y$ 平面坐标上各区域主要负荷水平的分布情况，并给出基于坐标系的示意图，之后依据式（2-10）对负荷中心在上述坐标系中的具体位置进行计算，从而还原出实际区域中负荷中心的确切位置。

$$
\begin{cases}
x = \dfrac{P_1 x_1 + P_2 x_2 + \cdots + P_i x_i}{P_1 + P_2 + \cdots + P_i} \\
y = \dfrac{P_1 y_1 + P_2 y_2 + \cdots + P_i y_i}{P_1 + P_2 + \cdots + P_i}
\end{cases}
\tag{2-10}
$$

式中：x_i、y_i 分别为第 i 个负荷的横坐标、纵坐标；P_i 为有功功率，kW。

2. 按电压损耗计算

在配电网系统中，可以按纵分量与横分量对网络元件中的压降进行分类，而传统的电压损耗计算可以根据潮流计算，获得各负荷点的电压向量，以此得出每点的电压损耗。当使用电压损耗最小方法计算中压配电网设施位置时，一般参考式（2-11）。

$$
\begin{cases}
\Delta U_i = \dfrac{U_{ix}(P_i R_i + Q_i X_i) - U_{iy}(P_i X_i - Q_i R_i)}{U_{ix}^2 + U_{iy}^2} \\
\delta U_i = \dfrac{U_{iy}(P_i R_i + Q_i X_i) + U_{ix}(P_i X_i - Q_i R_i)}{U_{ix}^2 + U_{iy}^2}
\end{cases}
\tag{2-11}
$$

式中：P_i 和 Q_i 分别为第 i 个负荷的有功功率（kW）和无功功率（kvar）；R_i 和 X_i 分别为第 i 个负荷对应配电线路上的电阻（Ω）和电抗（Ω）；U_{ix} 和 U_{iy} 分别为第 i 个负荷的实部与虚部。

3. 按功率损失计算

与上述电压损耗的计算类似，为了确定首末节点之间的有功功率损失情况，也需要使用潮流计算得出有功功率损耗。当使用功率损失最小方法计算中压配电网设施位置时，一般参考式（2-12）。

$$\Delta P_i = \frac{R_i(\Delta U_i^2 - \delta U_i^2) - 2X_i \Delta U_i \delta U_i}{R_i^2 + X_i^2} \tag{2-12}$$

4. 应用算例

（1）位置确定。选定 A、B、C、D 分别为四个集中负荷点，其负荷值与在 $x-y$ 坐标系上的位置分布情况如图 2-4 所示。其中，A 点有功功率为 148kW，坐标为（15，15）；B 点有功功率为 26kW，坐标为（115，70）；C 点有功功率为 45kW，坐标为（60，40）；D 点有功功率为 110kW，坐标为（45，90）。各点负荷功率因数设置为 0.82，按负荷中心计算方法确定其负荷中心位置 O。

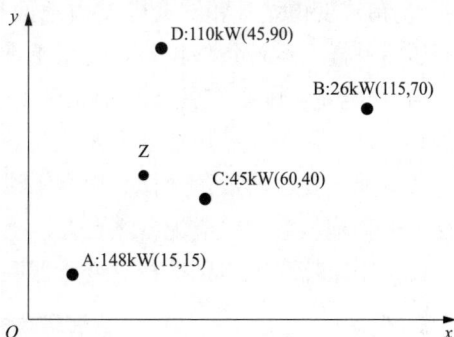

（2）确定各负荷点使用导线型号。按额定电压 0.38kV 考虑，A、B、C、D 四点的载流量如式（2-13）所示。

图 2-4 负荷位置与负荷中心确定

$$\begin{aligned}
I_A &= 148/0.38 = 389.47 \text{(A)} \\
I_B &= 26/0.38 = 68.42 \text{(A)} \\
I_C &= 45/0.38 = 118.42 \text{(A)} \\
I_D &= 110/0.38 = 289.47 \text{(A)}
\end{aligned} \tag{2-13}$$

依据式（2-13）中算出的载流量，使用温度设置为 60℃±5℃，确定各负荷点在最高容许温度 70℃时对应的钢芯铝绞线（LGJ）导线截面，本算例中所用各型号导线的电抗和电阻按下述参数计算：

A：LGJ-150，电抗：0.224Ω/km，直流电阻：0.191Ω/km；

B：LGJ-16，电抗：1.958Ω/km，直流电阻：0.404Ω/km；

C：LGJ-35，电抗：0.913Ω/km，直流电阻：0.367Ω/km；

D：LGJ-120，电抗：0.271Ω/km，直流电阻：0.329Ω/km。

（3）按负荷中心计算选址位置。依据式（2-14），计算选定负荷中心的坐标，具体过程如式（2-14）所示。

$$\begin{cases}
x = \dfrac{P_1 x_1 + P_2 x_2 + P_3 x_3 + P_4 x_4}{P_1 + P_2 + P_3 + P_4} \\
\quad = \dfrac{148 \times 15 + 26 \times 115 + 45 \times 60 + 110 \times 45}{148 + 26 + 45 + 110} = 39.09 \\
y = \dfrac{P_1 y_1 + P_2 y_2 + P_3 y_3 + P_4 y_4}{P_1 + P_2 + P_3 + P_4} \\
\quad = \dfrac{148 \times 15 + 26 \times 70 + 45 \times 40 + 110 \times 90}{148 + 26 + 45 + 110} = 47.84
\end{cases} \tag{2-14}$$

2.2.2.2　变压器及其容量选择

1. 中压配电网变压器选择

（1）配电变压器类型选择。现有配电变压器主要有柱上变压器、箱式变电站和配电室三种类型。

1）柱上变压器：柱上变压器具有经济性好、配置简单等优点，但是运行条件较差，适用于 400kVA 及以下的小容量配电场景。

2）箱式变电站：箱式变电站占地面积相较其余两种变压器较少，造价适中，与柱上变压器一样，运行条件较差，适用于难以进行配电室改建的区域。

3）配电室：配电室具有运行条件好、扩建性好等优点，但是其占地面积相较大，造价高昂，适用于商品房社区配套、商务办公、大型企业等场景。

（2）配电变压器数量选择。通常来说，对供电可靠性有较高要求的终端用户与商品房社区配套配电室一般应配备 2 台及以上的配电变压器。

（3）变压器联结组别选择。变压器联结组别的选择见表 2-5。

表 2-5　　　　　　　　　　　　变压器联结组别的选择

类型	适用场景
Yy0 接法的变压器	柱上变压器满足三相负荷基本平衡，其低压中性线电流不超过绕组额定电流 25%且供电系统中谐波干扰不严重
Dyn11 接法的变压器	三相负荷不平衡，造成中性线电流超过变压器低压绕组额定电流 25%或供电系统中存在较大的"谐波源"
2 台或多台变压器并联运行	供电容量较大或供电可靠性要求较高

2. 变压器容量选择

对于中压配电网变压器的容量选择，应充分考虑用户用电设备装机容量与对应的负荷情况，并结合用户用电特性、设备同时系数等因素后确定用电容量。而针对用电季节差异性明显、负荷较为分散的中压电力用户，可通过降低单台容量、增加变压器台数的方法来提高整体中压配电网的灵活性，解决淡季和低谷负荷期间变压器经济运行的问题。

具体来说，中压配电网用户变压器的容量与最大计算负荷 P_{max}、变压器总容量确定参考值 $S(\text{kVA})$、功率因数 $\cos\varphi$ 和所带配电变压器的负荷率 F_z 有关，配置公式如式（2-15）所示。

$$S = \frac{P_{max}}{\cos\varphi \times F_z} \tag{2-15}$$

其中，变压器的负荷率 F_z 又与变压器的实际最大视在功率 $S_{max}(\text{kVA})$ 和变压器的额定容量 $S_c(\text{kVA})$ 有关，计算公式如下：

$$k_{fz} = \frac{S_{max}}{S_c} \times 100\% \tag{2-16}$$

因此，可以将变压器配置式（2-15）进一步改写为

$$S = \frac{P_{max} \times S_c}{\cos\varphi \times S_{max}} \tag{2-17}$$

同时，配电变压器容量的确定，还应依据配电变压器容量序列向上取最相近容量的

变压器，确定后按 2 台配置，一般公用配电室单台变压器容量应小于或等于 1000kVA。不同类型用户的变压器总容量配置标准见表 2-6。

表 2-6　　　　　　　　　不同类型用户的变压器总容量配置标准

用户类型	变压器总容量配置标准
普通电力用户	P_{max} 表示最大计算负荷，当使用单路单台变压器供电时，负荷率 F_z 可按 70%～80%计算，双路双台变压器时可按 50%～70%计算
重要电力用户和有足够备用容量要求的电力用户	P_{max} 表示最大计算负荷，功率因数 $\cos\varphi$ 取 0.95，F_z 可按低于 50%计算
居民住宅小区	P_{max} 表示住宅、公寓、配套公建等折算到配电变压器的用电负荷（kW），功率因数 $\cos\varphi$ 可取 0.95，F_z 为配电变压器的负荷率，一般可取 50%～70%

在完成配置后，还需要利用户均配电变压器容量指标对中压配电网公用变压器供电能力进行评估，计算方法如式（2-18）所示。

$$户均配电变压器容量 = \frac{公用配电变压器容量}{低压用户数} \tag{2-18}$$

2.2.2.3　网络结构

中压配电网网络结构主要包括单射式、双射式、对射式、单环式、双环式、N 供一备、辐射式、多分段单联络和多分段适度联络等多种结构，分类方法见表 2-7。

表 2-7　　　　　　　　　　　中压配电网网络结构

网架结构类型	接线方式	网络结构特点	适用供电区域
电缆网网络结构	单射式	单射式是电网建设初期的一种过渡结构，可过渡到单环网、双环网或 N 供一备等接线方式	单射式电缆网的末端应临时接入其他电源，甚至是附近的架空网，因此其只适用于临时接入情况
	双射式	双射式接线一般为双环式或 N 供一备接线方式的过渡方式。当电缆发生故障时，用户配电变压器可自动切换到另一条电缆上，因此电力用户能够满足 $N-1$ 要求	双射式适用于对供电可靠性要求较高的普通电力用户，如供电区域 B、C
	对射式	对射式接线同样为双环式或 N 供一备接线方式的过渡方式，且可以满足 $N-1$ 要求	对射式接线需要能抵御变电站故障全停造成的风险，因此适用于对可靠性需求高的地区
	单环式	单环式结构可以针对任意一段线路的故障进行单独隔离，使得用户的停电时间较其余电缆网结构大为缩短	单环式接线主要适用于大型城市或人口聚集区域，如供电区域 A+、A、B、C
	双环式	双环式结构具备了对射网、单环网的优点，供电可靠性水平较高，且能够抵御变电站故障全停造成的风险	双环式接线适用于城市核心区、繁华地区，为重要电力用户供电以及负荷密度较高、可靠性要求较高的区域，如供电区域 A+、A
	N 供一备	随着供电线路条数 N 值的不同，电网的运行灵活性、可靠性和线路的平均负荷率均有所不同。N 越大，负荷率越高，但是运行操作复杂，当 N 大于 4 时，接线结构比较复杂，操作烦琐，同时联络线的长度较长，投资较大	N 供一备接线方式适用于负荷密度较高、较大容量电力用户集中、可靠性要求较高的区域，如供电区域 A+、A、B

网架结构类型	接线方式	网络结构特点	适用供电区域
架空网网架结构	辐射式	辐射式接线简单清晰、运行方便、建设投资低、但可靠性较低	辐射式接线一般仅适用于负荷密度较低、电力用户负荷重要性一般、变电站布点稀疏的地区，如供电区域 D、E
	多分段单联络	多分段单联络结构的最大优点是可靠性比辐射式接线模式高，接线简单、运行比较灵活	多分段单联络一般适用于供电区域 D
	多分段适度联络	多分段适度联络在单联络接线方式的基础上有效提高了线路的负荷率，大大降低了不必要的备用容量	多分段适度联络接线结构适用于负荷密度较大、可靠性要求较高的区域，如供电区域 A+、A、B、C、D

下面，将按电缆网网架结构与架空网网架结构两方面对各类电网结构进行具体介绍。

1. 电缆网网架结构

（1）单射式。自一个变电站或一个开关站的一条中压母线引出一回线路，形成单射式接线方式。该接线方式不满足 $N-1$ 要求，但主干线正常运行时的负荷率可达 100%。考虑到用户自然增长的增容需求，负荷率一般控制在 80%。单射式接线示意图如图 2-5 所示。

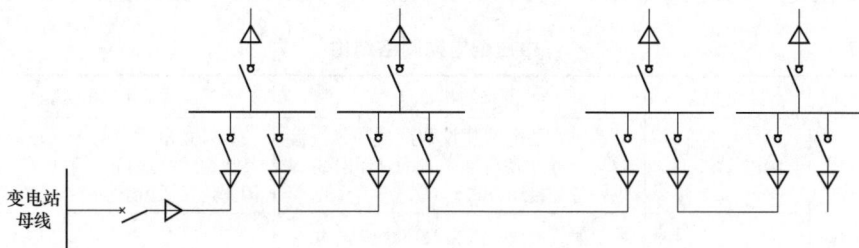

图 2-5　单射式接线示意图

（2）双射式。自一个变电站或一个开关站的不同中压母线引出双回线路，或自一个变电站和一个开关站的任一段母线引出双回线路，公共配电室和电力用户则均为两路电源，形成双射式接线方式，具体示意图如图 2-6 所示。

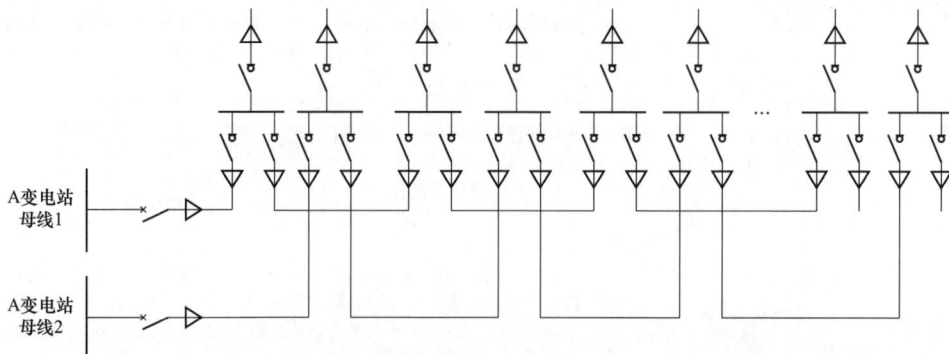

图 2-6　双射式接线示意图

（3）对射式。自不同方向的两个变电站（或两个开关站）的中压母线馈出单回线路组成对射式接线，公共配电室和电力用户均为两路电源，双侧电源对射式接线示意图如图 2-7 所示。

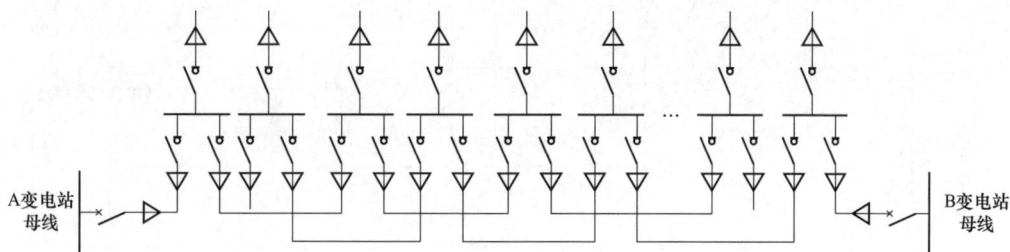

图 2-7　对射式接线示意图

（4）单环式。两个变电站的中压母线（或一个变电站的不同中压母线）或两个开关站的中压母线（或一个开关站的不同中压母线）或同一供电区域一个变电站和一个开关站的中压母线馈出单回线路构成单环网，开环运行，为公共配电室和电力用户提供一路电源，单环式（双侧电源）接线示意图如图 2-8 所示。

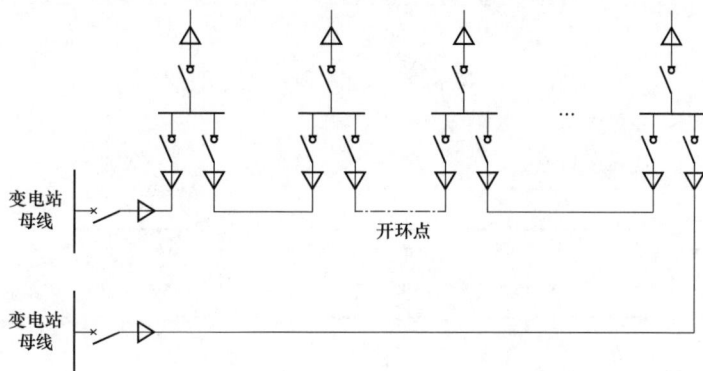

图 2-8　单环式（双侧电源）接线示意图

（5）双环式。自两个变电站（开关站）的不同段母线各引出一回线路或同一变电站的不同段母线各引出线路，构成双环式接线方式。双环式可以为公共配电室和电力用户提供两路电源。如果环网单元采用双母线不设分段开关的模式，双环网本质上是两个独立的单环网，双环式（双侧电源）接线示意图如图 2-9 所示。

（6）N 供一备。N 条电缆线路连成电缆环网运行，另外一条线路作为公共备用线。非备用线路可满载运行，当某一条运行线路出现故障时，则可以通过切换将备用线路投入运行，N 供一备接线示意图如图 2-10 所示。

2. 架空网网架结构

（1）辐射式。辐射式接线示意图如图 2-11 所示。当辐射式结构的线路或设备故障、检修时，电力用户停电范围大，但主干线可分为若干段，以缩小事故和检修停电范围；当电源故障时，将导致整条线路停电，供电可靠性差，不满足 $N-1$ 要求，但主干线正常运行时的负荷率可达到 100%。

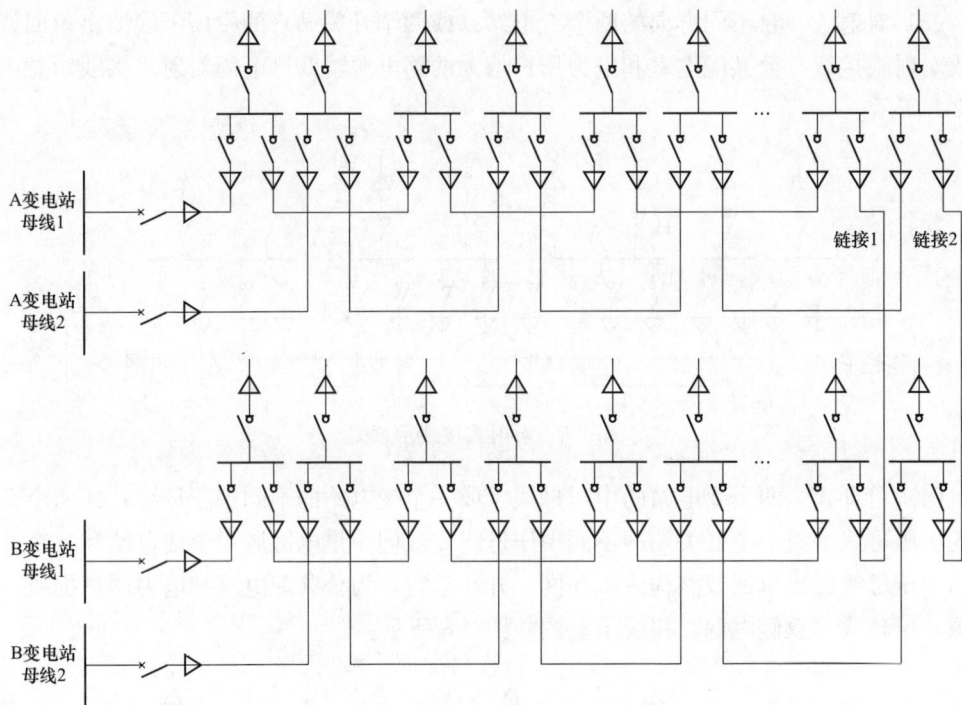

图 2-9　双环式（双侧电源）接线示意图

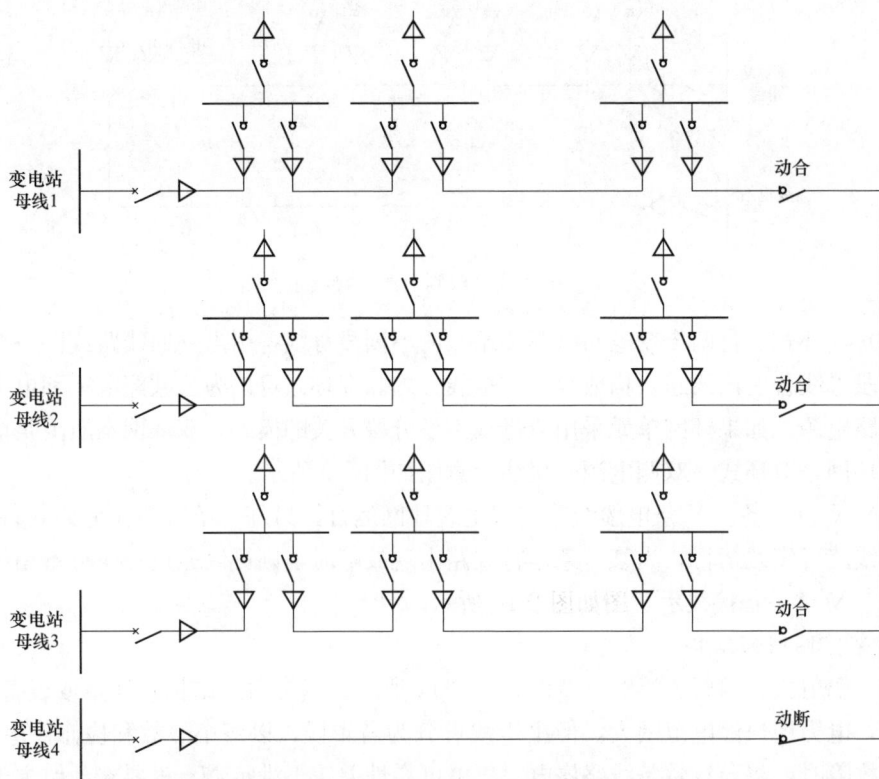

图 2-10　N 供一备接线示意图

图 2-11　辐射式接线示意图

（2）多分段单联络。通过一个联络开关，将来自不同或相同变电站（开关站）的中压母线的两条馈线连接起来。其常见结构一般有本变电站单联络和变电站间单联络两种，多分段单联络接线示意图如图 2-12 所示。

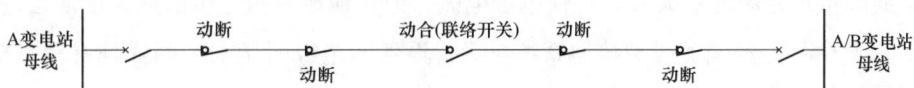

图 2-12　多分段单联络接线示意图

（3）多分段适度联络。采用环网接线开环运行方式，具体分段与联络数量需要根据电力用户数量、负荷密度和负荷性质等多方面因素确定。采用该结构的线路装接总量不应大于 12000kVA。以最常见的三分段两联络结构为例，其通过两个联络开关，将变电站的一条馈线与来自不同变电站（开关站）或相同变电站中压母线的其他两条馈线连接起来，三分段两联络接线示意图如图 2-13 所示。

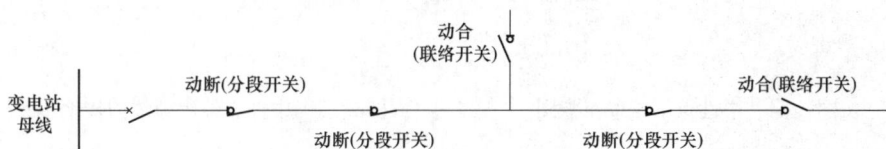

图 2-13　三分段两联络接线示意图

根据以上网络结构特性，中压配电网在电力线路选择方面需要遵循以下原则：

（1）对于 10kV 配电网的主干线截面需要综合线路全寿命周期、饱和负荷状况和所处环境一次选定。针对沿海高盐潮湿或环境严重污染的地区，优先选用交联聚乙烯绝缘铜芯电缆，其余一般地区可选用交联聚乙烯绝缘铝芯电缆。

（2）在 A＋、A、B、C 类地区，如市区、城镇等人口聚集区域与林区等易燃区域，应优先采用架空绝缘线路。

（3）同一地区在导线截面的选择上应具有连贯性，即选用的主干线导线截面规格应小于 3 种。

2.2.2.4　中性点接地选择

现有中压配电网主流中性点接地方案可以分为中性点不接地、中性点经消弧线圈接地和中性点经小电阻接地三种方法。

1. 中性点不接地

如图 2-14 所示，中性点不接地系统由于其中性点不接地，对地悬空，可认为是与大地没有任何电位交换，即可认为是相对绝缘。该种方式可以提供较高的供电可靠性，且对通信以及信号干扰小。但是，接地时接地电流为正常运行时电容电流的 3 倍，对设备绝缘耐压水平要求较高。其次，弧光接地易诱发过电压，对电力设备的绝缘造成损坏。最后，不接地系统故障电流难以捕捉，导致难以选择合适的接地继电保护设备。

2. 中性点经消弧线圈接地

中性点经消弧线圈接地示意图如图 2-15 所示。经消弧线圈接地主要应用在 35～110kV 的中性点非直接接地电网中。该接地系统最大的优点就是能够提高供电可靠性，其不仅能够在接地时补偿接地电容电流，降低对设备损害，还能通过不跳闸的方式进行灭弧，保证了供电可靠性，也保证电能质量不受影响。但同时也存在两大缺点：①虽然经消弧线圈接地系统能够灭弧，补偿电容电流，但接地相的相电压依然为正常运行时的 $\sqrt{3}$ 倍，因此中性点经消弧线圈接地系统对运行设备的绝缘耐压水平同样具有较高要求；②其采用的欠补偿运行存在隐患，容易造成全补偿。

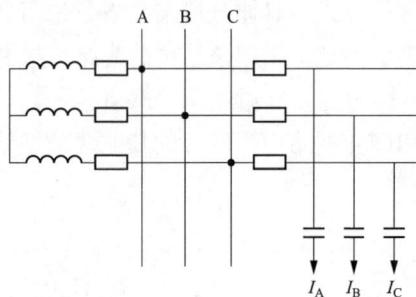

图 2-14　中性点不接地示意图　　　　图 2-15　中性点经消弧线圈接地示意图

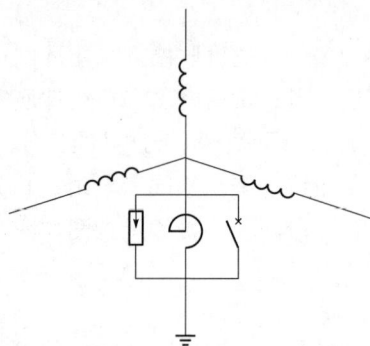

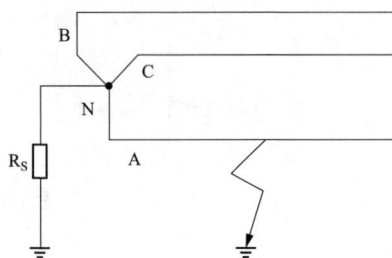

图 2-16　中性点经小电阻接地
方式简易原理示意图

3. 中性点经小电阻接地

中性点经小电阻接地方式简易原理示意图如图 2-16 所示。该方法可以快速准确切除故障，当系统发生单相接地时就会立即跳闸，熄灭接地弧光，隔离故障，同时大幅降低对设备绝缘耐压水平的要求。但是该方法会对断路器的小电阻等设备的使用寿命产生影响，导致其供电可靠性降低。

2.2.3　低压配电网规划

在我国，低压配电网一般采用 380V 和 220V 的电压等级，220V/380V 低压配电网在工业与民用用电中有着广泛的应用，因此低压配电网的优劣直接影响用户供用电可靠性和线损等重要指标。本节将从供电制式、网络结构、中性点接地选择和接弧线选择等方面分析介绍低压配电网规划的一般流程和内容。低压配电网规划方案图如图 2-17 所示。

2.2.3.1　供电制式

低压配电网的供电制式主要包括单相两线制、三相三线制和三相四线制。

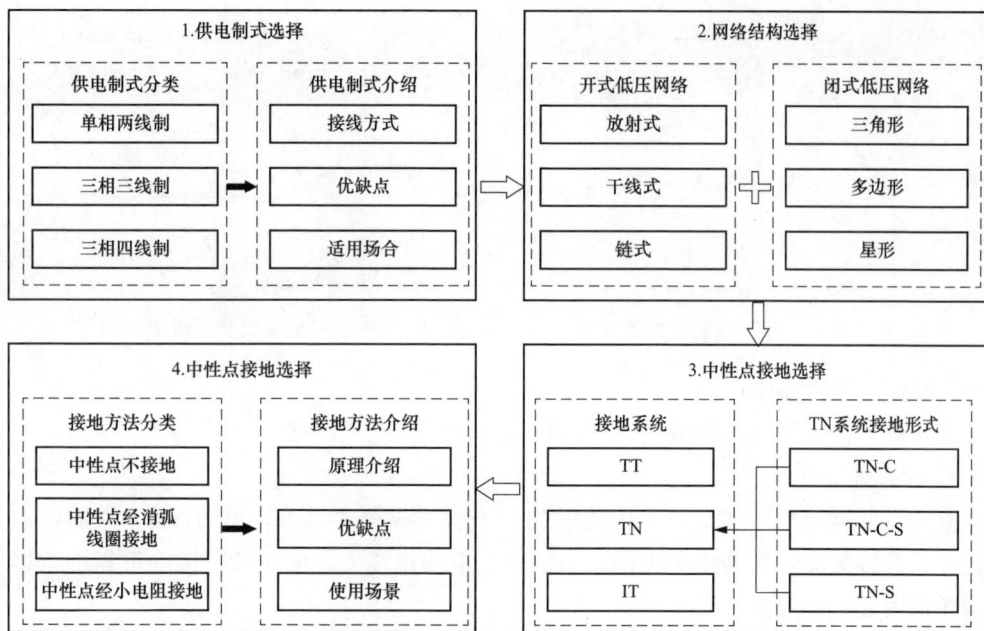

图 2-17　低压配电网规划方案图

1. 单相两线制

单相两线制的接线原理图如图 2-18 所示，指一根火线（也称相线），一根零线（也称中性线），就是通常用的家用电，两线之间的电压是 220V。优点是接线简单，不存在负荷不平衡问题；缺点是各个用户用电量均较大时无法满足用电需求。单相两线制通常适用于一般单相负荷用电。

2. 三相三线制

三相三线制是三相交流电源的一种连接方式，其接线原理图如图 2-19 所示，从 3 个线圈的端头引出 3 根相线，另将 3 个线圈尾端连在一起，又叫星形接线，常用符号"Y"表示。三相三线制的优点是花费少，经济性良好；缺点是只能提供 380V 电压的电源，在负荷不平衡时候无法通过零相回馈电流，容易烧坏设备。三相三线制通常适用于三相电动机专用配电线。

图 2-18　单相两线制接线原理图

3. 三相四线制

三相四线制的接线原理图如图 2-20 所示，其包含三根相线 A、B、C 和一根中性线 PEN，PEN 线是为了从 380V 相间电压中获得 220V 线间电压而设的，某些场合也可以用来进行零序电流检测，以便进行三相供电平衡的监控。三相四线制的优点是既可以提供 380V 电压，又可以提供 220V 电压的电源，方便使用，而且在三相负荷不对称时，由于中性线阻抗很小，能够消除中性点位移现象，使三相负荷电压仍保持对称，有利于其安全使用；缺点是当中性线在总线路端断开时，就会造成三相供电电压升高，从而造成事故。三相四线制通常适用于农村、城镇的一般低压配电网。

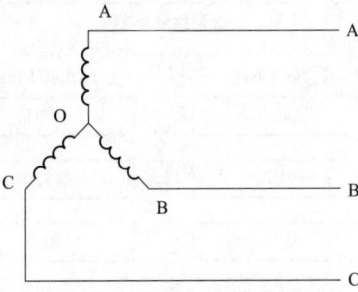

图 2-19　三相三线制接线原理图　　　　图 2-20　三相四线制接线原理图

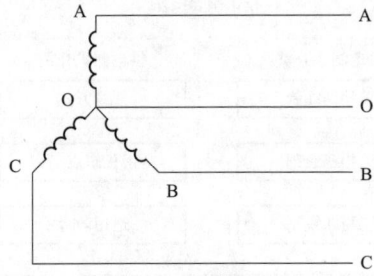

2.2.3.2　网络结构

低压配电网的网络结构分为开式低压网络和闭式低压网络。

1. 开式低压网络

开式低压网络由单侧电源采用放射式、干线式或链式供电，见表 2-8。它的优点是投资小，接线简单，安装维护方便，但缺点是电能损耗大、电压低、供电可靠性差以及适应负荷发展较困难。

表 2-8　　　　　　　　　　　　　　　开 式 低 压 网 络

项目	放射式低压网络	干线式低压网络	链式低压网络
优点	配电线故障互不影响、供电可靠性较高、配电设备集中、检修比较方便	配电设备及导线、金属耗材消耗较少，系统灵活性好	与干线基本相同
缺点	系统灵活性较差、导线、金属耗材较多	干线故障时影响范围大	
适用场合	单台设备容量较大，负荷集中或重要的用电设备；设备容量不大，并且位于配电变压器不同方向；负荷配置较稳定；负荷排列不整齐	数量较多而且排列整齐的用电设备；对供电可靠性要求不高的用电设备，如机械加工、铆焊、铸工和热处理等	彼此相距很近、容量较小的用电设备

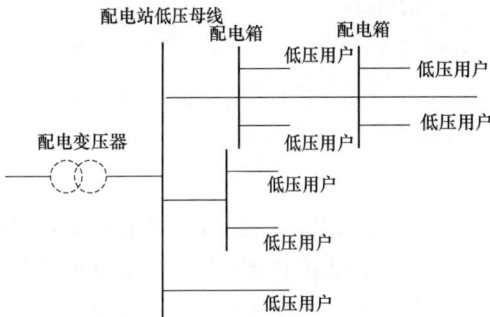

图 2-21　放射式低压网络

（1）放射式低压网络。由配电变压器低压侧引出多条独立线路供给各个独立的用电设备或集中复合群的接线方式，称为放射性连接。如图 2-21 所示，该接线方式具有配电线故障互不影响、供电可靠性较高、配电设备集中、检修比较方便的优点，但系统灵活性较差、导线和金属耗材较多。这种接线方式适用于以下场合：单台设备容量较大，负荷集中或重要的用电设备；设备容量不大，并且位于配电变压器不同方向；负荷配置较稳定；负荷排列不整齐。

（2）干线式低压网络。该接线方式不必在变电站低压侧设置低压配电盘，而是直接从低压引出线经低压断路器和负荷开关引接，减少了电气设备的数量。如图 2-22 所示，配电设备及导线、金属耗材消耗较少，系统灵活性好，但干线故障时影响范围大。这种接线方式适用于以下场合：数量较多而且排列整齐的用电设备；对供电可靠性要求不高的用电设备，如机械加工、铆焊、铸工和热处理等。

（3）链式低压网络。链式接线的特点与干线基本相同，适用彼此相距很近、容量较小的用电设备，链式相连的设备一般不宜超过 5 台，链式相连的配电箱不宜超过 3 台，且总容量不宜超过 10kW。当供电给容量较小用电设备的插座采用链式配电时，每一条环链回路的数量可适当增加，如图 2-23 所示。

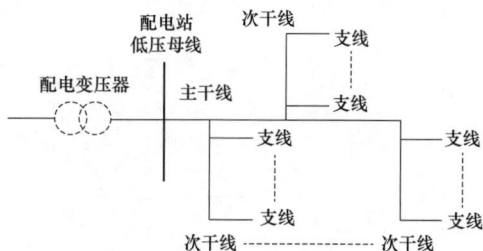

图 2-22　干线式低压网络

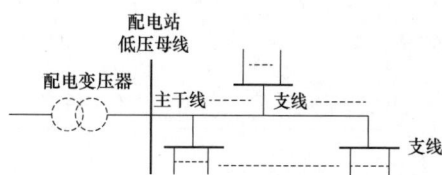

图 2-23　链式低压网络

2. 闭式低压网络

闭式低压网络应用在有特殊低压供电需求的区域，包括三角形、星形、多边形等几种结构，见表 2-9。

表 2-9　　　　　　　　　　　　　　闭 式 低 压 网 络

类型	三角形	星形	多边形
特点	高压侧由多回路供电，电源可靠性较高	充分利用线路和变压器的容量，不必留出很大备用容量	在联络干线端和干线中部都装有熔断器
适用条件	各对应边的阻抗应尽可能相等，以保证熔断器能够选择性地断开	连在一起的变压器容量比不宜大于 1∶2	短路电压比不宜大于 10%，如果从不同的电源引出，还应注意相位和相序关系

由表 2-9 可知，三角形闭式接线高压侧由多回路供电，电源可靠性较高，适用条件是各对应边的阻抗应尽可能相等，以保证熔断器能够选择性地断开；星形闭式接线充分利用线路和变压器的容量，不必留出很大备用容量，适用条件是连在一起的变压器容量比不宜大于 1∶2；多边形闭式接线在联络干线端和干线中部都装有熔断器，适用条件是短路电压比不宜大于 10%，如果从不同的电源引出，还应注意相位和相序关系。

2.2.3.3　中性点接地选择

低压配电网主要采用 TN、TT、IT 接地方式，其中 TN 接地方式可以分为 TN-C、TN-C-S、TN-S。用户应该根据具体情况，选择接地系统。

1. TN 系统

电源端有一点直接接地（通常是中性点），电气装置的外露可导电部分通过保护中性导体或保护导体连接到此节点。根据中性导体（N）和保护导体（PE）的组合情况，

TN 系统的形式有以下三种：

（1）TN-S 系统。整个系统的 N 线和 PE 线是分开的，如图 2-24 所示。TN-S 系统适用于设有变电站的公共建筑，医院，有爆炸和火灾危险的厂房和场所，单项负荷比较集中的场所，数据处理、半导体整流以及晶闸管设备比较集中的场所，洁净厂房，办公楼与科研楼，计算站，通信单位以及一般住宅、商店等民用建筑。

（2）TN-C 系统。整个系统的 N 线和 PE 线合一为 PEN 线，如图 2-25 所示。TN-C 系统的安全水平较低，对信息系统和电子设备易产生干扰，可用于有专业人员维护管理的一般性工业厂房和场所，一般不推荐使用。

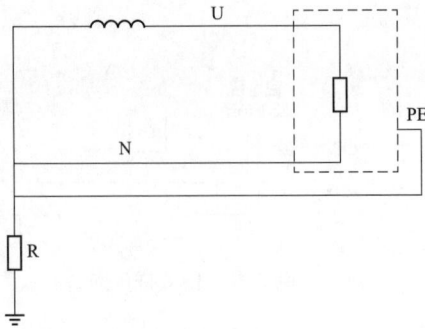

图 2-24　TN-S 系统　　　　　　图 2-25　TN-C 系统

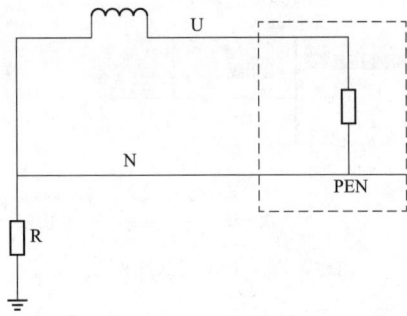

（3）TN-C-S 系统。系统中的一部分线路的 N 线和 PE 线是合一的，如图 2-26 所示。TN-C-S 系统适用于不附设变电站的上述 TN-S 系统中所列建筑和场所的电气装置。

2. TT 系统

电源端有一点直接接地，电气装置的外露可导电部分直接接地，此接地点在电气上独立于电源端的接地点，如图 2-27 所示。TT 系统适用于不附设变电站的上述 TN-S 系统中所列建筑和场所的电气装置，尤其适用于无等电位连接的户外场所，例如户外照明、户外演出场地、户外集贸市场等场所的电气装置。

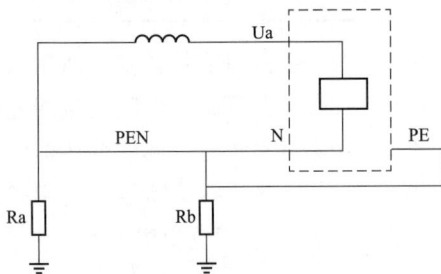

图 2-26　TN-C-S 系统　　　　　　图 2-27　TT 系统

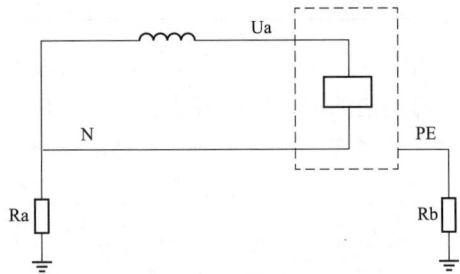

3. IT 系统

电源端的带电部分不接地或有一点通过阻抗接地。电气装置的外露可导电部分直接接地，如图 2-28 所示。IT 系统适用于不间断供电要求高和对接地故障电压有严格限制的场所，如应急电源装置、消防设备、矿井下电气装置、胸腔手术室以及有防火防爆要

求的场所。此外，在同一变压器、发电机供
电的范围内，TN 系统和 TT 系统不能和 IT
系统兼容。因此，分散的建筑物可分别采用
TN 系统和 TT 系统，同一建筑物内宜采用
TN 系统或 TT 系统中的一种。

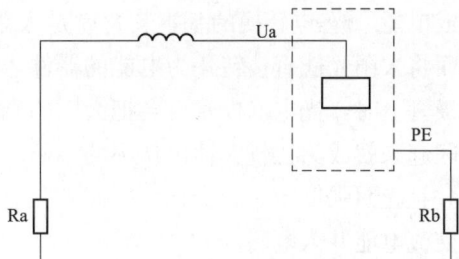

图 2-28　IT 系统

2.2.3.4　接户线选择

根据 GB/T 2900.50《电工术语　发电、
输电及配电　通用术语》的规定，接户线指
从配电网供电到用户装置的分支线路。由供电部门负责运行维护。在通常的低压线路检
查中，大多数是对 380V 线路的检查，因此，一般配电网指 380V 架空线路或电缆分支
箱，而用户装置则指用户电能表。

接户线应符合国家、行业系统的各项相关规定，安全、经济、合理，因地制宜、规
范布线。其基本原则如下：

（1）接户线的相线、中性线或保护线应从同一电杆引下，档距不应大于 25cm，超
过 25m 时应加装接护杆。

（2）每套住宅用电负荷不超过 12kWh，应采用单相电源进户，每套住宅应至少配
置一块单相电能表。

（3）每套住宅用电负荷超过 12kWh，宜采用三相电源进户，电能表应按相序计量。

（4）当住宅套内有三相用电设备时，三相用电设备应配置三相电能表计量。

（5）套内单相用电设备应按（2）和（3）的规定进行电能计量。

（6）三相负荷应分配均衡。

（7）接户线应采用绝缘线或电缆，进户后应加装断路器和剩余电流动作保护器。

（8）在多雷区，为防止雷电过电压沿接户线引入屋内，造成人身事故，应将接户线
绝缘子铁脚接地。

2.2.4　电源接入规划技术

2.2.4.1　电源种类概述

在系统规划设计阶段，接入配电网的电源可分为常规电源和分布式电源两类。常规电
源指以小型火电、水电、风电、太阳能发电为代表，运行方式为全额上网的电站。分布式
电源指接入 35kV 及以下电压等级电网、位于用户附近，在 35kV 及以下电压等级就地消
纳为主的电源，包括同步发电机、异步发电机、变流器等类型电源。进一步按能源类型可
以划分为太阳能发电、水力发电、火力发电、风力发电、天然气发电、生物质发电、燃料
电池等形式。

1. 太阳能发电

太阳能发电有两种方式，一种是光-热-电转换方式，另一种是光-电直接转换方式。
第一种方式利用太阳辐射产生的热能发电，一般是由太阳能集热器将所吸收的热能转换
成工质的蒸汽，再驱动汽轮机发电。第二种方法是利用光电效应，将太阳辐射能直接转

换成电能，光-电转换的基本装置就是太阳能电池。太阳能电池是一种由于光生伏特效应而将太阳光能直接转化为电能的器件，是一个半导体光电二极管，当太阳光照到光电二极管上时，光电二极管就会把太阳的光能变成电能，产生电流。当许多个电池串联或并联起来就成为比较大输出功率的太阳能电池方阵了。由于太阳能光伏所发的是直流电能并且光照强度随时间变化，因此需要通过逆变器和变流器转换为与电网同频率同相位的交流电能并入电网。

2. 水力发电

水力发电的基本原理是利用水位落差，水冲水轮机使其转动，从而将水具有的重力势能转变成动能，这时再将同步电机或感应电机连接至水轮机则发电机即开始发电。由于水电站自然条件的不同，水轮发电机组的容量和转速的变化范围很大。通常小型水轮发电机和冲击式水轮机驱动的高速水轮发电机多采用卧式结构，而大、中型低速发电机多采用立式结构。由于水电站多数处在远离城市的地方，通常需要经过较长输电线路向负荷供电，因此，电力系统对水轮发电机的运行稳定性提出了较高的要求。

3. 火力发电

火力发电的基本原理是燃烧煤炭对水进行加热，产生水蒸气后推动汽轮机转动进而带动同轴的同步电机转动进行发电。具体流程为先将燃料送进锅炉，同时送入空气，锅炉注入经过化学处理的给水，利用燃料燃烧放出的热能使水变成高温、高压蒸汽，经过热器进一步加热，成为具有规定压力和温度的过热蒸汽，然后经过管道送入汽轮机。在汽轮机中，蒸汽不断膨胀，高速流动，冲击汽轮机的转子，以额定转速（3000r/min）旋转，将热能转换成机械能，带动与汽轮机同轴的发电机发电。当满足同步电机的频率与系统频率相同、发电机出口电压与系统电压相同、发电机相序与系统相序相同和发电机电压相位与系统电压相位一致时便可以合上并网，使发电机并入电网。

4. 风力发电

风力发电的原理是：风带动叶轮旋转，叶轮带动发电机旋转切割磁感线，将风能转换为机械功，机械功带动转子旋转，最终产生电能。其中根据风机不同又分为直驱式风机、感应式风机和双馈式风机。直驱式风机带动同步电机发电的特点是转子由直流励磁绕组构成，采用凸极或隐极结构，通过励磁控制器调节发电机的励磁电流，从而实现变速运行时频率恒定，并可满足电网低电压穿越的要求，需要变流器调整电流频率后方可并网；感应式风机带动感应电机由定子励磁建立磁场时，需要消耗无功功率，一般大型风力发电机组在控制柜内加装并联电容，减少从电网吸收的无功功率，改善风力发电机出口的功率因数。感应式风机并网瞬间存在很大的冲击电流，应在接近同步转速时并网，一般都加装专用的软启动限流装置。双馈式风机带动感应电机发电时可实现连续变速运行，风能转换效率高，无冲击电流，需要变流器调整电流频率后方可并网。

5. 天然气发电

天然气是存在于地下岩石储集层中以烃为主体的混合气体的统称，包括油田气、气田气、煤层气、泥火山气和生物生成气等。天然气发电指发电的机组燃料采用或部分采用天然气（包括液化石油气）的发电方式。天然气发电的原理是天然气发电机组系统以汽油发电机组为原型，由专用的燃气通道输入到发动机气缸，从而使发动机做功带动发电机进行发电。根据功率大小的不同，可以将其分为微燃气轮机、内燃气轮机和燃气轮机，其中微燃气轮机需要通过逆变器和变流器转换为与电网同频率同相位的交流电能并入电网；内燃气轮机和燃气轮机则通过自动并网装置检测电网的电压、频率和相位，并以此为基准，通过增减励磁电流来调整输出电压，同时改变转速来调整频率，调节瞬时速率来满足相位差，然后闭合主断路器即可并入电网。

6. 生物质发电

生物质发电是利用生物质所具有的生物质能进行的发电，是可再生能源发电的一种，包括农林废弃物直接燃烧发电、农林废弃物气化发电、垃圾焚烧发电、垃圾填埋气发电、沼气发电。其中农林废弃物直燃发电和垃圾焚烧发电均使用汽轮机，农林废弃物气化发电、垃圾填埋气发电以及沼气发电可以使用微燃气轮机、内燃气轮机或燃气轮机。生物质发电和一般的火电并网原则上是一样的，但是，由于生物质发电一般是小型机组，而且有些沼气发电机组还很小如只有几千瓦的发电功率，就不必高压并网。可以选择低压并网，比如并入用户侧的低压电网，当然要取得电力部门的认可。对于高压并网的生物质发电机组，和一般的火电机组就没有什么区别。

7. 燃料电池

燃料电池是一种把燃料所具有的化学能直接转换成电能的化学装置，又称电化学发电器。燃料电池并网的过程与太阳能发电并网的方式相似，将燃料电池产生的不稳定直流电压通过逆变器和变流器调节到与电网的交流电压频率相同，在保证为本地负荷提供电能的同时，就可以将电能送入电网。

各种能源类型及其并网方式的对比见表 2-10。

表 2-10   不同能源类型及其并网方式的对比

能源类型	并网形式	具体分类
太阳能发电	逆变器＋变流器	光-热-电转换发电
		光-电转换发电
水力发电	水轮机＋同步电机/感应电机	小型水轮机采用卧式结构发电
		大、中型水轮机采用立式结构发电
火力发电	汽轮机＋同步电机	热-电转换发电
风力发电	变流器＋感应电机	驱式风机发电
		感应式风机发电
		双馈式风机发电
天然气发电	变流器＋同步电机	微燃气轮机发电
		内燃气轮机发电
		燃气轮机发电
生物质发电	变流器＋同步电机	农林废弃物发电
		垃圾焚烧发电
		沼气发电
燃料电池	逆变器＋变流器	化学-电转换发电

2.2.4.2 电源接入技术原则

电源接入技术原则可以从接入电压等级和接入点选择、电气计算要求、主要一次设备选择、保护与自动装置配置四个方面进行分析。

1. 接入电压等级和接入点选择

在接入电压等级方面，需要综合电源的规划总容量、分期投入容量、机组容量、电源级别、电网结构与原有的电压等级、电源到公共连接点的电气距离等因素进行选择；在接入点的选择方面，需要根据电压等级的不同以及电网周围的具体环境确定。

2. 电气计算要求

对于常规电源，潮流计算应该包含各年份有代表性的正常最大和最小负荷运行方式、检修运行方式、事故运行方式以及常规电源最大功率时的运行方式，短路计算应该包含常规电源并网节点和其周边节点本期及远景规划年最大运行方式的三相短路电流，稳定计算则需要在常规电源并入高压配电网时进行；对于分布式电源，潮流计算同样需要对具有代表性的电源功率和不同负荷组合的运行方式、检修以及事故运行方式进行分析，短路计算需要对分布式电源并网点及相关节点进行三相短路电流分析，并根据分布式电源类型的不同基于对应的公式进行计算，稳定计算也需要按照分布式电源的发电系统类型划分，确定是否需要进行稳定计算。

3. 主要一次设备的选择

对于常规电源，其主接线方式需要根据电源规划总容量、分期建设情况、供电范围、近区负荷、出线回路数量以及电压等级，通过技术经济分析进行对比选择，而其变压器参数以及各种装置的性能则需要满足相关国家标准规定的要求。对于分布式电源，其电气主接线方式的选择原则与常规电源基本相同，其中低压侧的380V和220V的电源应该采用单母线或者单元接线方式，高压侧的35kV和10kV电源则应该采用线路-变压器组或者单母线接线方式，其变压器的参数性能也需要满足相关国家标准相关规定的要求。

4. 保护与自动装置配置

对于常规电源，保护配置的整体性能应该综合考虑可靠性、选择性、灵敏性和速动性的要求，配置合适的保护方式；对于分布式电源，其以380V电压等级接入时，并网点和公共连接点应该具备断路瞬时、长延时保护、分励脱扣、失压跳闸及低压闭锁合闸等功能，以10kV电压等级接入时，一般情况下可以配置方向过电流保护或者距离保护，若出现两种保护无法整定或者配合困难的情况，可以增加配置纵联电流差动保护。

2.2.4.3 常规电源接入

常规电源接入的设计主要由九大部分组成，包括收集常规电源相关的电力系统概况、梳理设计常规电源概述、介绍相关地区电网发展规划的负荷预测结果和情况、分析常规电源在系统中的作用和地位、制定常规电源一次接入系统方案、对常规电源升压站与开关站电气主接线及有关电气设备参数制定要求、规划常规电源二次接入系统方案、制定常规电源系统通信方案和制定接入系统设计投资估算。

常规电源一次接入系统方案的设计是常规电源接入中最重要的一环，下面将对常见的两种接入方案进行介绍。

1. 通过专用线路直接接入变电站

该接入方法适用于 110、35kV 专线接入、接入容量大于 6MW 的应用场景，具体接线示意图如图 2-29 所示。

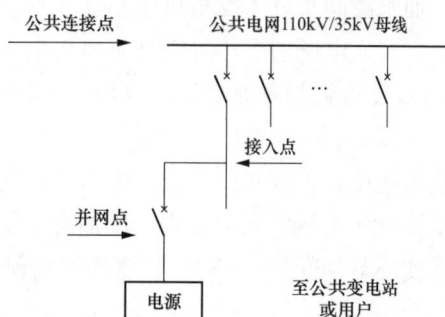

2. 通过 T 接接入架空线路或电缆分支箱

该接入方法适用于 110、35kV 线路 T 接接入、接入容量大于 6MW 的应用场景，具体接线示意图如图 2-30 所示。

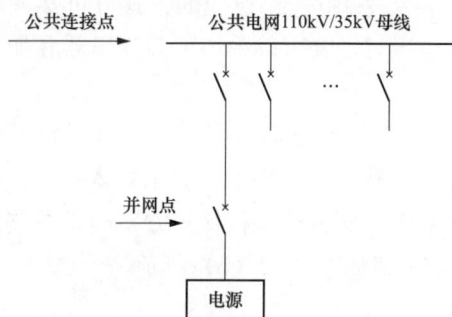

图 2-29　专用线路直接接入变电站　　图 2-30　T 接接入架空线路或电缆分支箱

2.2.4.4　分布式电源接入

1. 分布式电源的接入优化方案

由于分布式电源接入配电网以后，对电网损耗会产生较大的影响，因此为保障分布式电源及时、可靠接入，合理选择分布式电源接入点，减少网损、提高电能质量等目标成了接入方案设计的重要内容。现有分布式电源接入优化方案主要包括三类：

（1）最小化投资成本优化方案。该方案主要考虑以分布式电源设备的综合与安装成本最小化为目标的优化设计。

（2）最小化电能损耗优化方案。分布式电源接入配电网改变了系统潮流分布，一般会减小支路潮流流动，从而有利于减少网损。但是当分布式电源注入容量过高时，支路潮流流动反而可能增大，网损也有可能增加，因此需要调整接入方案使得网络整体电能损耗最小。

（3）最大化供电可靠性优化方案。通过将可靠性指标加入目标函数中，充分考虑配电网发生故障时，分布式电源仍继续向所在的独立电网输电的情况，以此使供电可靠性最大化。

2. 典型分布式电源接入方案

（1）单台分布式能源并网。

1）分布式风电系统。风力发电机可以分为多种拓扑和发电机类型。目前，变速风机依靠其高风能利用效率和柔性传动系统的优势，成了风力发电的主力机型。变速风机主要可以分为双馈风力发电机（DFIG）和永磁同步风力发电机（PMSG）两种类型。双馈风力发电机采用异步发电机，其定子侧直接连接电网，转子侧通过背靠背变换器（AC/DC-DC/AC）接入电网。发电机可通过定子和转子侧的变换器将电能传输至电网。其接入方案图如图 2-31 所示。

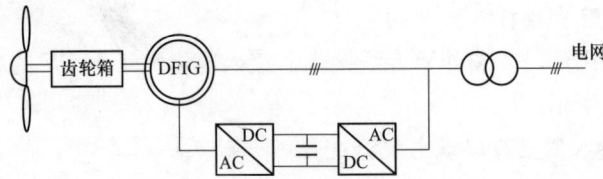

图 2-31　双馈风力发电系统拓扑图

　　而永磁同步风力发电机输出非工频交流电，需要采用整流-逆变的方式方可接入电网。当接入电网的电压等级高于风机电压输出端电压时，其可以采用工频变压器和加入DC/DC 变换器两种方法接入电网。

　　采用工频变压器的方案图如图 2-32（a）所示。工频变压器可以有效提升风机逆变器输出电压，该方式的优点是电压升高的技术相对容易，缺点是工频变压器体积大、质量重，对海上风电来说，将会增加海上平台建设费用。而另外一种接入方案则是在整流和逆变环节中间加入 DC/DC 变换器实现升压，该方案如图 2-32（b）所示。

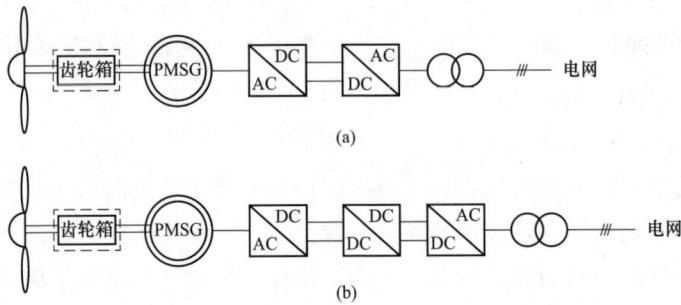

图 2-32　永磁风力发电系统拓扑图
(a) 采用工频变压器；(b) 加入 DC/DC 变换器

　　2）光伏发电系统。由于光伏发电系统中太阳能电池板输出为低压直流电，因此其可以直接通过 DC/DC 模块进行升压，进而通过 DC/AC 模块实现逆变，最终接入电网。值得注意的是，光伏发电系统中 DC/DC 模块和 DC/AC 模块中变换器的类型与上述风机系统所采用的变换器类型一样。光伏图片与风机图片类似，将风机换成光伏板即可。

　　（2）多台分布式能源并网。对于含多台分布式电源的发电系统，可以通过分布式电源各自或共用的逆变器接入电网。当采用共用的逆变器时，多个发电单元需要通过直流方式连接到逆变器的直流侧，按照直流汇集方式的不同，接入方案可以分为直流串联和并联。

　　1）直流串联。直流串联方案的示意如图 2-33 所示。该方案通过采用多个发电单元采用串联的方式在直流侧连接，并实现了升压适用于单个发电单元输出电压低于电网电压的情况。然而当该方案中的某个发电单元发生故障时，系统需要利用旁路电路对故障进行隔离，同时，当系统中的发电设备需要维修时，其接入和移除均存在一定困难，导致系统的控制难度较大且经济性较低。

　　2）直流并联。目前，直流并联方案比较常用。可以根据直流侧的联节点方式将直流并联方案进一步分为星型和串型。该方案示意图如图 2-34 所示。图 2-34（a）为星型方式示意图，多个发电设备利用自有线路和开关单元与直流母线连接，当系统发生故障或维修时，发电设备可以轻易地从系统中增加或者移除，从而使得系统具有较高的可靠性。图 2-34（b）为串型方式示意图，多个发电设备通过相似的线路与直流母线进行连接。该方案的缺点是当某一发电设备发生故障时，位于该故障设备下游所有的发电单元都会被迫与系统断开。

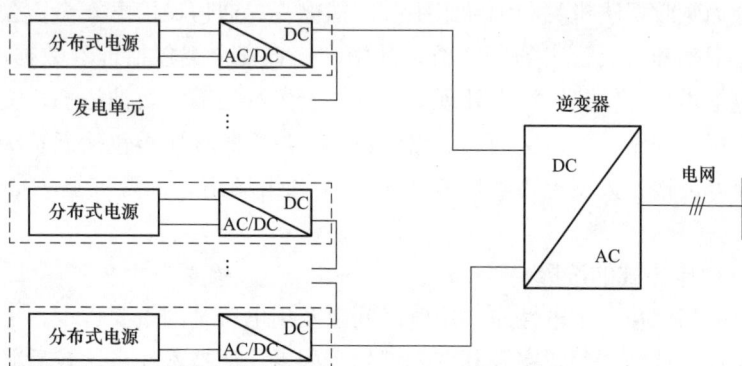

图 2-33　直流串联方案

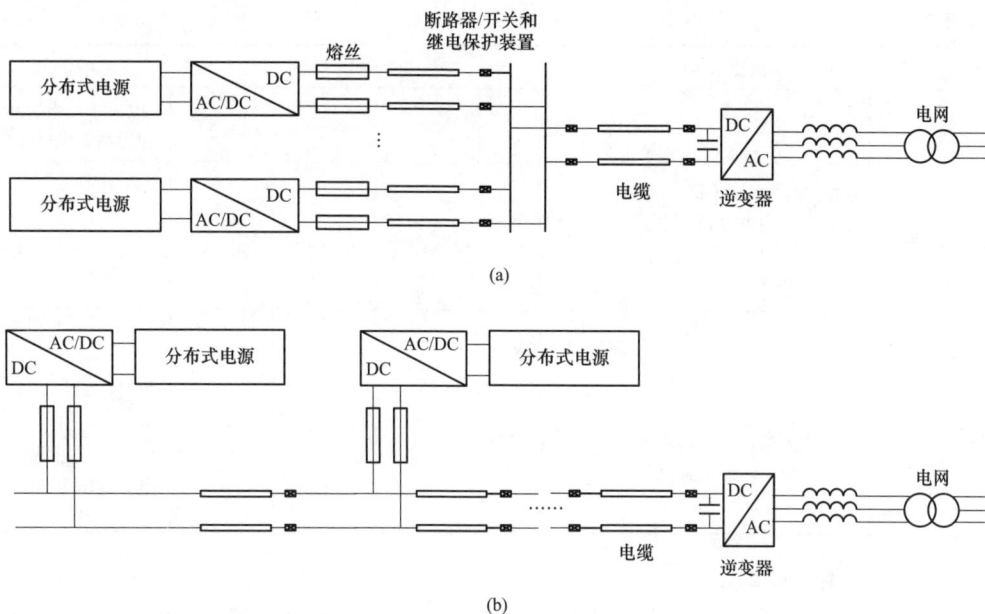

(a)

(b)

图 2-34　并联拓扑结构

（a）星型；（b）串型

2.2.5　电力用户接入规划技术

2.2.5.1　用户分级

根据目前不同类型重要电力用户的断电后果，将重要电力用户分为工业类和社会类两大类。

1. 工业类

工业类分为煤矿及非煤矿山、危险化学品、冶金、电子及制造业和军工 5 类。其中，危险化学品类包括石油化工、盐化工、煤化工和精细化工；电子及制造业类包括芯片制造、显示器制造；军工类包括航天航空、国防试验基地以及危险性军工生产。

2. 社会类

社会类分为党政司法机关和国际组织、广播电视、通信、信息安全、公共事业、交通运输、医疗卫生和人员密集场所 8 类。其中，信息安全类包括证券数据中心、银行；公用事业类包括供水、供热、污水处理、供气、天然气运输、石油运输；交通运输类包括民用运输机场、铁路、轨道交通、公路隧道；人员密集场所类包括五星级以上旅馆饭店、高层商业办公楼、大型超市、购物中心、体育馆场馆、大型展览中心及其他重要场馆。

2.2.5.2 供电方式的选择

根据用户的用电量、用电性质、用电时间以及用电符合的重要程度，考虑当地公共电网现状、通道等社会利用效率及其发展规划等因素，经技术经济比较后确定供电电源电压等级以及高压供电、低压供电、临时供电等供电方式，见表 2-11。

表 2-11　　　　　　　　　　　供 电 方 式 的 选 择

供电方式	低压供电		高压供电				临时供电
接入电压等级	220V	380V	10kV	35kV	66kV	110kV	取决于用电容量和当地的供电条件
用电设备容量	≤10kW；如供电半径较小，用电设备总容量可扩大到16kW	≤100kW	50kVA～10MVA	5～40MVA	15～40MVA	20～100MVA	—
受电变压器容量	—	≤50kVA	20MVA	—	—	—	—
适用地区	用电负荷密度较高的地区；农村地区		无 35kV 电压等级的地区	—	有 66kV 电压等级的电网	—	基建施工、市政建设、抗旱打井、防汛排涝、抢险救灾、集会演出等非永久性用电

2.2.5.3 电源点确定

确定配电网供电电源点必须依据用户用电容量、需用供电电压和供电电源数。电网供电电源点确定的一般原则为：电源点应具备足够的供电能力，能提供合格的电能质量，以满足用户的用电需求；在选择电源点时应充分考虑各种相关因素，确保电网和用户端变电站的安全运行；对多个可选的电源点，应进行技术经济比较后确定；根据用户的负荷性质和用电需求，确定电源点的回路数和种类；根据城市地形、地貌和城市道路规划要求，就近选择电源点，路径应短截顺直，减少与道路交叉，避免近电远供、迂回供电。

选择接入配电网的电源点应该紧密衔接配电网规划，全面考虑电网发展、变电站间隔利用、廊道资源、建设时序等各种因素，综合确定供电电源。对于中压配电网，要求各个分段中接入的用户的总阻负荷容量不超过 2MW，如果接入用户数量增加，使得总阻负荷容量超过 2MW，可以考虑接入其他的中压分段，但是 10kV 电压等级的用户接入时需要注意不能造成中压线路以及 35、110（66）kV 电压等级的配电变压器过载运行。对于低压配电网，需要注意不可造成低压线路和变压器过载运行或者末端用户的电压质量问题。

2.2.5.4　电源配置

1. 供电电源配置

供电电源配置应依据用户的负荷等级、用电性质、用电容量、当地供电条件等因素进行技术经济比较，与用户协商确定。重要电力用户典型供电模式包括三电源供电模式、双电源供电模式以及双回路供电模式三种模式。

（1）三电源供电模式。三电源供电模式（模式Ⅰ）分为模式Ⅰ.1、模式Ⅰ.2、模式Ⅰ.3 三类。模式Ⅰ.1 三路电源来自三个变电站，全专线进线；模式Ⅰ.2 三路电源来自两个变电站，两路专线进线，一路环网/手拉手公网供电进线；模式Ⅰ.3 三路电源来自两个变电站，两路专线进线，一路辐射公网供电进线。

（2）双电源供电模式。双电源供电模式（模式Ⅱ）分为模式Ⅱ.1、模式Ⅱ.2、模式Ⅱ.3、模式Ⅱ.4、模式Ⅱ.5、模式Ⅱ.6、模式Ⅱ.7 七类。模式Ⅱ.1 双电源（不同方向变电站）专线供电；模式Ⅱ.2 双电源（不同方向变电站）一路专线、一路环网/手拉手公网供电；模式Ⅱ.3 双电源（不同方向变电站）一路专线，一路辐射公网供电；模式Ⅱ.4 双电源（不同方向变电站）两路环网/手拉手公网供电进线；模式Ⅱ.5 双电源（不同方向变电站）两路辐射公网供电进线；模式Ⅱ.6 双电源（同一变电站不同母线）一路专线、一路辐射公网供电；模式Ⅱ.7 双电源（同一变电站不同母线）两路辐射公网供电。

（3）双回路供电模式。双回路供电模式（模式Ⅲ）分为模式Ⅲ.1、模式Ⅲ.2、模式Ⅲ.3、模式Ⅲ.4 四类。模式Ⅲ.1 双回路专线供电；模式Ⅲ.2 双回路一路专线、一路环网/手拉手公网进线供电；模式Ⅲ.3 双回路一路专线、一路辐射公网进线供电；模式Ⅲ.4 双回路两路辐射公网进线供电。

2. 自备应急电源配置

自备应急电源的配置应依据保安负荷的允许断电时间、容量、停电影响等负荷特性，按照各类应急电源在启动时间、切换方式、容量大小、持续供电时间、电能质量、节能环保、适用场所等方面的技术性能，选取合理的自备应急电源。重要电力用户自备应急电源按照允许停电时间可以分为零秒级、毫秒级、秒级（10s 内）、分钟级。

（1）零秒级。零秒级的容量包括 0～400kW，400～2000kW。0～400kW 容量的推荐自备电源是不间断电源（UPS），因为目前只有 UPS 在线工作方式能够满足零秒的切换，其他自备应急电源均很难满足；400～2000kW 容量推荐自备应急电源是动态 UPS，因为大容量零秒切换的应急发电机目前最优的是动态 UPS，将 UPS 与发电机组合的方式价格贵且性能低。

（2）毫秒级。毫秒级的容量包括 0～10kW、10～300kW，300～800kW。0～10kW 容量推荐自备应急电源是 UPS，因为毫秒级切换的自备应急电源主要有 UPS、高能同步辐射光源（HEPS）和动态 UPS 三种，其中 HEPS 和动态 UPS 容量普遍较大，因此在 10kW 内首选 UPS；10～300kW 容量推荐自备应急电源是 UPS 或 HEPS，因为在 10～300kW 间自备应急电源可选 UPS 和 HEPS，HEEPS 的价格约为 UPS 的 70％～80％，但 UPS 技术相对成熟，用户可根据自身需要在两者之间选择；300～800kW 容量推荐自备应急电源 HEPS，因为 UPS 随着容量增加价格迅速增加，因此应急负荷在 300kW 以上，建议使用大容量的 HEPS。

（3）秒级。秒级的容量包括 0～600kW，500～2000kW。0～600kW 容量推荐自备紧急电力供给（EPS）电源，秒级的切换可以不需要高价格的毫秒级切换的自备应急电源，而符合毫秒级切换的自备应急电源主要有 EPS 和燃气发电机，小容量的应急负荷 EPS 明显具有优势，价格约为燃气发电机的 1/4，因此首选 EPS；容量 500～2000kW 推荐自备应急电源燃气发电机，EPS 很难做到大容量，否则价格会突增，因此，大容量秒级的应急符合首选燃气发电机。

（4）分钟级。分钟级的容量包括 0～800kW、800～2500kW、2500kW 及以上。容量 0～800kW 推荐自备应急电源 EPS/柴油发电机，EPS 与柴油发电机均符合要求，EPS 比柴油发电机贵约 40％，但是 EPS 比柴油发电机节能、省电，因此，用户可根据自身需求对二者进行选择；800kW 及以上容量推荐自备电源是柴油发电机，EPS 很难做到大容量，因此首选柴油发电机，其性价比极高。

2.2.5.5 电气接线方式和运行方式

电气接线方式和运行方式应该根据用户负荷等级、电压等级、变压器等因素，选择合适的电气主接线和运行方式。按照用户负荷等级可以分为一级负荷用户、二级负荷用户和三级负荷用户，其中一级负荷用户和二级负荷用户两者都采用两回线路供电，三级负荷用户采用单回线路供电。

一级负荷用户在高压供电侧应采用单母线分段或双母线接线方式，需要具备不少于 2 台的主变压器，其中 10kV 电压等级应采用单母线分段接线方式；低压侧则需要采用单母线分段接线方式。在运行方式方面可采用两回及以上进线同时运行互为备用的方式，或者一回进线主供、另一回线路热备用。二级负荷用户在高压供电侧应采用桥形、单母线分段、线路-变压器组等主接线方式，也需要具备不少于 2 台的主变压器，其中 10kV 电压等级应采用单母线分段、线路-变压器组接线的主接线方式。低压侧的电气主接线方式与一级负荷用户相同。在运行方式方面可以两回及以上进线同时运行，或者一回进线主供、另一回路冷备用。三级负荷用户的电气主接线方式采用单母线或线路-变压器组接线。此外，各级用户均不允许出现高压侧合环运行的方式。

2.2.5.6 电能计量

电能计量分为确定电能计量点、选择电能计量方式、确定接线方式、电能计量装置配置四个步骤。首先，应该在供电设施与受电设施的产权分界处确定电能计量点，如果选择的分界处不适合安装计量表，对于专线供电的高压用户，可在供电变电站的出线侧出口装表计量；对于公用线路供电的高压用户，可以在受电装置的低压侧计量。其次，低压用户负荷电流为 60A 及以下时，电能计量方式可以采用经电流互感器接入式。高压用户则适合在高压侧进行计量，若是 10kV 供电且容量在 315kVA 及以下、35kV 供电且容量在 500kVA 及以下，在高压供电侧计量出现困难时，可以在低压侧计量，即采用高供低计的电能计量方式。然后，根据电能计量装置接入的系统确定其接入方式，分别接入中性点绝缘和非绝缘系统的电能计量装置，宜分别采用三相三线、三相四线的接线方式。最后，根据不同类别电能计量装置配置电能表、互感器的准确度等级选择合适的配置。

2.2.5.7　电能质量和无功补偿

用户接入配电网后公共连接处的电能质量，在谐波、间谐波、电压偏差、电压不平衡、直流分量等方面应满足 GB/T 12325《电能质量　供电电压偏差》、GB/T 12326《电能质量　电压波动和闪变》、GB/T 14549《电能质量　公用电网谐波》、GB/T 15543《电能质量　三相电压不平衡》的要求。对于特殊电力用户，应委托有资质的专业机构出具非线性负荷设备接入电网的电能质量评估报告（其中大容量非线性用户，须提供省级及以上专业机构出具的电能质量评估报告）。按照"谁污染、谁治理""同步设计、同步施工、同步投运、同步达标"的原则，在供电方案中，明确特殊用户治理电能质量的具体措施。无功补偿配置要求 100kVA 及以上的高压电力用户，在高峰负荷时的功率因数大于或等于 0.95；农业用电功率因数大于或等于 0.85。

2.2.5.8　继电保护与自动装置配置

1. 继电保护

继电保护主要分为进线保护、主变压器保护和 110kV 双母线专用母线保护。

（1）在进线保护方面，对于 110kV 及以上的高压供电，应该根据经评审后的二次接入系统设计确定其进线保护的配置；对于 35、10kV 的高压供电，进线需要装设三段式电流保护；对于小电阻接地的系统，可以装设零序保护；对于有自备电源的用户，可以采用距离保护或纵联保护。

（2）在主变压器保护方面，对于容量在 0.4MVA 及以上车间内的油浸变压器，均应该装设气体保护，其余非电量保护按照变压器厂家要求配置；对于电压在 10kV 及以下、容量在 10MVA 以下单独运行的变压器，应该采用电流速断保护和过电流保护分别作为变压器主保护和后备保护；对于电压在 10kV 及以上、容量在 10MVA 以上单独运行的变压器，以及 6.3MVA 及以上并列运行的变压器，应该采用纵差保护和过电流保护（或复压过电流）分别作为变压器主保护和后备保护；对于电压为 10kV 的重要变压器或容量为 2MVA 及以上的变压器，当电流速断保护灵敏度不符合要求时也可采用纵差保护作为变压器主保护。

2. 自动装置配置

自动装置配置即配置备用电源自动投入装置。备用电源自动投入装置应具有保护动作闭锁的功能，对于 10～110kV 高压侧进线断路器，不宜装设自动投入装置；对于

0.38kV 高压侧的进线断路器，应该采用具有故障闭锁的"自投不自复"或"手投手复"的切换方式，不宜采用"自投自复"的切换方式；对于一级负荷用户，应该在变压器低压侧的分段开关处，装设自动投入装置，此自动投入装置应具备可靠的闭锁的功能；而对于其他负荷性质用户，不宜装设自动投入装置。

2.2.6 配电网规划未来演进路线

传统配电网系统大多使用闭环设计、开环运行的架构，以变电站作为电源，电力线路构成配电网，终端用户作为负荷，具有十分清晰的源、网、荷各自角色和定位。因此，传统配电网规划的实现一般遵循"自上而下"与"自下而上"融合的模式。但在新型配电网中，随着海量调控装置和手段及分布式电源将广泛且大规模地接入配电网中，源、网、荷各自的角色定位和操作特征都将产生完全的变化，在推动配电网系统进入新形态的同时，也将对新型配电网的规划方法产生深远影响。因此，本部分面向新型配电网的协调规划问题，重点介绍了在源、网、荷新要素、新特征以及其复合影响下的配电网规划未来演进路线。配电网规划未来演进路线如图 2-35 所示。

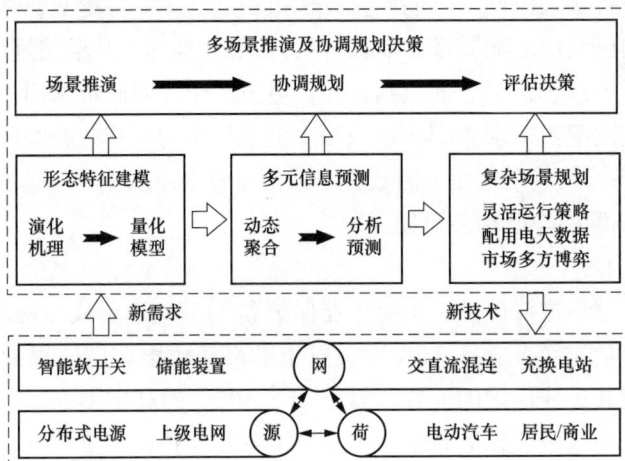

图 2-35　配电网规划未来演进路线图

2.2.6.1 复杂形态特征的提取与量化

为了在新型配电网规划中考虑源、网、荷形态发展演变带来的复杂影响，首先需要进行精准的形态特征提取与量化分析，这不但可以为探索新型配电网的发展目标和演变路径奠定基础，而且有助于揭示规划方案在全目标周期内可能存在的薄弱环节，为复杂不确定性环境下的中长期强适应性规划问题提供解决依据。

传统的配电网规划一般采用可靠性、安全性、电能质量等指标来对其特征进行量化描述，但由于配电网形态和终端用户需求的持续变化，这些传统的特征指标已经逐渐难以满足新型配电网的规划开发需求。由于新型配电网的形态特征属性在时间、空间、物理、价值等多个维度上均不尽相同，需要开发多维特征指标的定量描述方法，进而在不同时空尺度上分析形态特征量化耦合与协同机制，将不确定性、灵活性、韧性、互联性等新兴理念转化为可科学度量的计算指标，并生成统一框架下可供新型配电网指导规划设计的指标集合和综合评估体系。

2.2.6.2　规划要素的动态聚合分析预测

在传统配电网规划设计中，各供电区域的负荷结构较为简单且用电方式比较稳定，基于历史发展状况直接进行负荷预测便可以获得很好的效果。而新型配电网中承载了非常多样化的规划要素，在物理属性和动态特性方面都存在较大差异。如各类分布式能源、智能终端等设备的接入具有很大的自由度，节点数目众多且较为分散，就地消纳和反向送电的现象逐渐变成常态化，导致难以对用户侧各类设备的电气特性进行统一度量，在很大程度上提高了分析预测难度。新型配电网多时空尺度动态聚合与分析预测如图 2-36 所示。

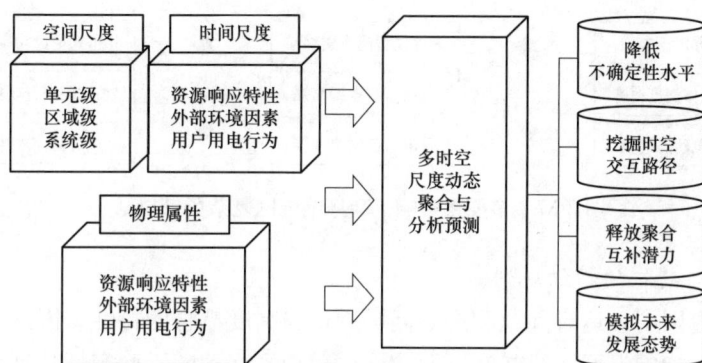

图 2-36　新型配电网多时空尺度动态聚合与分析预测

1. 多时空尺度动态聚合

通过多时空尺度动态聚合，凝练出大量源、荷响应的共性特征，同时区分出不同源、荷匹配的个性特征。在充分结合认知经验和终端数据的基础上，通过场景削减等方式限制规划问题的不确定性水平，模拟出典型场景和极端环境下源、荷的变化趋势，从而把握规划要素的多尺度特征，为智能配电网规划设计奠定基础。

由于多时空尺度动态聚合的效果和资源响应特性、用户用电行为及外界环境因素密切相关，如果直接对各类源、荷资源的概率分布进行整合就会存在较大误差。这就要求在明晰不同资源工作特性与约束机制的基础上，借助数据监测和参数辨识等手段，分析源、荷响应随时间推移、空间转换、场景演替而显示出的变化规律，建立适用于新型配电网协调规划的统一概率化表征模型。

2. 多维度分析预测

随着新型配电网规划要素逐渐向细粒度发展，需要在获得大量分散资源聚合特性的基础上预测其在规划周期内的行为规律；另外，由于规划场景要素多样且具有不同特性，其相互之间产生了复杂的关联耦合影响，需要通过多维度要素的分析预测方法获取其在规划周期内的发展路径。

目前，完全照搬传统负荷预测方法难以适应新型配电网中不同类型可控资源的差异化随机特征，也无法对大量接入的分布式储能进行有效预测，因而无法给出满足新型配电网规划要求的源、荷、储综合预测信息，所以必须在获取各规划要素动态聚合结果的基础上，进一步深入挖掘它们的联动关系，明确它们间的互动模式，发展源、荷、储协同预测新方法。

2.2.6.3 多要素影响下的复杂场景规划

新型配电网规划问题的主要特征之一是多要素与规划之间的相互影响和映射关联，如图 2-37 所示。考虑运行层面的灵活策略调整、配用电大数据的信息支撑、市场博弈的多方协调等诸多方面，将进一步加剧场景规划的不确定性和复杂性，同时也将给新型配电网形态演变下的规划理论创新提供新的思路和技术手段。

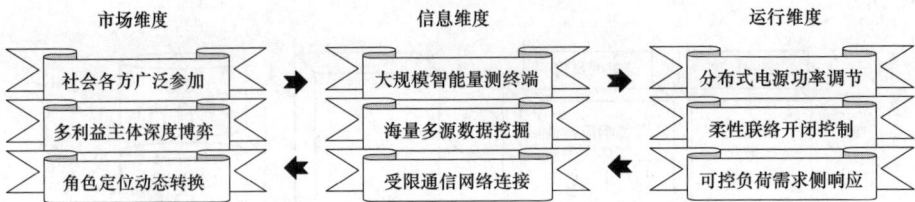

图 2-37 多要素影响下新型配电网复杂场景规划

1. 计及运行特征的精细规划

在新型配电网中，运行问题和规划问题展现出高度耦合的特性。因此需要在规划阶段就充分计及智能配电网运行状态下源、网、荷交叉互动的不确定性特征和灵活运行策略的影响，使规划方案能够充分挖掘和有效利用各种可控资源。首先，通过分析预测未来复杂不确定性因素的影响，获得可能出现的场景序列并进行场景划分和典型场景生成；其次，针对各个场景出现的问题，如线路过载、电压越限、清洁能源消纳困难等，进行灵活资源调节，实现运行策略优选。值得注意的是，在计及运行策略影响时，电源侧分布式发电的有功功率和无功功率支撑调节、网络侧柔性联络装置的开闭调节、负荷侧可控负荷的需求侧响应调节等都需统筹考虑，建立系统形态特征、不确定性运行策略、多场景规划运行等深度融合的多阶段优化规划模型，以便最大限度地利用灵活可调控资源来保证源、荷平衡。

2. 多源数据驱动的演进规划

新型配电网系统的全面数字化、信息化与智能化使相关数据量呈指数形式增长。除了直接反映系统的运行状态，这些配用电大数据中还蕴含着用户的用电规律、配电网发展模式和变化趋势等极为重要的信息。实现多时空尺度配用电大数据的深度融合和挖掘，可以有效提升规划人员对配电网现状的评估准确度和对电网未来发展趋势的预测精细度。将大数据分析与人工经验有机融合，乃至逐步取代人工经验方法，构建以数据贯穿驱动的配电网规划、建设、运行、评估、改造等全过程闭环链条，是新型配电网协同规划未来发展的重要方向。

3. 多方市场博弈的协调规划

在新型配电网多方市场博弈中，必须根据规划需求对利益主体的归属进行梳理，明确其主要利益诉求，并给出合理的计算方法，划定各方可接受程度的阈值区间，进而模拟多方博弈过程，最后实现博弈均衡条件下的智能配电网协调规划。通过均衡博弈下的多方协调规划，各利益主体能够在规划阶段充分计及市场环境下可能出现的各种不确定性因素影响，避免重复投资和冗余建设。同时，结合各市场主体不同的利益诉求，通过市场环境下的竞争、激励和监管机制，既能够充分调动各方参与配电网规划建设的积极性和主动性，又能够兼顾社会、经济和环境效益，有助于提升整体新型配电网规划建设与运行服务水平。

2.2.6.4　多场景推演及动态协调决策

当前，配电网系统正处于从优质电力供应平台向综合性能源服务平台升级的过渡阶段，原有单次孤立的规划方法在适应性上将受到极大的限制，依靠单一算法获取理想的规划结果也是不现实的。因此，发展新型配电网多场景推演及动态协调决策的方法和工具，已成为亟待解决的关键问题。

1. 多场景推演

多场景推演技术实质上是在连续的时空标度下，综合考虑系统在运行、信息、市场等多重维度上的动态要素，充分感知系统未来一段时间的发展态势，运用场景融合与分裂等方法，构建具有强适应性和强延展性的场景集。与传统方法相比，多场景推演更加强调场景变化和新型配电网发展的互动式过程刻画，即一方面关注配电网自身特征在不同场景和决策方案下的变化过程，同时也需要考虑配电网特征变化对用户负荷分布、用电行为模式等场景要素的关联影响，并且在必要时可以实现协商机制下的决策干预等，从而能够全面覆盖新型配电网可能的动态演化路径，有利于提高规划场景分析的灵活性、准确性和针对性。

2. 动态协调决策

在新型配电网规划工作中，必须实现多利益主体之间、用户与配电网之间、运行策略与规划方案之间、近期与中远期之间的协调，需要随着规划场景的推演更迭进行动态调整，以保证不同阶段规划方案对多种不确定运行场景的适用性。动态协调决策的任务是既要给出未来目标年的系统发展方案，又要获取从现状年到目标年的发展路径。其目的是借助多场景推演工具，充分计及规划决策和场景发展变化之间持续的、动态化的互动过程，满足在全规划周期内的最优决策需求。

2.3　面向区域能源互联的新型配电网规划技术

未来电力系统中分布式电源、弹性可控负荷、电动汽车、智能楼宇等"发用电联合体"大量并网，新型配电网能量由传统的单一流动向双向互动转变，提高了能量调控的智能性与灵活性的同时也增加了配电网的不确定性与复杂性。同时因为新能源技术的发展，能源供给多样化，电、天然气、太阳能、风能等多种能源随机性增强，需要实现不同种类能源间的转换替代。

基于供需互动需求与能源替代转换需求，"能源互联网"的概念被提出。能源互联网是多能源系统结合互联网思维形成的新型能源系统，通过信息共享实现多种能源的互联互通和开放互动。面向区域能源互联，新型配电网将融合配电网、互联网与物联网，考虑多元互动资源的多能源主体耦合性、多主体交互、强随机性等特征，实现电、天然气、冷、热等多形式能源之间的协同调度，满足社会能源供给需求，提高配电网系统的经济性、安全可靠性和高韧性，为广大用户提供社会公共服务平台，面向区域能源互联的新型配电网规划方案如图 2-38 所示。

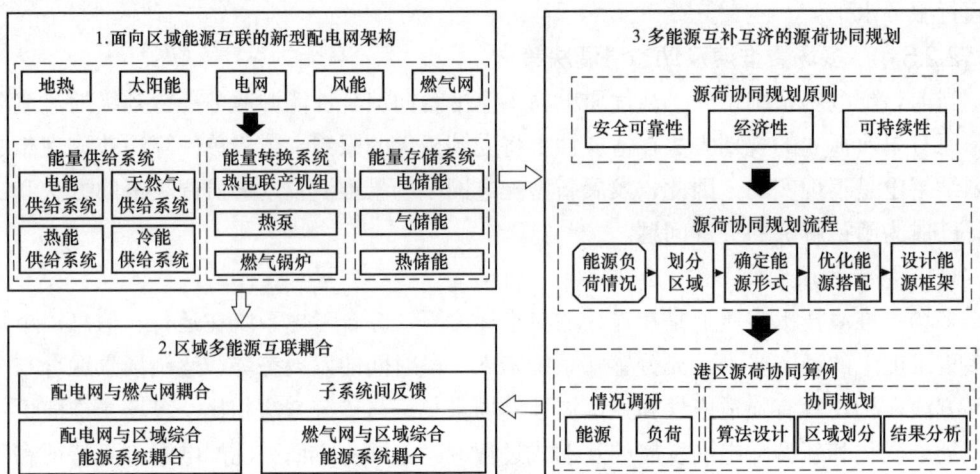

图 2-38　面向区域能源互联的新型配电网规划方案图

2.3.1　面向区域能源互联的新型配电网架构

面向区域能量互联的新型配电网的架构，可分为能源供给、能源转换、能量存储三个部分，通过能源互联设备耦合为同一个整体，如图 2-39 所示。

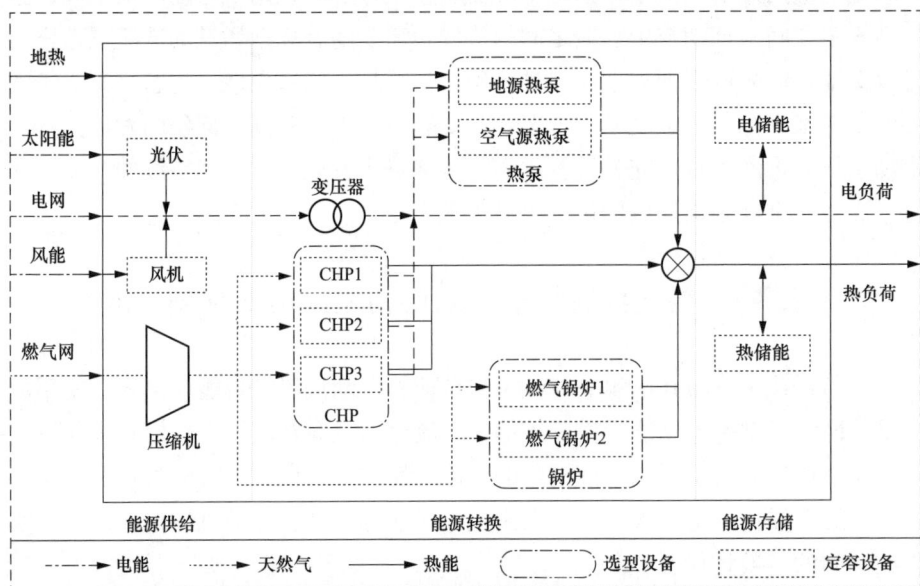

图 2-39　面向区域能源互联的新型配电网架构图

新型配电网中，配电网与燃气网络、区域热力网络相互连接，将地热能、太阳能、风能等分布式能源与电网、燃气网的能量进行融合转化，形成电、热输出，能量流直接传输方向通过实线表示，能量流形式转换流动方向通过虚线表示。下面对能量供给系统、能量转换系统和能量存储系统进行介绍。

按照能源的种类，新型配电网能量供给系统可分为电能供给系统、热能供给系统、天然气供给系统和冷能供给系统，见表 2-12。

表 2-12　　　　　　　　　　　　　　　能 源 供 给 系 统

系统	方式	特点
电能供给系统	大电网供电	火电厂、核电厂、分布式光伏电厂、风机等发电端发电并网，由电网传输供电
	燃气轮机发电	燃气轮机作为多能源系统中的气-电关键能源转换设备，通过燃烧消耗天然气，产生电能可用于满足区域用户电负荷需求
	储能装置放电	储电装置放电供给电负荷
热能供给系统	余热锅炉供热	燃气轮机通过燃烧天然气发电的同时，产生了大量高温烟气，高温烟气在排出后其中所携带的大量热量可通过余热回收装置再利用，输送至余热锅炉用于供热，以提高天然气经燃气轮机发电后的能源利用率
	燃气锅炉供热	燃气锅炉通过燃烧天然气，产生热量进行供热
	电锅炉供热	电锅炉作为含电、天然气、热、冷区域级多能源系统中电-热转换关键能源转换设备，主要是通过电制热的方式，可在燃气锅炉和余热锅炉供热不足时，电锅炉进行供热补充
天然气供给系统	天然气源直接供给	通过天然气管网从气源直接传输天然气
	电制气	通过电制氢电解装置、储氢装置、CO_2 源及甲烷化装置，利用多余的电能电解水制氢气，将生成的氢气与 CO_2 源供给的 CO_2 在甲烷化装置中进行甲烷化反应，生成的天然气可通过天然气管网满足区域用户用气需求
冷能供给系统	电制冷	通过利用热能驱动制冷，满足用户冷能需求
	吸热制冷	电制冷器通过电能的消耗，用以满足用户冷能需求。另外，由于电制冷器具有较高的制冷效率，电制冷器也可作为区域用户冷负荷较高时的快速调节方式

新型配电网能源转换系统主要以供热设备为主，包含热电联产机组（combined heating and power，CHP）、热泵（heat pump，HP）、燃气锅炉（gas boiler，GB），见表 2-13。

新型配电网能源存储系统包括电储能、气储能、热储能。电储能利用蓄电池进行充电与放电；气储能利用储气罐对系统中产生的天然气进行存储与释放；热储能主要利用蓄热罐，当配电网用户用热需求低谷时期，将区域能源互联系统中的多余热能进行存储，进而在配电网用户热负荷峰值时进行释放，弥补系统中燃气锅炉、余热锅炉、电锅炉供热不足导致的热负荷差额，实现面向区域能源互联的配电网系统供热协调。

表 2-13 能 源 转 换 系 统

设备	方式	公式
热电联产机组	热电联产机组一般基于微型燃气轮机、内燃气轮机等能源设备，既能生产电能，又能利用生产过程中发出的高温蒸汽供热，是分布式能源站（distributed energy station，DES）的核心能源转换设备	$$\begin{cases} P_{CHP}^{e}(t) = \eta_{CHP}^{e} P_{CHP}^{g}(t) \\ P_{CHP}^{h}(t) = \dfrac{\eta_{CHP}^{h}}{\eta_{CHP}^{e}} P_{CHP}^{e}(t) \end{cases}$$ 式中：$P_{CHP}^{e}(t)$、$P_{CHP}^{g}(t)$、$P_{CHP}^{h}(t)$ 分别为热电联产机组电、热输出功率以及天然气输入功率；η_{CHP}^{e}、η_{CHP}^{h} 分别为热电联产机组的电、热效率
热泵	热泵能够将难以利用的低位热能通过逆循环的方式转换为高位热能，具有较高的转换效率	$$P_{HP}^{h}(t) = \eta_{HP}^{h} P_{HP}^{c}(t)$$ 式中：$P_{HP}^{h}(t)$ 为热泵的热输出功率；η_{HP}^{h} 为热泵的转换效率；$P_{HP}^{c}(t)$ 为热泵产热消耗的电功率
燃气锅炉	燃气锅炉可以通过燃烧天然气产生热能，相比传统的燃煤供热，具有较高的环境效益，同时，燃气锅炉还可以在电价较高且电负荷需求较低时，配合热电联产机组供热，进一步提升系统的经济性	$$P_{GB}^{h}(t) = \eta_{GB}^{h} P_{GB}^{g}(t)$$ 式中：$P_{GB}^{h}(t)$ 为燃气锅炉的热输出功率；η_{GB}^{h} 为燃气锅炉的转换效率；$P_{GB}^{g}(t)$ 为燃气锅炉产热消耗天然气的功率

2.3.2 区域多能源互联耦合

新型配电网中，电、天然气、冷、热能源耦合，构成了多能互济、能源梯级利用的区域综合能源系统。区域综合能源系统根据电、天然气等能源的价格制定能源转换策略，在满足终端多样负荷需求的同时提高系统的运行经济性。区域综合能源系统和配电网、燃气网等能源子系统之间存在耦合关系，如图 2-40 所示。能源子系统间耦合的本质是源、荷角色的转换，例如燃气电厂在燃气网中充当负荷的角色，而在配电网中视为电源；区域综合能源系统购入的电、天然气能源在配电网和燃气网中为负荷，在区域综合能源中则视为能源供给源；分布式风光电站在区域综合能源系统中是负荷，在配电网中则视为电源。

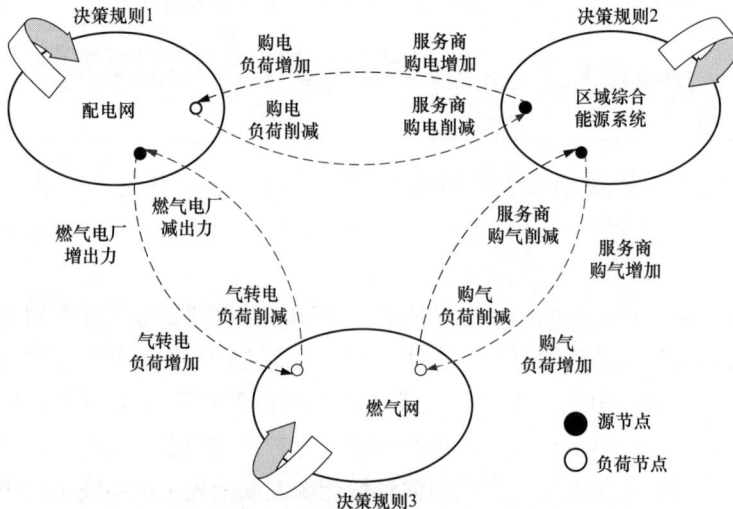

图 2-40　能源子系统耦合关系图

能源子系统间的耦合关系可分为配电网与燃气网之间的耦合，输网/气网与区域综合能源系统的耦合以及子系统间的反馈。

2.3.2.1　配电网与燃气网的耦合

配电网与燃气网以燃气电厂为转换枢纽，可由式（2-19）表达。

$$PG_i^G(t+\Delta t) = \beta \cdot \left[s_i^{d, GS}(t) - \Delta s_i^{d, GS}(t)\right] \tag{2-19}$$

式中：$PG_i^G(t+\Delta t)$ 为燃气电厂功率；$s_i^{d,GS}(t)$ 为气转电负荷；$\Delta s_i^{d,GS}(t)$ 为气转电负荷的削减量；β 为燃气轮机耗气量与发电量间的转化系数，包括天然气热值、设备效率等因素。

2.3.2.2　输电/气网与区域综合能源系统的耦合

区域综合能源系统协调管控多种能源，从配电网和燃气网的上层传输网架获取电力和天然气资源为区域用户进行多样化供能，其耦合关系可由式（2-20）表达。

$$PD_i^{EH}(t) - \Delta PD_i^{EH}(t) = \alpha \cdot \left[P_e(t) + \Delta P_e(t)\right] \tag{2-20}$$

$$s_i^{d, EH}(t) - \Delta s_i^{d, EH}(t) = \gamma \cdot \left[F_g(t+\Delta t) + \Delta F_g(t+\Delta t)\right] \tag{2-21}$$

式中：$PD_i^{EH}(t)$ 为综合能源购电负荷；$\Delta PD_i^{EH}(t)$ 为综合能源购电负荷的削减量；$P_e(t)$ 为区域综合能源系统不考虑响应调整的外购电量；$\Delta P_e(t)$ 为区域综合能源系统增加的外购电量；$s_i^{d,EH}(t)$ 为综合能源购电负荷；$\Delta s_i^{d,EH}(t)$ 为综合能源购电负荷的削减量；$F_g(t+\Delta t)$ 为区域综合能源系统不考虑响应调整的外购气量；$\Delta F_g(t+\Delta t)$ 为区域综合能源系统增加的外购气量；α 为购电负荷与服务商购电之间的转化系数；γ 为购气负荷与服务商购气之间的转化系数。α 和 γ 均可认为等于 1。

2.3.2.3　子系统间的反馈

由于上述耦合关系，能源子系统间的行为会互相影响。由于子系统间缺乏合理协调性，某一子系统产生的故障经过与其他子系统的耦合交互，可能使得故障后果不断扩大，造成子系统间正反馈现象，反馈使得初始故障的影响循环加大，最严重可能导致系统崩溃。

2.3.3　多能源互补共济的新型配电网源、荷协同规划

2.3.3.1　新型配电网源、荷协同规划原则

电能、燃气、热能等不同能源形式具有不同特性，见表 2-14，需要根据不同的标准选择能源形式。

表 2-14　　　　　　　　　　　　不同能源形式的特点

特性	输送距离	输送速度	输送成本	转化能力
电能	长距离	约等于光速	较低	高位能转换能力强
燃气	长距离	速度较慢	较高	化学能转换能力强
热能	短距离	速度较慢	较高	地位能转换能力弱

为保障新型配电网多能源主体交互的经济性、可持续性和安全可靠性，实现多能源互补互济，需要遵从能源供需平衡原则、能源质量保证原则等源、荷协同规划原则，见表 2-15。

表 2-15 源、荷协同规划原则

名称	内容	保障
能源供需平衡原则	能源供需平衡包括功率平衡和能量平衡两部分。功率平衡指任何场景,任何时段内,系统设备实际生产功率除去损耗等于系统所需功率;能量平衡指一定时期内系统的能量供给量等于能量需求量	安全可靠性
能源质量保证原则	能源质量的指标主要有能源连续性和能源平稳性。当能源网络因故障或者检修等原因停运时,需要保证能源供给的连续性是必须要考虑的重要方面。对于能源平稳性,在电能方面表现为振幅和频率的稳定性;在热能方面表现为蒸汽流量的均匀和稳定性等	安全可靠性
能源充分利用原则	能源充分利用原则是保障多能源源、荷系统规划的安全可靠性、经济性和可持续性的必备原则。根据区域能源和负荷的情况合理地配置能源,充分发挥地区内能源的生产能力,在保证能源需求的前提下,减小能源消耗量,实现能源利用的最大化。在一定程度上提高了稳定性和经济性,也满足能源的可持续性利用要求	安全可靠性 经济性 可持续性
能源合理开采原则	能源合理开采原则是为了满足能源可持续性利用的重要原则。随着能源危机和环境问题的加剧,国家提出可持续发展战略。在能源配置和开采时应该与当地生态环境相协调,按照规划要求合理地开采,以保持当地能源的可持续性	可持续性
低环境成本原则	低环境成本原则是维持能源利用经济性和可持续性的必备因素之一。坚持能源配置的低环境成本原则,就需要从能源利用方式和能源种类着手,可以选择清洁能源、提高能源的利用率、减少有害物质的排放量等措施	经济性 可持续性
分区考虑原则	分区考虑原则包括两个方面的内容,一方面是考虑能源结构设计的经济性硬件设施布置的合理性;另一方面是在能源的利用方面做到"就地生产、就地利用",减少能源远距离传输的能源损失,保证能源的可持续性	可持续性
能源合理搭配原则	能源合理搭配原则是保持区域能源网安全可靠性和经济性的一个重要原则,主要包括能源互为备用和能源形式多元化两个方面	安全可靠性 经济性
能源替代原则	能源替换原则包括清洁替代和形式替代两个方面。清洁替代指能源利用模式由以化石能源为主、清洁能源为辅向清洁能源为主、化石能源为辅的模式转变。形式替代包括能源形式的替代和能源利用形式的替代,如煤制油和煤制气替代油气、煤层气替代天然气、页岩油替代石油等	经济性 可持续性

2.3.3.2 新型配电网多能源源、荷规划流程

根据以上原则,制定新型配电网多能源源、荷规划流程,如图 2-41 所示。

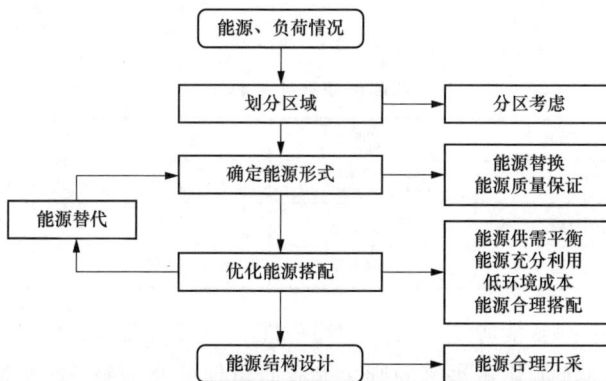

图 2-41 新型配电网多能源源、荷规划流程图

流程分析：

步骤一：首先对源、荷规划的区域的能源和负荷的数量、位置、类型等进行调研。

步骤二：根据第一步的调研情况进行区域的划分。

步骤三：分析确定该区域可利用的能源形式，并比较其优势和劣势确定能源形式。

步骤四：根据源、荷规划原则，以供需平衡、能源质量等为优化能源配置的约束条件，以能源的合理搭配、低环境成本、能源充分利用等为目标进行优化能源配置。

步骤五：在源、荷规划的过程中可以进行能源替换，根据不同的目标对电、热、气等能源类型以及对应的利用形式进行合理替换。

步骤六：考虑能源的互为备用、设置合理的储能和无功补偿装置，包括形式、位置、容量等。

步骤七：对区域能源网的框架进行合理的设计，尽量做到能源的就地开发、就地利用，并保证对能源的合理开发。

2.3.3.3 实例分析

基于某地区的资源与负荷情况，对该地区多能源进行规划，给出该地区多能源源、荷规划的初步方案。该地区具有丰富的太阳能、风电等新能源资源，同时配有燃气轮机组实现地区热电联供。太阳能方面，该地区各月份太阳能辐射量的范围在 $80 \sim 240 \mathrm{W/m^2}$，日照时数在 $2600 \sim 2700 \mathrm{h/年}$，平均日照率为 64.7%，其光照情况一年可以保障有 1000h 的有效发电时间。该地区的各月平均太阳能辐射量如图 2-42 所示。

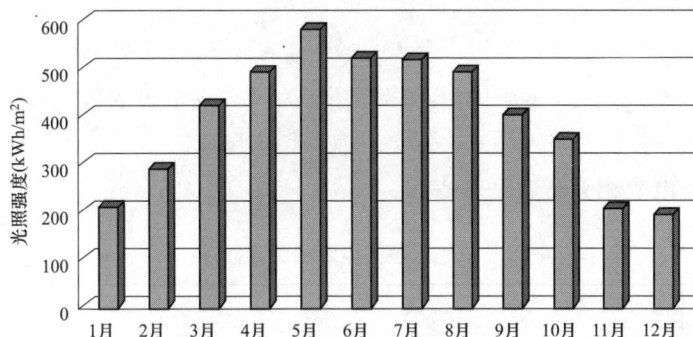

图 2-42 各月平均太阳能辐射量

根据测量计算，该地区光伏输出功率符合式（2-22）。

$$P_{PV}(t) = P_{MS} \cdot \frac{G(t)}{G_s} \left\{ 1 + k \left[T_a(t) + 30 \cdot \frac{G(t)}{1000} - T_c \right] \right\} \tag{2-22}$$

式中：$P_{PV}(t)$ 为 t 时刻光伏电池的输出功率；G_s 为标准测试环境下的光照强度（$1000 \mathrm{W/m^2}$）；T_c 为参考温度（25℃）；P_{MS} 为标准光照和参考温度下的额定输出功率；k 为功率温度系数；$T_a(t)$ 为 t 时刻环境温度；$G(t)$ 为光照强度。

风能方面，该地区隶属大陆性半湿润季风气候，常风向为 S 向，次常风向为 E 向，出现频率分别为 9.89% 和 9.21%。强风向为 E 向，次强风向为 ENE 向，7 级风出现的频率分别为 0.32% 和 0.11%。地区平均风速较小，每年平均风速为 4m/s，年有效风力小时数在 5599~6044h 之间。年等效满负荷小时数大于 2000h，基本具备建设风电场的自然条件。该地区内一年内风资源情况如图 2-43 所示。

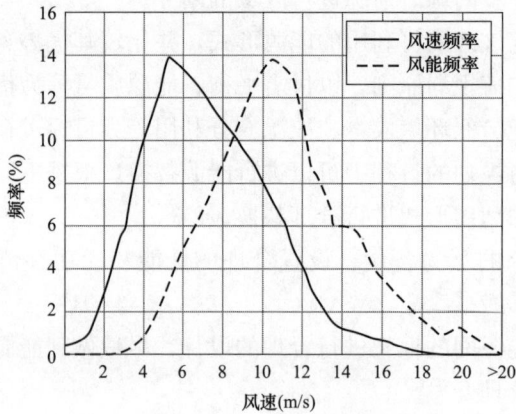

图 2-43　该地区内一年内风资源情况

调研结果表明，该地区风速近似于威布尔分布模式，风力机组功率可由式（2-23）表示。

$$P_{wf}(v) = \begin{cases} 0 & (v \leqslant v_1 \text{ 或 } v \geqslant v_0) \\ \dfrac{v^3 - v_1^3}{v_R^3 - v_1^3} P_R & (v_1 \leqslant v \leqslant v_R) \\ P_R & (v_R \leqslant v \leqslant v_0) \end{cases} \tag{2-23}$$

式中：$P_{wf}(v)$ 为当风速为 v 时的输出功率；P_R 为风力发电机的额定功率；v 为实时风速；v_1、v_R 和 v_0 分别为切入风速、额定风速和切出风速。

该地区各类电源相关参数见表 2-16。

表 2-16　　　　　　　　　该地区各类电源相关参数

类型	参数	数值
风机	单机容量（kW）	10
	投资、安装成本（元/kW）	11040
	运行维护成本［元/(kW·年)］	27
	寿命（年）	15
	年利用小时数（h）	3160
	风机切入速度（m/s）	3
	风机额定风速（m/s）	10
	风机切除风速（m/s）	25
光伏电池	单个电池板容量（kW）	0.08
	投资、安装成本（元/kW）	4500
	运行、维护成本［元/(kW·年)］	50
	寿命（年）	20
	年利用小时数（h）	2255

类型	参数	数值
燃气轮机	单机容量（MW）	2
	投资、安装成本（元/kW）	2450
	运行、维护成本［元/(kW·年)］	20
	寿命（年）	20
	年利用小时数（h）	6132
	天然气低热值（kWh/m³）	9.7
	天然气价格（元/m²）	2.02

负荷方面，该地区负荷大致可以分为以下几种：公共设施（市政设施、文化娱乐、医疗卫生及其他公共设施用地）、码头作业（仓储、集装箱、装卸、运输等）、商业经济（旅游、地产、金融、办公等）、居民住宅等。具体地区负荷种类见表 2-17。

表 2-17　　　　　　　　　　地 区 负 荷 种 类

负荷类型	详细分类	能耗类型
码头作业 $P_m(t)$	集装箱、仓储物流运输	电能
公共设施 $P_g(t)$	办公建筑、文化娱乐	冷、热、电
商业住宅 $P_s(t)$	商业楼、旅游	冷、热、电、天然气
居民住宅 $P_j(t)$	居民小区	冷、热、电、天然气

根据多能源、荷协同规划的分区考虑原则，为了更好地能源配置，基于地理位置、负荷类型、资源分布等特征，将整个地区划分为 4 个区域。4 个区域每年的电负荷、热负荷分别见表 2-18 和表 2-19。

表 2-18　　　　　　　　　　地区不同区域电负荷数据

区域	电负荷（MW）				总计
	码头作业	公共设施	商业经济	居民住宅	
区域 1	126.87	33.61	33.15	23.41	217.04
区域 2	151.05	54.03	39.92	14.11	259.11
区域 3	360.63	86.71	152.46	2.85	602.65
区域 4	571.81	74.67	0	0	645.45
地区总计	1210.36	249.02	225.53	40.37	1725.28

表 2-19　　　　　　　　　　地区不同区域热负荷数据

区域	热负荷（MW）				总计
	码头作业	公共设施	商业经济	居民住宅	
区域 1	35.12	60.82	74.09	50.53	220.56
区域 2	40.08	86.35	68.33	45.08	239.84
区域 3	57.29	78.43	56.07	25.21	217
区域 4	30.33	52.95	21.58	0	104.86
地区总计	162.82	278.55	220.07	120.82	782.26

针对上述调研分析，将该地区多能源、荷协同规划的优化目标设置为地区的综合

经济效益，如式（2-24）所示。

$$\max C_{\text{total}} = B_{\text{E}} - (C_{\text{cp}} + C_{\text{om}} + C_{\text{en}} + C_{\text{fuel}}) \tag{2-24}$$

式中：C_{total} 为该地区综合经济效益；C_{cp} 为地区设备的一次投资成本；C_{om} 为运行维护成本；C_{en} 为环境成本；C_{fuel} 为燃料成本；B_{E} 为电力交易收益。

按照多能源源、荷协同规划原则，结合该地区的发电与负荷情况，通过遗传算法进行多能源源、荷协同规划。该地区不同区域规划结果见表 2-20。根据该地区实地数据和需求，结合多能源源、荷协同规划原则，对该地区可再生能源进行初步的容量规划配置，有效提高地区的经济收益。

表 2-20　该地区不同区域规划结果

片区	风机台数（台）	光伏电池块数（块）	燃气轮机台数（台）	净收益（元）
区域 1	21	22051	36	
区域 2	26	18288	39	
区域 3	27	932	38	8.038×10^7
区域 4	24	4938	33	
整个地区	98	46209	146	

2.4　包含高比例分布式能源的新型配电网网格化规划技术

2.4.1　新型配电网分布式电源模型

随着世界环境污染的加剧、化石能源危机的突出和电能使用的增加，多国政府都在大力发展分布式电源技术，分布式电源可以作为备用电源为高峰负荷提供电力，极大提高新型配电网供电可靠性；也可作为本地电源，节省电力建设成本和投资，改善大规模使用化石能源的现状，促进可持续发展。新型配电网分布式电源将包括风力发电、太阳能发电、燃料电池和微型燃气轮机等几种形式。下面具体介绍风电机组模型和光伏机组模型。

2.4.1.1　风电机组模型

风电机组的功率取决于风速的大小，由于风速变化的不确定，风力机的功率具有很强的随机性。因此，掌握风速的变化规律对于分析风力发电随机性对配电网的影响十分重要。常用拟合风速的概率分布有 Rayleigh 分布、Gamma 分布、Weibull 分布、Lognormal 分布和 Gumbel 分布。

设风速服从 Weibull 分布，其函数表达式为

$$f(v) = \frac{k}{c}\left(\frac{v}{c}\right)^{k-1} \exp\left[-\left(\frac{v}{c}\right)\right] \tag{2-25}$$

$$\begin{cases} k = \left(\frac{\sigma}{\mu}\right)^{-1.086} \\ c = \dfrac{\mu}{\Gamma\left(1+\dfrac{1}{k}\right)} \end{cases} \tag{2-26}$$

式中：v 为风速；k 为形状参数；c 为尺度参数；μ 和 σ 分别为平均风速和风速的标准差；Γ 为 Gamma 函数。

当 $c=1$ 时，称为标准威布尔分布。当 $0<k<1$ 时，分布密度为减函数；当 $k=1$ 时，分布呈指数型；当 $k=2$ 时，分布为瑞利分布；当 $k=3.5$ 时，分布为接近正态分布的威布尔分布。因此，形状参数 k 对分布图像有很大影响。

风电机组出力与风速之间的函数关系如图 2-44 所示，由图可知风电机组的输出有功功率 P_w 为

$$P_w = \begin{cases} 0 & 0 \leqslant v \leqslant v_{ci} \text{ 或 } v_{co} \leqslant v \\ k_1 v + k_2 & v_{ci} \leqslant v \leqslant v_r \\ P_r & v_r \leqslant v \leqslant v_{co} \end{cases} \tag{2-27}$$

$$k_1 = \frac{P_r}{v_r - v_{ci}} \tag{2-28}$$

$$k_2 = k_1 v_{ci} \tag{2-29}$$

式中：v_{ci}、v_{co}、v_r 分别为切入风速、切出风速、额定风速；P_r 为风力发电机额定输出功率。

根据风速的概率密度函数和风力机组的输出功率函数可以得到风力发电机输出功率的概率密度函数为

$$f(P_w) = \frac{k}{k_1 c} \left(\frac{P_w - k_2}{k_1 c} \right)^{k-1}$$
$$\exp \left[-\left(\frac{P_w - k_2}{k_1 c} \right)^k \right] \tag{2-30}$$

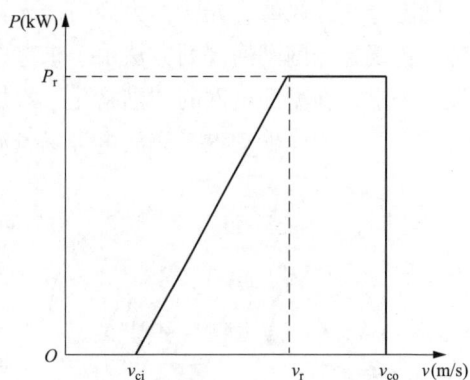

图 2-44　风电机组出力与风速之间的函数关系

接入电网的风机，在进行潮流计算时可视为 PQ 节点，假定功率因数恒定不变，则无功功率 Q_w 为

$$Q_w = \frac{P_w}{\tan\varphi} \tag{2-31}$$

式中：φ 为功率因数角。

2.4.1.2　光伏机组模型

光伏机组的输出功率与太阳光照强度有关，太阳光照强度一般采用贝塔分布描述，其概率密度函数为

$$f(r) = \frac{\Gamma(\alpha + \beta)}{\Gamma(\alpha)\Gamma(\beta)} \left(\frac{r}{r_{max}} \right)^{\alpha-1} \left(1 - \frac{r}{r_{max}} \right)^{\beta-1} \tag{2-32}$$

$$\alpha = \mu \left[\frac{\mu(1-\mu)}{\sigma^2} - 1 \right], \quad \beta = (1-\mu) \left[\frac{\mu(1-\mu)}{\sigma^2} - 1 \right] \tag{2-33}$$

式中：r 和 r_{max} 分别为某段时间的实际光强和其最大值；α 和 β 分别为贝塔分布的形状参数；μ 和 σ 分别为平均光照强度和光照强度的标准差。光伏机组的输出功率 P_M 为

$$P_M = rA\eta \tag{2-34}$$

式中：A 为光伏机组的总面积；r 为光电总转换效率。

根据光照强度的概率密度函数以及光伏机组的输出功率函数可以得到光伏机组输出功率的概率密度函数为

$$f(P_M) = \frac{\Gamma(\alpha+\beta)}{\Gamma(\alpha)\Gamma(\beta)} \left(\frac{P_M}{P_{max}}\right)^{\alpha-1} \left(1 - \frac{P_M}{P_{max}}\right)^{\beta-1} \tag{2-35}$$

$$P_{max} = r_{max} A \eta \tag{2-36}$$

式中：P_{max} 为光伏机组的最大输出功率。

假定功率因数为 $\tan\varphi$，则无功功率为

$$Q = \frac{P}{\tan\varphi} \tag{2-37}$$

2.4.2 新型配电网网格规划

2.4.2.1 新型配电网网格化划分原则

随着分布式风能、光伏的大规模接入，新型配电网中的可再生能源比例呈现高渗透趋势。传统配电网网格规划方法由于未考虑新能源大规模接入因素已难以满足新型配电网发展需求。新型配电网的"网格化"规划考虑配电网向区域多能互联、高比例分布式能源接入、大规模电动汽车充放电等场景演进，将一个完整的配电网分成若干个配电区域，然后再将每一个配电区域依据不同的用电性质（如网格中包含的分布式能源比例、渗透率等）分成若干个配电网格，最后获得区域控制性的详细规划，包括可再生能源的选址和定容等方面，实现含高比例新能源配电网整体投资和运行成本的最小化。隶属关系如图 2-45 所示。

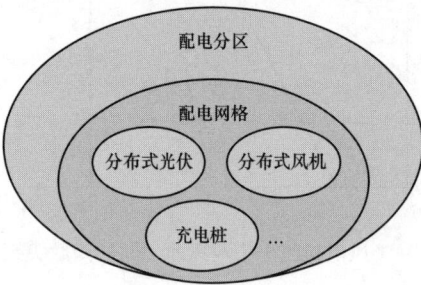

图 2-45 隶属关系

新型配电网网格划分按照目标网架清晰、建设规模合理、责任分工明确的原则，主要考虑新能源消纳提高、弃光弃风现象减少、配电区网架完整、管理便利等需求。网格划分应保证相互之间不重不漏，具体规划原则列举如下：

（1）规划编制以配电网格为基本单元，在含高比例新能源接入的新型配电网中全面开展网格化规划工作。

（2）网格化规划需结合区域性用地规划，与电网新能源规划、社会发展规划、土地利用规划等相协调，保证与政府规划无缝衔接。

（3）网格化规划应贯彻"差异化""标准化""精益化"要求，通过网格化划分，科学制定各网格单元新能源建设发展目标及技术原则，实现新型配电网精准投资和项目精细管理，切实提升新型配电网发展质量和效率效益。

（4）网格化规划需深入研究新型配电网各配电网格内新能源建设的方向和用电需求，并开展配电网诊断分析，科学制定各个网格内含高比例新能源的配电网目标网架和

过渡方案，实现现状配电网到未来配电网的平滑过渡。

（5）网格化规划内容应随区域性用地规划进行滚动调整，当用地规划或经济社会发展规划有重大调整时，应对网格化规划进行修编。

（6）配电网格对应的新型配电网规模应适中。若对应的新型配电网规模过大，涵盖新能源设备、线路及用户过多，优化效率和精确性将有所下降；规模过小，难与标准接线对应。

（7）配电网格的划分需考虑分布式电源、充电桩、智能家居等可控元件，以及智能电能表、同步测量单元等监测元件的海量接入对配电网整体带来的影响。

（8）配电网格的划分应与配电自动化、配电网馈线自动化、多功能固态开关、多区域能源互联等先进的新型配电网技术兼容，相辅相成共同促进未来配电的高效管理。

2.4.2.2　新型配电网网格划分方法

1. 新型配电网网格化规划目标及约束

新型配电网网格化规划目标是通过合理的配电网格划分使新增风电、光伏等新能源设备发电装机容量的投资和运行成本最小化，即

$$\min f = (\text{inv}^{\text{New}} + \text{om}^{\text{New}}) \sum_x^X (I_x^{\text{New}} - I_x) \tag{2-38}$$

式中：inv^{New} 和 om^{New} 分别为单位装机容量的建设成本和运行维护成本；I_x^{New} 为划分的网格 x 并网的可再生能源发电装机容量；I_x 为网格 x 已经并网的可再生能源发电装机容量；X 为所划分的网格总数。

可再生能源容量与布局规划时需考虑如下约束条件：

（1）可再生能源发电约束。并网风电、光伏等新能源发电的时序功率约束为

$$0 \leqslant P^{\text{New}}(t) \leqslant \sum_x^X \sum_{t=1}^T \left[p_x^{\text{New}}(t) \cdot I_x^{\text{New}} \right] \tag{2-39}$$

式中：$p_x^{\text{New}}(t)$ 为网格 x 单位可再生能源功率时间序列在时刻 t 的值；不等号最右侧多项式表示网格 x 在时刻 t 的最大发电功率。

（2）可再生能源占比约束为

$$\sum_{t=1}^T P^{\text{New}}(t) \geqslant \lambda^{\text{L}} \sum_{t=1}^T P^{\text{L}}(t) \tag{2-40}$$

式中：λ^{L} 为区域可再生能源发电量相对负荷电量的占比，通过设置不同的 λ^{L} 可以得到可再生能源不同的渗透率；$P^{\text{L}}(t)$ 为区域电网在时刻 t 的负荷功率。

（3）变电站供电范围约束为

$$r_x \leqslant r = \sqrt{\frac{NRT\cos\theta}{\pi M}} \tag{2-41}$$

式中：r 为供电站的供电半径；N 为主变压器台数；R 为变电站的主变压器容量；T 为满足主变压器 $N-1$ 条件下的最大负荷率；$\cos\theta$ 为功率因数；M 为变电站内的负荷密度。

2. 新型配电网网格化规划流程

配电网新型配电网网格规划流程如图 2-46 所示，具体步骤如下：

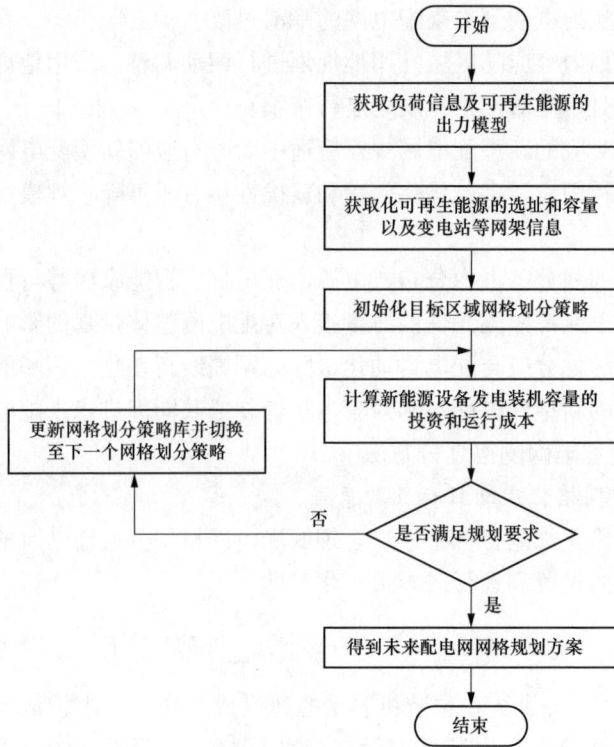

图 2-46　新型配电网网格规划流程

步骤一：获取配电分区的负荷信息，如负荷类型、容量等。同时获取可再生能源的出力模型，如光伏机组模型、风电机组模型等。

步骤二：获取当地已有的可再生能源的选址和容量以及变电站等网架信息，为后续网格划分打下基础。

步骤三：根据约束条件，初始化目标区域网格划分策略。

步骤四：根据式（2-38）计算新增风电、光伏等新能源设备发电装机容量的投资和运行成本。

步骤五：判断是否满足目标规划要求。若满足，输出此时的新型配电网网格规划策略为最优策略，否则在策略库中否决此划分策略并切换至下一个网格划分策略，重新执行步骤四。

2.4.2.3　实例分析

根据前文新型配电网网格划分原则和方法对某地区未来规划结果开展 10kV 及以下配电网网格化划分工作，统筹配电网建设、运维、抢修及管理权限边界，规划形成 2 个配电区域，分别为配电区域 A 和配电区域 B，具体如图 2-47 所示。

现以配电区域 A 为例进行网格划分。未来配电区域 A 属于 A 类供电区域，规划范围面积为 11.61km²。网供负荷类型主要包括居住、商业、行政办公、大规模电动汽车充电桩和分布式光伏用地为主。

变电站分布及参数如图 2-48 和表 2-21 所示。

图 2-47　某地区配电网网格规划示意图　　　图 2-48　变电站分布

表 2-21　　　　　　　　　　　　　　变 电 站 具 体 参 数

变电站名称	类型	容量（MVA）	最大供电半径（km）
变电站 1	新建	2×50	2.26
变电站 2	扩容	3×50	2.85
变电站 3	新建	3×50	2.93

对供电区域 A 进行供电网格的划分。以新能源设备发电装机容量的投资和运行成本最小化为目标，可再生能源发电约束、新能源消纳率高于阈值、配电网韧性高于阈值等因素为约束条件，进一步将配电区域 A 划分为 3 个配电网格，划分结果如图 2-49 所示，供电网格划分节能结果见表 2-22。

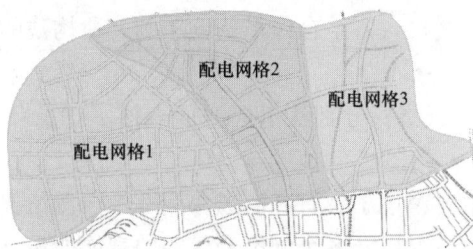

图 2-49　配电区域 A 配电网格划分结果

表 2-22　　　　　　　　　　　　　　供电网格划分节能结果

节能项目	网格规划前	网格规划后
总供电有功功率 P（kW）	4283	4218
总供电无功功率 Q（kvar）	2032	1987
总有功损耗 ΔP（kW）	203.6	187.9
线路总有功损耗 P_1（kW）	123.9	112.3
功率因数	0.902	0.948
线损率（%）	4.77	4.49

节能项目	网格规划前	网格规划后
线损降幅（%）	—	5.87
网损费用（万元）	103.03	87.34

2.4.3　包含高比例新能源的新型配电网网格化规划评估体系

在当今海量新能源设备接入的背景下，要全方位掌握所建立的配电网网格化规划优劣情况，就必须建立一个科学、合理的配电网网格化综合评估指标体系，发现包含分布式电源的配电网网格化中存在的问题，为配电网网格化进一步优化，增加供电可靠性，改善配电网结构和适配新能源设备等各个领域协同发展指引方向。

2.4.3.1　指标体系构建原则

（1）全面性。新型配电网含有大量影响其运行性能指标的因素，因此需反映出具有经济性、技术性、适应性和社会性的指标，才能保证对新型配电网网格化进行综合评估具有客观性和科学性。

（2）可测性。因需要大量数据为权重分配和评估模型做铺垫，新型配电网网格化综合评估中各指标具有便于采集、测量的特点，为后期的数据处理及分析带来简便。

（3）可比性。需要选择具有可比性的相关指标，使后期的权重分配能够具有科学性和说服力，并且突出具有指导性的评估。

（4）独立性和全面性。因新型配电网网格化的指标较多且部分指标具有一定相关性，因此有必要尽可能避免指标重叠，使指标具有独立性和全面性，保证评估模型的全面性。

2.4.3.2　指标体系框架

考虑间歇性电源高渗透接入，结合体系构建原则，所构建的配电网网格化综合评估指标体系如图 2-50 所示。

图 2-50 所示的 5 个一级指标分别从不同方面表征了计及新能源接入的新型配电网网格化评估特点：

（1）网架结构水平主要考虑了具有高渗透率间歇性电源情况下的上级变电全停时负荷转移能力、中压线联络情况以及各个配电台区间的智能能源互联能力等。

（2）新能源设备接入水平在用于表征新型配电网应对新能源设备带来的间歇性电源功率波动变化的能力的同时，通过设置间歇性电源可置信容量以及污染物减排量两个二级指标，描述了新型配电网在环保方面的贡献程度。

（3）负荷供应能力和运行水平用于考察具有大量新能源设备接入情况下电力系统的供电质量水平，新能源设备由于能源间歇变化、采用电力电子器件进行功率控制等原因难以避免恶化供电质量，因此该项指标旨在涵盖有海量新能源设备时所引起的配电网供电质量差异。

（4）经济性水平主要从是否具有资本回收能力即经济上是否可行的角度来进行表征，与传统配电网相比，在对含新能源设备接入的新型配电网进行网格化评估时需要更加谨慎考虑其成本-收益和运营风险。

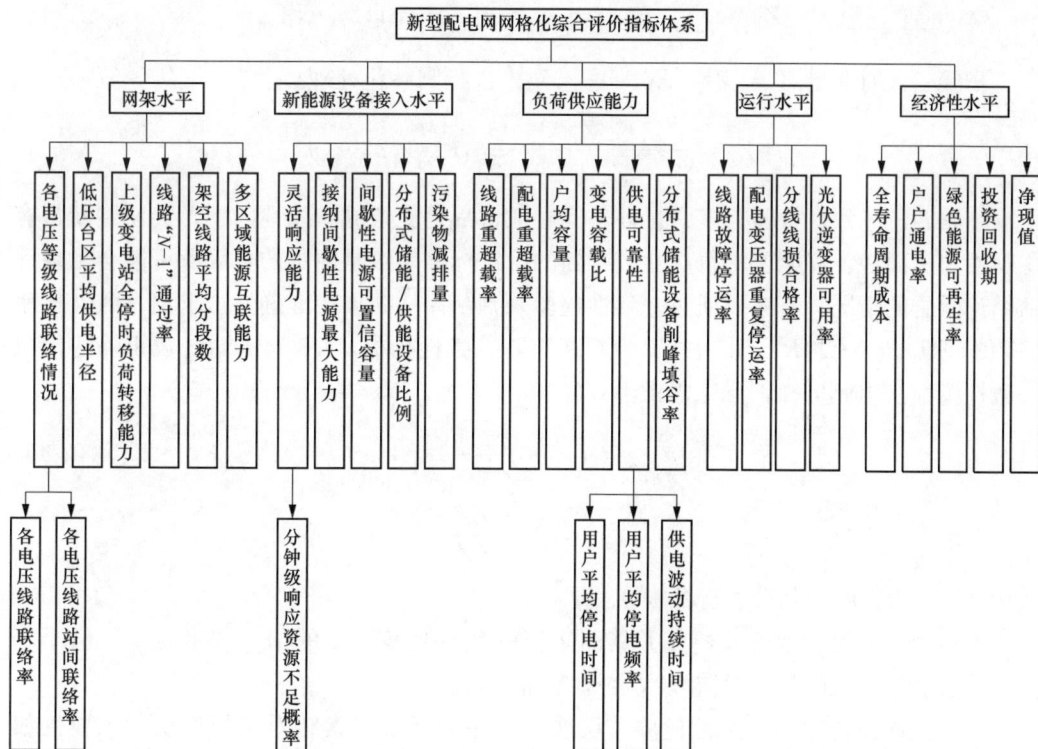

图 2-50　配电网网格化综合评估指标体系

2.4.3.3　层次分析法

在构建评估体系后需用层次分析法为新型配电网网格化规划具体评分。层次分析法是一种定性与定量相结合的多属性决策方法，其基本原理是通过具有递阶层次结构的相关因素（目标、准则、对象）来评估方案。构造比较判别矩阵进行两两比较，然后将判别矩阵的最大特征根对应的特征向量归一化，其数值为同一层次因素相对于上一层次的权重，最后综合求出各方案的权重。应用该方法为新型配电网网格化规划打分的过程如下：

（1）建立层次结构模型。目标层为实现对新型配电网网格化运行状态的评估，准则层为新型配电网网架水平、新能源设备接入水平、负荷供应能力、运行水平及经济性水平 5 个二级指标，因素层是准则层更为精细的分支。

（2）构造判别矩阵。构造判别矩阵 $\boldsymbol{B}=(B_{ij})_{n\times n}$ 对同一层次因素相对上级层次的重要性进行两两比较。B_{ij} 表示因素 i 相对于因素 j 对于目标的重要程度。通过邀请该领域专家使用 saaty 九级标度法对各层次进行多次打分，最后构造出各层次的判别矩阵。

（3）层次单排序与一致性检验。计算该层次因素的相对权重，具体步骤为：

步骤一：对判断矩阵各列进行归一化处理。

$$\overline{B}_{ij}=\frac{B_{ij}}{\sum\limits_{i=1,j=1}^{n}B_{ij}},i=1,2,\cdots,n,j=1,2,\cdots,n \tag{2-42}$$

步骤二：对处理后的判断矩阵按行相加。

$$\overline{Z}_i = \sum_{i=1,j=1}^{n} B_{ij}, i=1,2,\cdots,n, j=1,2,\cdots,n \qquad (2\text{-}43)$$

步骤三：对向量 $\overline{Z} = [\overline{Z}_1, \overline{Z}_2, \cdots, \overline{Z}_i]^{\mathrm{T}}$ 进行归一化处理。

$$Z_i = \frac{\overline{Z}_i}{\overline{Z}_1 + \overline{Z}_2 + \cdots + \overline{Z}_i}, i=1,2,\cdots,n \qquad (2\text{-}44)$$

步骤四：一致性检验。多目标评估问题通常都是复杂的非线性问题，会使判断带有主观性和片面性。完全要求每次比较判断的思维标准一致是困难的，因此可能会出现评估结论矛盾的情况。有必要通过一致性检验来判断评估结果的准确性。求出一致性比率 CR 值，即 $CR = CI/RI$，其中 CI 为判断矩阵一致性指标，RI 为不同阶数矩阵的随机一致性指标。由此可知，首先需求出 CI

$$CI = \frac{\lambda_{\max} - n}{n-1} \qquad (2\text{-}45)$$

$$\lambda_{\max} = \sum_{i=1}^{n} \frac{(BZ)_i}{nZ_i}$$

式中：$\lambda_{\max}$ 为判断矩阵最大特征根。

然后引入随机一致性指标 RI 从而求得一致性比率 CR 的值。若求得 CR 值小于 0.1，则判断矩阵通过一致性检验，否则需进行调整。

（4）层次总排序与一致性检验。层次总排序为所有因素相对于目标层的重要性权重。这一过程是从目标层到因素层依次进行逐层计算，为该要素各隶属层层次单排序的累积乘积，其结果为该指标在层次分析法下对于目标的重要性权重。其结果仍需要进行一致性检验来判断合理性。

各二级指标权重及最终评分结果见表 2-23 和表 2-24。

表 2-23　　　　　　　　　　各二级指标权重计算结果

准则层	权重
网架水平	0.2129
新能源设备接入水平	0.2523
负荷供应能力	0.1356
运行水平	0.1529
经济性水平	0.2463

表 2-24　　　　　　　　　　新型配电网网格化前后综合评分值

项目	网格规划前	网格规划后
网架水平	15.2342	17.2642
新能源设备接入水平	20.2332	24.8746
负荷供应能力	5.6349	7.2352
运行水平	7.3256	9.6426
经济性水平	18.8759	23.2412
综合指标得分	67.3068	82.2578

　　可以看到，相较于未进行网格规划，新型配电网进行网格规划后整体的配置更加合理，在各个方面均优于网格规划前，新型配电网建设更优。并且通过打分结果可以发现新型配电网网格规划的优缺点，能指出包含高比例分布式电源及新能源设备的新型配电网网格化发展中存在的问题，为进一步的规划和改善提供指导方向。

第 3 章 新型配电网自愈控制与调度优化技术

3.1 新型配电网自愈控制技术

3.1.1 新型配电网自愈控制概念及要求

新型配电网自愈控制主要包括自我预防和自我恢复两个方面。自我预防指配电网正常运行时，对系统进行实时运行评估与优化，通过有选择性、有目的性的预防控制，及时诊断、定位并消除故障隐患。自我修复指配电网受扰动或者发生故障后，通过自治修复实现故障隔离和恢复供电，减少运行损失的同时维持配电网的持续运行能力。总体来说，新型配电网自愈控制应以自我预防为主要手段，基于电网各类资源预测配电网的扰动事件以及安全隐患，进行正常状态下的预防校正、优化控制以及非正常状态下的紧急恢复、检修维护，维持配电网的稳定安全运行，在减少人为干预的同时提高配电网应对突发事件的能力，降低配电网经受扰动或故障后对电网和用户的影响。

新型配电网自愈控制的基本原则是不间断供电，在控制逻辑和结构设计上，配电网自愈控制应该坚持分布自治、广域协调、工况适应、重视预防的基本原则。除此之外，新型配电网自愈控制还需满足表 3-1 所示条件。

配电网自愈控制可有效预防和处理电网扰动和故障，提高配电网的多方面性能，具体如图 3-1 所示。

表 3-1 新型配电网自愈控制条件要求

要求	条件	详细内容
系统设备要求	具备各种智能化的开关设备和配电终端设备	配电网中的智能开关设备应具有高性能、高可靠性、免维护、硬件软件化等特点和在线监测、功能自适应、自诊断等功能，能够提供网络化远动接口；配电终端设备应具有故障自动检测与识别功能，提供可靠的不间断电源，满足户外工作环境和电磁兼容性要求，支持多种通信方式和通信协议，具有远程维护、诊断和自诊断功能。开关设备和配电终端设备应有选择性、适应性，具有遥信、遥测、遥控和遥调"四遥"功能
	配电网系统中拥有双电源或多电源，具有灵活可靠的拓扑结构	坚强的物理架构是配电网进行自愈的物理基础，适应是自愈控制的基本原则之一。智能配电网要实现"手拉手供电"，网络当中要兼容分布式发电、可再生能源和储能装置，并能灵活调度。同时，网架结构要灵活、坚强、可靠，既能实现正常运行下的拓扑结构优化，又能实现故障控制中的拓扑结构快速重构

要求	条件	详细内容
系统设备要求	可靠的通信网络	智能配电网自愈控制是通过在控制或调度中心自适应地在线、实时、连续分析和远方遥控实现的,要求配电通信网络必须可靠,要考虑主通信网络瘫痪情况下的备用通信网络或备用通信方案。同时,还要求通信速度要快,信息处理能力要强
	自动化处理软件系统	要实现配电网的自愈,离不开自动化软件处理系统,需要最终嵌入到配调监控中心系统来实现。届时,将会在很大程度上提高配电网的整体自动化水平、优化能力和自愈控制能力,为配电网的智能化增加有力的砝码。自动化处理软件系统具有以下主要优点: (1) 连续实时预测系统状态。 (2) 实时系统状态评估。 (3) 算法的自适应。 (4) 实时优化和自愈控制;系统的整体性和统一性。 (5) 巨大的经济价值和社会效益
控制方案要求	实时性	控制方案应尽快给出,以减少因停电而带给用户、企业的不便,提高配电网供电可靠性
	经济性	控制方案应最大程度上恢复更多的失电负荷,以减少因失电而给用户、企业带来的经济损失;同时应尽可能减少开关操作次数,以防止因开关操作频繁而造成开关寿命缩短以及所需人力成本增加;配电网恢复正常运行后系统网损最小
	稳定性	控制方案应尽可能使得配电网各馈线与分支线路上的负荷均衡

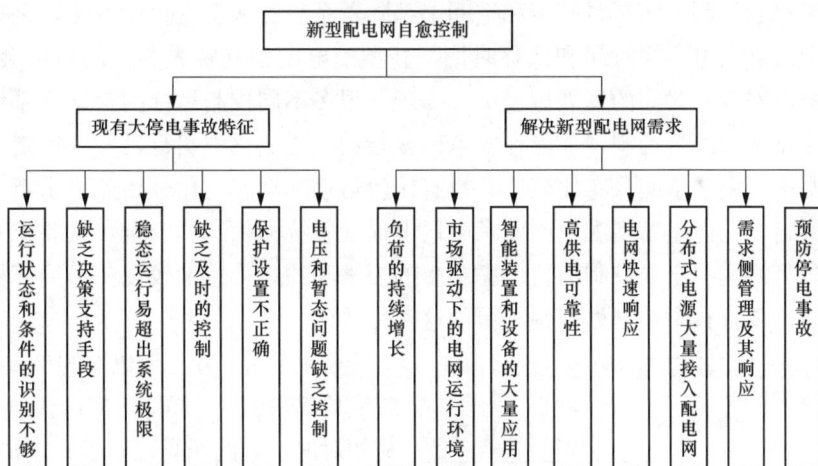

图 3-1　新型配电网自愈控制意义

3.1.2　配电网自愈控制框架体系

3.1.2.1　"2-3-8"框架体系

作为配电网实现自愈控制的基础,自愈控制的框架结构是十分重要的。建立一个完整的框架结构,才能对不同层级的控制目标实施有效控制。在控制逻辑和结构设计上,电网自愈控制应该坚持局部进行自治、全局上进行协调、适应不同运行状态的三项原则。新型配电网的自愈控制按照运行参数将电网划分不同状态。当电网运行处于预警状态时，冗余单元应做好投入运行的准备，一旦滑落至紧急状态或临界状态时，系统迅速通过对路径单元的控制，将冗余单元连接入新型配电网中，改善电网的运行状态，防止电网恶化进入崩溃状态。基于此，该部分提出了新型配电网自愈控制的"2-3-8"分层的自愈控制架构，如图3-2所示，在传统"2-3-6"自愈控制框架结构的基础上增加了故障诊断和冗余资源分析环节，完善了环节间的协调，从而使其更适宜用于电网的自愈控制。

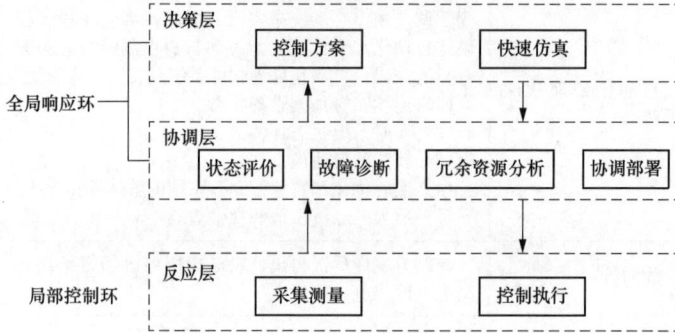

图 3-2　配电网的"2-3-8"自愈控制框架体系结构图

1. 两环控制

稳态和动态是配电网状态的两大分类，前者变化比较迟缓，后者变化比较迅速。配电网控制策略和控制方法在时间上和空间上都随着系统的状态变化而变化，例如多雷地区和少雷地区、用电高峰时期和低谷时期，新型配电网控制首先关注的目标会有区别。为此，在配电网较长时间的发展过程中，出现了很多不同控制目标的自动化系统，通过这些自动化系统的配合控制，才能在配电网复杂的状态变化中实行良好的控制。

新型配电网由于空间分布比较广，具有比较迅速的动态变化，因此要求新型配电网能进行局部自治，但是新型配电网要求全局上保证系统的稳定和安全，这要求对全局和局部控制进行协调。全局控制需要考虑更多的因素和约束，速度较慢；而局部控制速度比较快，所以要求自愈控制处理快与慢的这对矛盾。

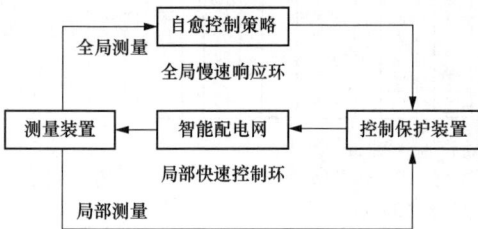

图 3-3　新型配电网自愈的两环控制

也就是说，新型配电网的自愈控制需要统筹局部和全局、局部控制的快速与全局响应相对的慢速的矛盾。基于此，如图3-3所示，该部分采用全局慢速响应环和局部快速控制环的两环控制逻辑。

局部快速控制环具有毫秒级的响应速度，通过变电站综合自动化系统以及继电保护装置，根据监测到的信息，当时当场进行分析，并发布具体的保护动作指令。例如：局部检测到的电流大小参数与提前预设的设定值比较，若发现实际值超过设定值，控制系统将立刻发出继电保护装置动作的指令，保证智能配电网的安全。

全局慢速控制环具有分钟级以上的响应速度，通过快速仿真技术以及自愈算法，针对整个智能配电网系统监测到的信息，综合多方面因素和约束制定相应状态下控制方案，并对局部快速控制环节发布执行的指令，实施控制方案。

2. 三层结构

八个控制环节针对配电网控制的特点将电网分成了反应层、协调层和决策层，以及采集测量、控制执行、状态评估、故障诊断、冗余资源分析、协调部署、控制方案、快速仿真八个环节。反应层采用局部控制，协调层和决策层采用全局控制。

（1）反应层。反应层是配电网自愈控制框架的最底层，它位于局部控制环，主要由采集测量和控制执行这两个控制环节组成。

采集测量环节的功能是实现配电网信息参数的采集，它不仅能够完成对新型配电网慢速变化的稳态参数的测量，还能够完成对快速变化的智能配电网动态参数的测量等功能。

通过远程终端控制系统和馈线终端设备，稳态测量系统获取配电网在正常运行状态时的信息参数；而动态测量系统需要测量的是配电网在受到扰动的很短的时间内参数的变化情况，为了实现配电网中各种参数的向量的测量和扰动的监测，动态测量使用了同步向量测量单元（PMU）技术来达到此目的，PMU 技术能够快速准确地反映新型配电网的不同大小的扰动，并能够检测和记录配电网的非正常运行状态，从而能够预报智能配电网暂态安全稳定的情况，在此基础上提前实施相应的调整策略，尽可能减小事故的影响范围。

控制执行环节有两个任务，一方面是根据协调层部署环节所下达的控制保护指令，来达到执行全局协调控制任务的目的，另一方面是执行一些局部的保护控制指令。

（2）协调层。协调层由协调部署、状态评估、故障诊断、冗余资源分析四个控制环节组成，是三层控制结构的中间层，在两环控制中位于全局控制环。

1）协调部署环节的功能是做初级的处理和分析，为决策层准确地决策提供帮助，实现辅助协调和控制优化。协调部署环节的功能是在决策层生成的控制方案的基础上，将控制方案分解成反应层可直接操作的命令，并将这些命令下达给反应层，由控制执行环节接受阅读并且根据命令执行相应操作。

2）状态评估环节的功能是综合反应层的采集测量环节所采集到的信息，对配电网当前的运行状态进行分析和估计，要求是尽量反映真实的当前配电网运行状态。状态评估环节分析的重点是分析配电网当前的运行状态，并推理下一段时间内配电网可能的运行状态，并且显示做出当前判断推理的主要原因，为配电网制定不同运行方式下的控制策略以及为下一段时间配电网的控制做好准备。

3）故障诊断环节的功能是在配电网发生故障时，能够及时有效地判断故障发生的位置，并分析故障原因以及对故障进行分类，故障诊断环节的功能不仅是新型配电网实施自愈控制的前提，还是自愈控制在故障后对其进行隔离、排除，并通过重构恢复供电的基础。故障诊断能高效地减少负荷失电时间占比，确保供电的可靠性、安全性、经济性和稳定性。

4）冗余资源分析环节的功能是对配电网中各设备（单元）在系统运行中所发挥的作用及设备（单元）相互之间的关联关系进行分析，将配电网络划分为当前在运网络和冗余资源网络的叠加。当前在运网络由当前运行方式下提供功率的所有设备及线路组成，冗余资源网络由当前运行方式下提供备用（包括明备用和暗备用）的设备及线路组成。

（3）决策层。决策层是由控制方案与快速仿真两个控制环节组成的，是三层控制结构的最高层，在两环控制中位于全局控制环。

控制方案环节的功能是以中间层判断的配电网当前运行状态为依据，在不同的自愈控制策略中选择适合当前运行状态的控制策略。具体操作为：在不同的自愈控制策略中选择满足当前运行状态约束的控制策略，然后将这些控制策略发送给快速仿真环节进行仿真，最后根据仿真结果，挑选其中最优的控制策略下达给协调部署环节，保证了不同运行状态都能实施自愈控制。

快速仿真环节的功能是对控制方案环节发送来的满足当前运行状态约束的控制策略进行快速仿真并显示对应仿真结果，并分析控制策略是否能优化配电网目前的运行状态，从中选择最优的自愈控制策略。快速仿真环节能够进行深度计算，本环节主要在下面四个方面进行快速仿真：配电网结构重新构建的快速仿真、故障的隔离及确定位置的快速仿真、电压（U）/无功功率（Q）控制与频率（F）/有功功率（P）控制的快速仿真、智能配电网结构或运行方式变化后的保护整定的快速仿真。

3.1.2.2 分层框架体系

"2-3-8"框架体系奠定了电网自愈控制的结构基础，特别是兼顾了适应性和协调性，对自愈控制有重要的作用。当然，"2-3-8"框架体系也有其不合理和待完善的地方，例如未将局部量测放入控制方案中，应该将原来处于协调层的部署协调环节放入高级应用层里面，未考虑实时负荷预测、电网优化等。基于这些不足之处，一些学者提出了配电网自愈控制的分层框架体系。

作为"2-3-8"框架的改进，新型配电网自愈控制的分层架构体系如图 3-4 所示。该框架体系将新型配电网自愈控制划分为高级应用层、过程层、系统层三个层次。

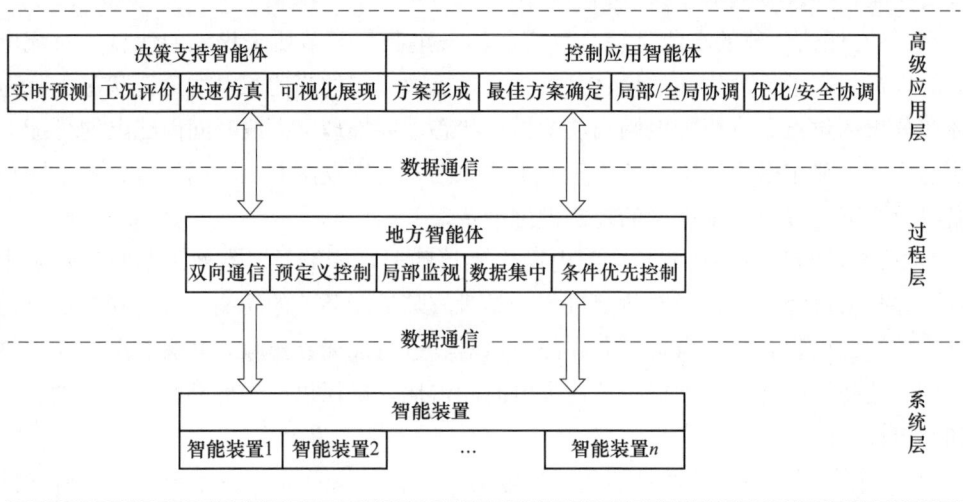

图 3-4　新型配电网自愈控制分层架构体系

各层具体介绍如下。

（1）高级应用层：位于最高层，主要由智能体组成。高级应用层包括控制应用智能体和决策支持智能体。决策支持智能体通过过程层获得数据，实现配电网实时预测和工况评估。这里应用了配电网快速仿真与模拟技术（distribution fast simulation and modeling，DFSM），DFSM 为配电网的运行提供决策支持，并将仿真结果图文并茂地展示。控制应用智能体负责局部和全局协调、形成并确定最佳控制方案、实时优化和安全控制等。

（2）过程层：该层处于中间层，地方智能体是其主要组成部分，主要实现联系高级应用层和系统层、状态实时监测、收集信息、保障用户供电等功能。

（3）系统层：位于最底层，仍然由各种智能装置组成，是物理层。该层次的智能化程度表征着配电网的建设程度，对新型配电网自愈的能力有至关重要的影响。

改进的新型配电网自愈控制的框架体系即分层框架体系涵盖了"2-3-8"框架的主要内容，弥补了"2-3-8"框架体系的不足。它能很好地协调局部和全局控制、电网优化和安全控制（预防校正、紧急恢复、检修维护控制等）各个环节，有机实现了局部分散控制和全局集中统一控制。因其实现了广域协调、分布自治、工况适应、预防校正等功能，逐渐被专家和学者接受和认可，现在已成为新型配电网自愈控制的基础组织架构。

3.1.3　基于博弈的新型配电网自愈控制

博弈论为评估竞争环境中不同参与者的交叉作用以及参与者间存在交叉作用时的冲突分析提供了有效的概念、模型和方法，在经济学、社会学、军事学等多领域均获得较为广泛的应用。而在电力系统中，博弈论主要被应用在电力市场经济学方面，同时，在电网连锁故障的预防方面也有一定应用。

如果将新型配电网视为一个具有理性的实体，那么可以将新型配电网的实时运行看作是扰动与自愈控制系统之间的博弈。其中，可以将扰动视为攻击者，而自愈控制系统则被视为防御者。对于攻击者的进攻，防御者要采取不同的博弈策略，才能维持新型配电网的安稳运行。此时，防守者采取的博弈策略的实质就是配电网的自愈控制。

3.1.3.1　博弈论背景知识

1. 博弈论的基本概念与分类

博弈论是双方在平等的对局中各自利用对方的策略变换自己的对抗策略，达到取胜或获取得失的目的。一个完整的博弈过程需要包括博弈者、行为、信息、策略、次序、得失、结果、均衡八个要素。其中博弈者、策略、得失称为博弈的三要素。按照不同的分类情况，博弈的分类如下所示：

（1）按博弈者间是否存在合作分类：合作博弈/非合作博弈。

（2）按博弈者的得失分类：零和博弈/非零和博弈，常和博弈/非常和博弈。

（3）按博弈顺序、博弈的持续时间和重复次数分类：静态博弈/动态博弈。

（4）按博弈者对参照信息了解的完备程度分类：完全信息博弈/不完全信息博弈。

2. 对博弈者的理性假设

博弈论中，有一个基本的假定：所有的博弈参与者都是理性的，这里的理性指参与者努力运用自己的推理能力使自己的利益最大化。进一步地，可以将具备完美的分析判断能力和不会犯选择行为的错误的博弈者认为是"完全理性"，反之，则称博弈者为"有限理性"。

3. 策略的优势

在某个特定博弈中，如果不管其他博弈者所选择的策略，一个博弈者的某个策略选择给他带来的得失始终高于或不低于其他策略选择，那么，只要这个博弈者被认为是理性的，他必定会愿意选择这个策略，这样的策略即为优势策略。

进一步地，优势策略又可以按得失情况分为严格优势策略与弱优势策略。其中，严格优势策略指不论其余博弈者的策略选择，该博弈者选择的某个策略给他带来的得失总是高于其选择其他策略。

一般在分析一个博弈者的决策行为时，可以使用严格劣势策略逐次消去法。该方法首先把一个严格劣势策略从该博弈者的可选策略范围中去掉，然后在剩下的策略范围内，试图再找出这个博弈者或其他博弈者的一个严格劣势策略，并将它去掉。不断重复这一过程，直到对每一个博弈者而言，再也找不出严格劣势策略为止。

4. 序贯博弈

序贯博弈（sequential game）指博弈中参与者的行动有先后顺序，且后行动的参与人能够观察到先行动的参与人所选择的行动。因此，某些对局者可能率先采取行动，它是一种较为典型的动态博弈，而重复博弈则可视为一种特殊的动态博弈形式。

在对序贯博弈的研究中，通常采用博弈树来求解序贯博弈问题。博弈树是用来表示和分析序贯博弈的图形方法。通过博弈树可以清晰地看出所有参与者能够采取的所有可能的行动，给出了博弈的所有可能结果。具体来说，在博弈树中，各参与者所执行的动作为博弈树的边，而执行完动作后达到的状态为博弈树的节点。根节点代表的是博弈树的起始状态，叶子节点代表的是博弈树的胜负状态，根节点到叶子节点的路径代表参与者的获胜途径。

3.1.3.2 新型配电网自愈控制过程的序贯博弈描述

在新型配电网扰动和自愈控制系统之间的博弈中，把配电网经受的扰动定义为博弈者 G，把自愈控制系统定义为博弈者 F。由此可见，该博弈过程属于双方博弈。F 方的策略表现为对对方施加的扰动进行自愈控制，G 方的策略表现为对电网施加不同类型、不同性质的扰动，呈现出一定的随机性。可以将 F 方博弈的得失，定义为保持或提升电网运行评估指标的程度；而将 G 方博弈的得失，定义为迫使配电网运行评估指标下降的程度。由此不难看出，F 方的目标是促进、支持电网自愈，而 G 方的目标是拒绝、迟滞电网自愈。因此，可以把上述定义的博弈过程称为新型配电网的自愈博弈。同时，对新型配电网的自愈博弈做出的假设见表 3-2。

自此，可以用新型配电网自愈博弈 Ψ、博弈者 B、博弈策略 S、博弈得失 D、攻击者 G、防守者 F 表示新型配电网的自愈博弈，如式（3-1）所示。

表 3-2　　　　　　　　　　　新型配电网自愈博弈的假设条件

假设类型	假设内容
序贯假设	假定 G 方采取行动与 F 方采取行动是交替进行的，在 G 方实施博弈策略以后，F 方在分析决策后进行自愈控制。这样，一个博弈回合即为一个阶段，此过程反复进行，直到博弈结束。对于 G 方所实施的快速博弈策略，当 F 方来不及做出对应博弈而 G 方又实施的另一博弈策略，可以将 G 方的先后博弈行为合并为一次博弈行为。以此，使得 G 方和 F 方的博弈具备了序贯博弈的特征和内涵
对理性的不对称假设	假设 F 方是具有完理性的，能够制定出完美的博弈策略，即 F 方采取的自愈控制策略始终是最佳的；同时假设 G 方是具有有限理性的，即 G 方知道自己的目标与利益，但并不知道所实施的策略能够对配电网安稳运行造成多大的威胁
对信息的不对称假设	假设博弈者 F 具有完全信息，即在做决策时，F 方可以清楚获知以往发生的所有事件；同时假设 G 方不知道任何博弈信息。该不对称假设与实际配电网的运行及自愈控制过程是相符的，故 G 方具有有限理性，它所实施的博弈策略具有随机性，而 F 方进行自愈控制的前提是知道配电网的运行状态

$$\begin{cases} \Psi = \{B, S, D\}; \\ G = \{G, F\}; \\ S = \{S_G, S_F\} = \{(S_{G1}, S_{F1}), (S_{G2}, S_{F2}), \cdots, (S_{Gm}, S_{Fm})\}; \\ D = \{D_G, D_F\} = \{(D_{G1}, D_{F1}), (D_{G2}, D_{F2}), \cdots, (D_{Gm}, D_{Fm})\} \end{cases} \quad (3\text{-}1)$$

式中：S_G 为攻击者的博弈策略；S_F 为防守者的博弈策略；(S_{Gi}, S_{Fi}) 表示一个博弈策略对，G 方若采取博弈策略 S_{Gi}，F 方则一定会采取博弈策略 S_{Fi}；D_G 为攻击者的博弈得失；D_F 为防守者的博弈得失；(D_{Gi}, D_{Fi}) 为一个博弈收益对。

3.1.3.3　新型配电网自愈控制过程的博弈树和模型

新型配电网的自愈博弈总是从某一个决策节点出发，并沿着树枝的方向采取博弈行为，将博弈进行下去。每一树枝都是从一个决策节点出发，指向另一个决策节点或末端节点。如果是指向决策节点，则这个新的决策节点通常是另一个博弈者作出决策的地方。本书以两阶段新型配电网的自愈博弈树为例，如图 3-5 所示。

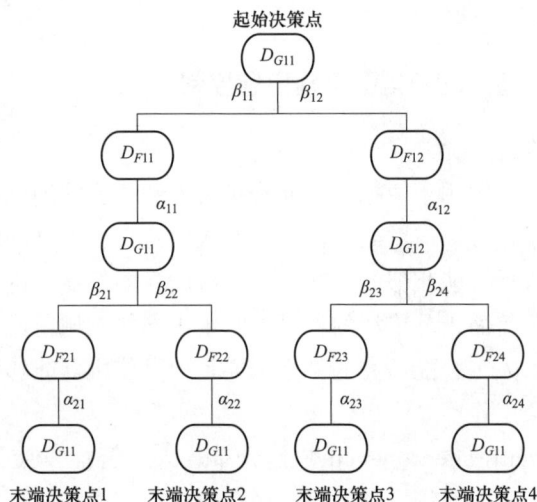

图 3-5　两阶段新型配电网自愈博弈树

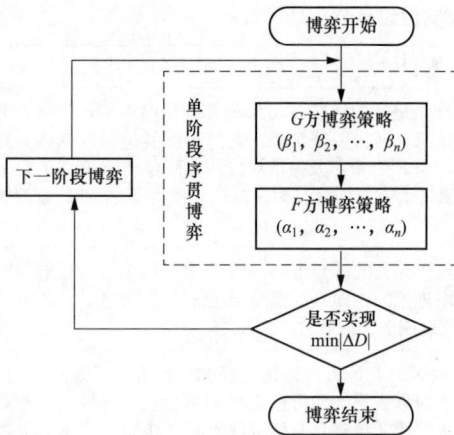

图 3-6 新型配电网多阶段序贯博弈模型

根据上述描述，可以进一步建立新型配电网多阶段序贯博弈模型，如图 3-6 所示。博弈者 G 实施对配电网的扰动后，博弈者 F 在整个博弈中轮到自己选择的每个阶段，均需针对前面阶段的各种情况做相应策略调整或选择控制行为。博弈者 G 的行动可分为不同类型，这些不同类型的扰动包括线路过负荷、分布电源故障、保护拒动、保护误动等；而博弈者 F 需要考虑消除各种类型的博弈策略对新型配电网运行带来的不利影响。

配电网自愈博弈的目标是使得博弈二者的收益最大化，即博弈者 G 最大限度地降低电网运行评估指标，而博弈者 F 不断减缓电网运行评估指标的下降。具体来说，配电网自愈博弈的目标函数主要由电网运行评估指标变化量 ΔD 和博弈阶段 P 表示，如式（3-2）所示。

$$
\begin{aligned}
\min |\Delta D| &= \sum_{i \in P} |\Delta D_i| \\
&= \sum_{i \in P} |D_{Fi} - D_{Gi}| \\
&= \sum_{i \in P} |f(\alpha_i, D_{Gi}) - g(\beta_i, D_{Fi})| \\
&= \sum_{i \in P} |f[\alpha_i, g(\beta_i, D_{Fi})] - g(\beta_i, D_{Fi})|
\end{aligned}
\tag{3-2}
$$

式中：D_{Fi}、D_{Gi} 分别为第 i 个博弈阶段中博弈者 F 和 G 的得失；$D_{Fi} = f(\alpha_i, D_{Gi})$ 表示在第 i 个博弈阶段中，博弈者 F 的收益是博弈者 G 的收益人 D_{Gi} 和博弈者 F 实施的博弈策略 α_i 的函数；$D_{Gi} = g(\beta_i, D_{Fi})$ 表示博弈者 G 的收益是博弈者 F 的收益 D_{Fi} 和博弈者 G 所实施的博弈策略 β_i 的函数。

3.1.4 基于人工智能的新型配电网自愈控制

3.1.4.1 人工智能的概念

人工智能是研究、开发用于模拟、延伸和扩展人的智能的理论、方法、技术及应用系统的一门计算机科学，可以借助处理器达到对人的意识、思维的信息过程的模拟，并生产出一种新的能以人类智能相似的方式做出反应的智能机器，进而用于人们的生活和生产中。人工智能是覆盖面十分广泛的科学，它由不同的领域组成，如机器学习、计算机视觉等。总的说来，人工智能研究的一个主要目标是使机器能够胜任一些通常需要人类智能才能完成的复杂工作。

多智能体系统（multi-agent-system）是分布式人工智能发展的一部分，顾名思义是指由很多智能体组成的大系统，其中每一个智能体都有一定的自主控制能力，可以解决一些局部问题，并且多个智能体之间也可以通过某种通信方式进行交流协调，解决智能体间可能出现的冲突问题。因此，多智能体系统的单个智能体具有以下特征：

（1）自主性。单个智能体对自己的行为和内部状态具有一定的主动控制能力。

（2）反应性。智能体能够探知到外界环境，并在一定的时间里对发生的变化做出积极的反应。

（3）社会性。在某些情况下，单个智能体能够和其他的智能体之间相互协助完成任务，并向其他的智能体提供所需信息。

（4）交互性。智能体和其他智能体可以通过某种通信方式进行交流协调，以获得所需的信息。

（5）适应性。智能体能够根据环境条件的变化，采取相应动作修改自己的目标、计划、策略、行为方式和行动计划以适应环境。

多智能体系统的原理是将复杂的大系统建造成彼此相互通信的、协调的及易于管理的小系统，十分适合应用于实体单元空间分散、控制单元集中的控制，特别是对元件分类较多、空间相对比较分散的系统能够实施有效控制，因此在新型配电网自愈控制中采用多智能体系统是非常合适的。

3.1.4.2　基于多智能体的控制系统

一种基于多智能体的三层控制结构系统如图 3-7 所示，该三层控制结构系统分为反应层、局部决策层和全局决策层。

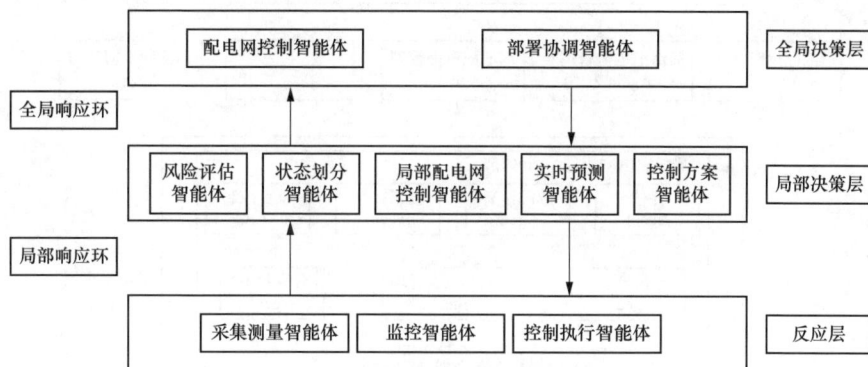

图 3-7　基于多智能体的三层控制结构系统

（1）反应层：反应层位于三层控制结构系统的最底层，主要用于计量采集、监控以及控制执行等。计量采集就是收集配电网各设备的电气信息，再把收集好的电气信息上报到局部决策层；监控的主要功能是基于收集到的电网设备的电气信息，判断主要电气设备是否异常，若出现异常，需要把相应的异常信息上报到局部决策层和全局决策层；控制执行主要用于执行局部决策层和全局决策层所下达的控制指令，监控具体设备的执行。

（2）局部决策层：局部决策层作为智能配电网自愈控制框架的中间层，主要功能是实现快速的局部恢复优化控制以及协助全局决策层实现对底层反应层的控制。局部决策层主要包括以下 5 个控制环节：状态评估环节、故障诊断环节、局部配电网控制环节、实时预测环节、局部配电网控制方案环节，通过相应的智能体执行各环节的功能。

（3）全局决策层：全局决策层相当于配电网的"大脑"，主要功能是保障配电网的安全可靠运行，包括部署协调环节、控制方案环节等。其中，配电网部署协调环节用于及时调整电网和局部电网的关系，维持电网和局部电网之间的信息上传与指令下发；配电网控制方案主要应用于局部配电网，如果配电网出现故障，且局部决策层并不能将所有负荷恢复正常，便会将相应的故障信息上报到全局决策层，全局决策层基于上报的故障情况，做出合理的控制方案下发到局部决策层执行，完成故障处理。

3.1.4.3 基于多智能体的电网自愈控制方法

1. 基于多智能体的配电网分层自愈控制系统

一种基于多智能体的配电网分层自愈控制框架如图 3-8 所示，该控制系统可分为反应层、局部配电网决策层和配电网决策层三层。

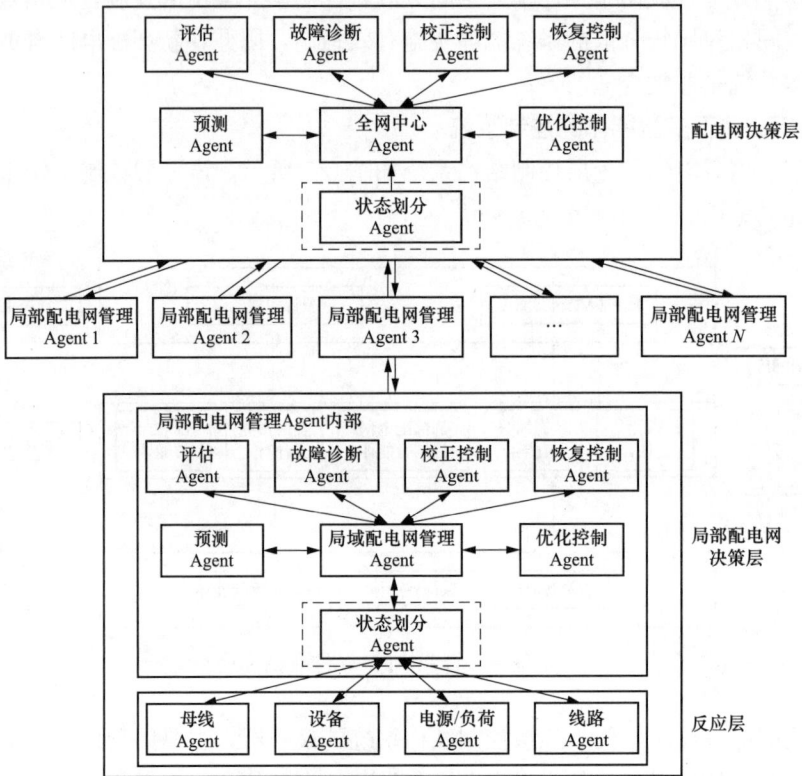

图 3-8 基于多智能体的配电网分层自愈控制框架

（1）反应层：反应层位于分层自愈控制框架的底端，负责配电网实时电气数据的采集监测以及上传到局部配电网决策层。由于配电网电气设备元件种类繁多且状态实时变化，反应层需要配置足够多的量测监控装置以实现系统各项指标的准确测量，支撑配电网自愈控制。作为控制措施的具体执行层，反应层要有可靠的执行能力，做到不拒动也不误动。

（2）局部配电网决策层：局部配电网决策层是配电网分层自愈控制系统的决策层之

一，是保障局部配电网安全稳定的重要环节。该层基于反应层上传的信息进行实时评估，对于小范围故障或者异常的情况，局部配电网决策层制定相关的措施，使局部配电网尽快地消除故障，维持正常运行状态。当发生较大的故障时，局部配电网难以恢复故障区域的供电，需将信息上传到全网中心 Agent（智能体代理），由配电网决策层决策，确定自愈控制方案，实现故障隔离与恢复。

（3）配电网决策层：配电网决策层是分层自愈控制系统的最高层，其中的全网中心 Agent 是配电网的核心功能主体，控制着全域配电网的稳定运行。当发生较大故障时，局部配电网难以处理时，由全网中心 Agent 形成最终恢复方案，并指挥各局部配电网协同排除故障，恢复停电区域的负荷供应。

2. 基于多智能体的电网自愈控制

基于"1. 基于多智能体的配电网分层自愈控制系统"所述的配电网分层自愈控制架构，通过采用人工智能技术的各层 Agent 进行自愈控制。各层 Agent 的主要功能见表 3-3。

表 3-3　　　　　　　　　　　　各层 Agent 主要功能

层	Agent	功能
反应层	母线 Agent	（1）监控母线电压、电流以及频率等电气信息。 （2）确定母线当前的运行状态。 （3）收集母线相连的负荷信息
	设备 Agent	（1）监控当前设备的运行状态，如设备是否过负荷、设备使用寿命及当前使用年限等。 （2）对关键设备的保护，当配电网处于异常状态或者故障状态时，能够及时将故障隔离，减少对关键设备的损害
	电源/负荷 Agent	（1）监控发电机、变压器、开关设备等电源设备的运行状态，预测电源的寿命和维护周期。 （2）监控负荷情况，包括负荷大小、负荷波动情况等信息。 （3）当系统出现负荷异常、电源设备故障或其他情况时，可及时发出警报
	线路 Agent	（1）监控各种电力线路的运行状态，包括电压、电流、频率等参数。 （2）监控线路的工作温度、电压过载、电流过载等情况，当线路设备出现异常时，能够及时发出警报，保障系统的安全稳定运行
局部配电网决策层	状态划分 Agent	首先根据反应层各 Agent 采集到的电气数据与设定值进行比较，确定局部配电网当前所处的状态，并将结果上传到局部配电网管理 Agent，由局部配电网管理 Agent 采取相应的控制方案优化电网的运行状态，使配电网运行在正常状态
	局部配电网管理 Agent	（1）通过各检测设备检测到局部配电网内的信息，评估、预测配电网的状态，采取相应的措施保证局部配电网的安全可靠运行。 （2）将局部配电网的实时数据上传到全网中心 Agent，并执行全网中心 Agent 发出的控制指令。 （3）分析各负荷的重要等级，以及各局部配电网对外表现的状态
配电网决策层	全网中心 Agent	（1）接受局部配电网上传的数据，对整个配电网进行评估、预测，根据评估结果采取相应措施保证配电网的安全可靠运行。 （2）当发生较大故障，由配电网进行快速仿真得出最终恢复方案并责令各局部配电网执行，排除故障恢复负荷的供电

层	Agent	功能
配电网 决策层	优化控制 Agent	(1) 局部配电网向外部配电网售电,此时将局部配电网看作电源。 (2) 若局部配电网向外部配电网购电,此时将局部配电网看作为负荷。根据以上原则将局部配电网看作一个节点,确定新的配电网网络结构,然后在此基础上对配电网进行优化控制

通过多智能体协同运作,可实现配电网的自我感知、自我诊断、自我决策与自我恢复四大功能,如图 3-9 所示。其中反应层主要负责电气数据实时监测和决策层控制指令的及时准确执行,实现自我感知和自我恢复功能。局部配电网决策层和配电网决策层主要负责配电网状态的实时评估、划分以及优化控制,实现自我诊断和自我决策功能。

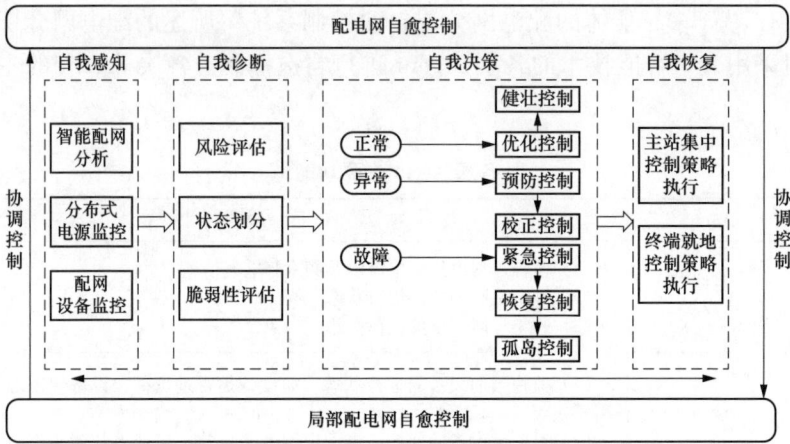

图 3-9　基于多智能体的配电网自愈控制功能

3.2　新型配电网调度优化技术

3.2.1　分布式源、荷、储资源多尺度聚合调控优化技术

本节面向分布式源、荷、储资源不同时间尺度下参与电网聚合调控的需求,提出计及通信延时的多时间尺度调控策略分解模型,支撑高比例可再生能源、高比例电力电子装备接入和实现电网夏、冬季负荷高峰时电网经济可靠运行,保障新能源广泛消纳。计及通信延时的多时间尺度聚合调控策略分解模型研究方案如图 3-10 所示。

3.2.1.1　通信延时对多尺度聚合调控策略的影响

通信延时可反映带宽、抖动、丢包率、误包率等通信指标的性能,对分布式源、荷、储资源的多尺度聚合调控策略有着重要影响。通信延时计算公式如下:

$$L = L^{\text{tran}} + L^{\text{comp}} \tag{3-3}$$

式中:L^{tran} 为传输延时。

L^{tran} 的计算方式为

$$L^{\text{tran}} = \frac{U}{R} \tag{3-4}$$

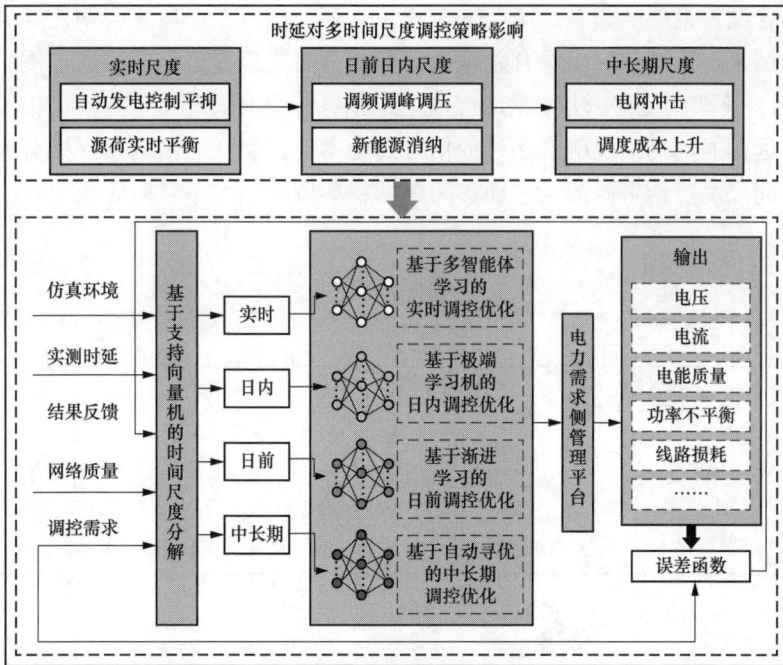

图 3-10　计及通信延时的多时间尺度聚合调控策略分解模型研究方案

式中：U 为终端采集的数据量；R 为数据传输的速率。

R 的计算方式为

$$R = B\log\left(1 + \frac{P \cdot g}{\sigma_0 + \mu}\right) \tag{3-5}$$

式中：P 为传输功率；g 为信道增益；σ_0 为高斯白噪声功率；μ 为信号传输过程中受到的电磁干扰。

L^{comp} 为计算延时，计算公式为

$$L^{\mathrm{comp}} = \frac{U \cdot \lambda \cdot \Omega}{\varpi} \tag{3-6}$$

式中：λ 为计算强度，即处理单位比特（bit）所需要的中央处理器（CPU）周期数；ϖ 为服务器可用的计算资源；Ω 为选择服务器的终端数量。

故总通信延时为传输延时和计算延时的总和。若通信延时过高，则会导致实时尺度的调控策略传输、资源信息采集、自动发电控制（AGC）平抑等业务无法可靠运行，海量资源灵活参与电网响应无法实现，源、荷实时供需难以平衡，降低日前日内尺度下负荷预测精度与系统的调频调峰能力，新能源消纳量减少，进一步导致中长期尺度下"双高、双峰"电力系统接入冲击难以缓冲，常规机组调控计划无法修正，经济成本提高。可见较大的通信延时会导致多时间尺度聚合调控策略出现偏差，影响分布式电源、可调负荷与用户侧储能的平衡，进而降低新能源的消纳率，阻碍分布式源、荷、储资源聚合调控经济性、可靠性的提高。

3.2.1.2　通信网络架构

面向新型配电网"电网-聚合商-终端"多级协同提出的通信架构需求以及通信延时

对多尺度聚合调控策略的影响,结合分布式源、荷、储资源广域聚合调控业务需求与通信方式适配结果,该部分提出融合公众通信网的分布式资源聚合调控通信网络架构,如图 3-11 所示。该架构涵盖云层、网层、边层及端层,利用以 4G/5G、北斗等公众通信方式为主的远程通信网络及融合多种通信方式的本地多媒介通信网络支撑分布式资源聚合形成多时间尺度可调资源池,进而参与电网精准调控。

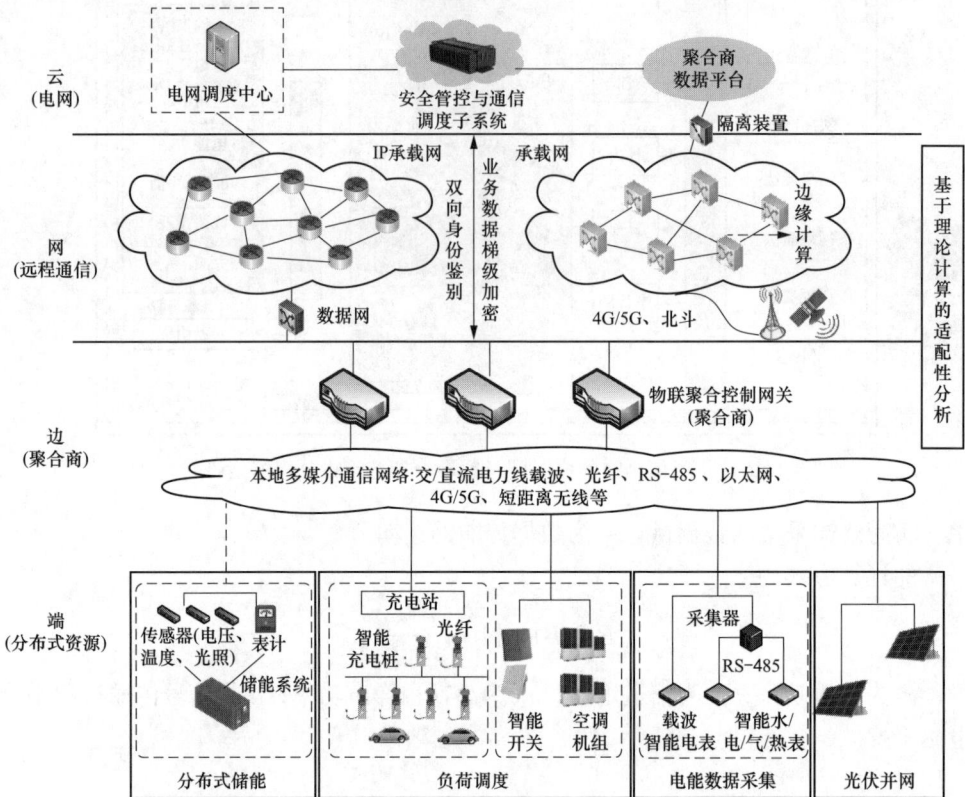

图 3-11 云边协同分布式资源聚合调控分层通信网络架构

(1)云层集成电网调度中心、安全管控与通信调控子系统以及聚合商云平台,汇聚电网运维类和安全类数据并通过虚拟电厂等一体化聚合模式进行统一调控。聚合商云平台获取电网调度中心提供的风电场、线路以及光伏发电和储能电动汽车充换电站调控信息,能够提供基于历史数据的可再生能源发电预测以及调控计划功能。

(2)网层面向分布式电源、可调负荷、用户侧储能等分布式资源广域聚合,采用 4G/5G 公网与北斗协同的通信方式,融合 4G 技术成熟、覆盖面积广、成本低廉的特性及 5G 大带宽、高可靠、低延时的优点,可以支持大规模设备连接、高频率电力数据采集及低延时调控指令下发,为电网调度中心与聚合商间电力数据的高效可靠交互提供支撑。考虑通信可靠性、安全性、经济性等因素,优先采用 4G/5G 公网承载广域分布式资源聚合调控业务,并对太阳能板追光发电、移动负荷定位监测,以及应急现场自组网综合应用等业务辅以北斗报文通信,实现海量资源综合管理与广域调控,满足分布式源、荷、储资源低碳聚合调控业务灵活、高效、可靠的多样性需求。IP 承载网用于承载对传输质量要求较高的聚合调控业务，具备通信成本低、扩展性好、承载业务灵活等特点，同时具备传输系统的高可靠性和安全性。

（3）边层通过部署边缘聚合管控装置，聚合需求侧源、荷、储等分布式资源参与电网协同调控。本地多媒介通信网络连接云层与端层，针对调控时间尺度各异的多种低碳聚合调控业务传输需求，融合以太网、光纤、RS-485、交/直流电力线载波、4G/5G、Zigbee、Wi-Fi 等多种通信技术，为海量能源终端提供全覆盖、经济、安全接入服务，支撑低碳聚合调控业务开展。

（4）端层涵盖光伏板、空调、电动汽车充电桩、分布式储能系统等能源终端以及温度/光照/电压/电流传感器、流量/电能表计等通信终端。空调、太阳光伏板、小型风机利用连接终端设备自身的电力线实现与边层的数据传递和信息交互；智能电/水/气/热表基于 RS-485 或工业以太网与采集器相连，将电力负荷数据传输至边层；电动汽车充电桩通过光纤接入边缘聚合管控装置，实现分组有序并网。此外，部署于光伏组件、储能电站的光照/温度/电压传感器、表计可采用超长距低功耗数据传输技术（LoRa）将电力数据上传至边缘聚合管控装置，支持低压集抄、环境监测等电力业务，为光伏负荷短期预测、储能设备状态监测提供支撑。基站储能、小型储能装置等无控制需求的分布式电源采用 4G/5G 网络快速接入，平抑新能源功率波动，促进高效消纳。

分布式源、荷、储资源多尺度聚合调控需要底层数据的支撑，即需要在端层部署相应的智能硬件用来采集、传输、处理数据以及保护设备。下面将分别介绍配电智能网关、光伏低压并网开关和光伏逆变器通信网关三种智能硬件设备。

1. 配电智能网关

配电智能网关如图 3-12 所示。配电智能网关是一款具备边缘计算及容器功能的智能终端设备，采用高性能的双核处理器和工业级无线模块，以 Linux 操作系统为软件支撑平台，具备丰富的接口，可同时连接串口设备、以太网设备和 Wi-Fi/LoRa 设备。对下可接入设备状态监测、环境安防监控、电气量监测等各类分布式源、荷、储传感器数据，实现不同协议内容的传感器数据转换；对上可对接智能融合终端或电力网物联网平台。配电智能网关能够接收主站平台联动策略对终端设备进行本地联动控制场景，可接收主站平台指令实现对终端设备远程控制，支持在物联网平台对配电智能网关的应用、容器、网关平台软件进行远程安装、升级、卸载等，支持软硬件资源远程监控，适用于配电站房监测、光伏电站监测、城市楼宇能源管理、能耗企业能源管理等。配电智能网关采用工业级应用设计，包括采用高性能双核处理器、金属外壳和

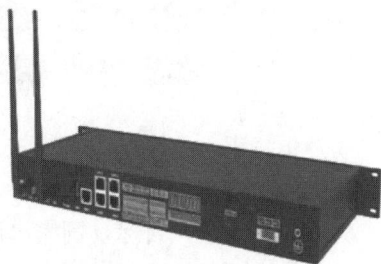

图 3-12　配电智能网关

系统安全隔离，宽电源输入，RS-232/RS-485 接口电源和数据隔离，方便的系统配置和维护接口（包括本地和远端 Web 方式或 CLI 方式），兼容各类厂家不同系统、平台协议等。

2. 光伏低压并网开关

光伏低压并网开关如图 3-13 所示。随着光伏发电及并网规模的扩大，光伏并网对

图 3-13　光伏低压
并网开关

电网的冲击及对电能质量的影响不容忽视，因此对于光伏电站并网点的智能化控制尤为重要。光伏低压并网智能断路器是专用于分布式光伏电源并网的低压断路器，它集电动操动机构、塑壳断路器、智能控制器、多种通信方式于一体，对线路进行电气参数监测、电能质量监控、孤岛保护、过负荷保护、短路保护、电流震荡保护，解决分布式光伏发电接入电网的安全运行问题，保障电网安全与检修人员的生命安全，提高光伏发电效益。包含光伏低压并网开关的系统架构如图 3-14 所示。

该架构支持多种通信方式，上行通信模块支持高速电力线载波通信（HPLC）、微功率无线，外部接口采用RS-485 接口；具备数据采集和故障检测功能，支持指示灯或液晶屏指示；断路器可提供过载短路保护，以及光伏发电系统孤岛保护与电能质量监控保护，所有保护功能的整定值支持远方配置；配合融合终端实现台区拓扑自动生成、台区自动识别、相位识别等功能；支持自动对时，接收执行下发的对时命令；采用超级电容作为后备电源，当主电源故障时，超级电容能自动无缝投入，并维持上行通信模块正常工作至少 3min。

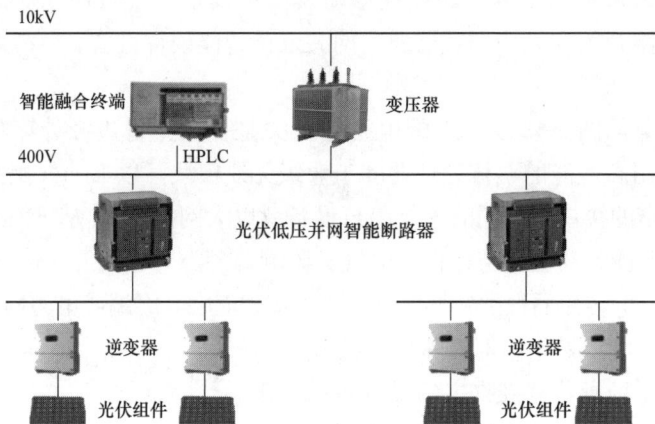

图 3-14　光伏低压并网开关的系统架构

3. 光伏逆变器通信网关

为实现"双碳"目标，国家电网有限公司积极推进新型电力系统建设，配电网正由原有单向输送型网络向供需双向互动的有源网络过渡，低压侧大量分布式光伏不断接入。配电网中为保证配电网安全稳定，更好地消纳分布式光伏，应设置光伏逆变器通信网关，实现光伏逆变器与台区智能融合终端的可靠连接。光伏逆变器通信网关通过电力线宽带载波和无线通信方式与台区智能融合终端进行信息交互，同时接受主站调控指令，可实现对光伏逆变器有功功率、无功功率的柔性调节。并且可以实时采集并网逆变器输入/输出功率、发电量、输入/输出电压、电流、逆变效率和状态、故障及告警信息等数据，将数据上传配电能源互联网云平台，不但实现了"可观""可测"，而且实现了远程即时控制和柔性控制。此外，光伏逆变器通信网关具备较强兼容性，可以兼容多品牌光伏逆变器产品接入，可以通过宽带电力载波和无线两种通信方式与台区智能融合终端实时通信，确保数据传输的可靠性。光伏逆变器通信网关工作模式如图 3-15 所示。

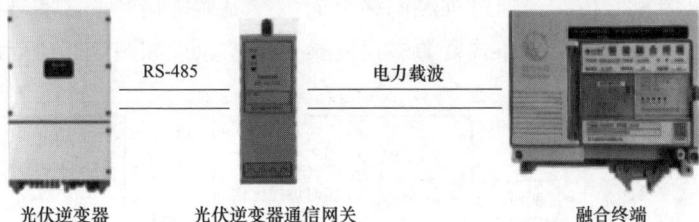

图 3-15　光伏逆变器通信网关工作模式

3.2.1.3　基于神经网络反馈的分布式资源多尺度聚合调控策略分解与优化验证

针对源、荷、储聚合调控策略时空耦合的难题，考虑通信延时对多尺度聚合调控策略的影响，基于神经网络反馈技术对分布式源、荷、储资源进行多尺度聚合调控策略分解，并利用电力需求侧管理平台进行优化验证，以提升分布式源、荷、储资源系统的经济性、可靠性及可再生能源消纳能力。基于神经网络反馈的分布式资源多尺度聚合调控策略分解方案如图 3-16 所示。

依托新能源电网仿真环境，采用支持向量机算法，以聚合调控网络当前的业务

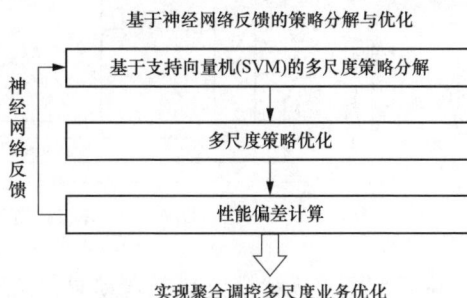

图 3-16　分布式资源多尺度聚合调控策略分解方案

延时、网络状态、调控需求、调控结果反馈以及新能源电网仿真环境作为输入，将调控策略时间尺度解耦，按照中长期、日前、日内和实时调控完成对调控策略多尺度分解，实现分布式资源通信信道情况聚合，形成不同时间尺度可调资源池以参与电网精准调控，挖掘多时间尺度调控潜力，有效缓冲高新能源占比下分布式源、荷、储资源接入造成的电网冲击。中长期调控根据输入数据，制订长期发电计划，以常规机组调控为主；日前调控结合中长期调控结果及反馈输入，预测分布式源、荷、储资源状态，制订分布式资源发电计划，动态调整分布式资源发电顺序，并引入聚合商参与调控；日内调控在日前调控的基础上，基于当前聚合调控网络状态、电网调控需求、结果反馈情况，确定分布式电源并网、解列、反孤岛运行、低电压穿越等运行方式，对日前调控计划进行修正；实时调控考虑实时业务延时，对源、荷、储信息进行实时监测采集，并利用 AGC 系统优化调整分布式电源功率，校正日内调控策略，同时负荷侧参与响应，借助储能装置，促进源、荷、储实时平衡。

基于时间尺度的调控策略分解，建立实时、日前、日内和中长期四个时间尺度的多尺度调控优化模型及校验机制，综合运用多智能体学习、极端学习机、渐进学习、自动寻优等优化算法，实现分布式资源经济性、可靠性及新能源消纳率的提升。采用机器学

习方法，从聚合调控网络通信延时和网络流量测量数据中，提取网络距离特征值以及分布式资源多种通信接入方式与空间距离组合下的网络延时特性，并将通信延时作为一种扰动信号注入，弥补现有仿真中调控优化模型过度简化和单一的缺陷，解决通信网络分析速度和电网仿真步长之间不匹配的问题。四个时间尺度的模型相互关联构成神经网络，以此建立反馈校验机制，通过神经网络反向传播提高优化效率，实现各时间尺度优化模型的逐层校验与优化。分布式资源多尺度聚合调控原理如图 3-17 所示。

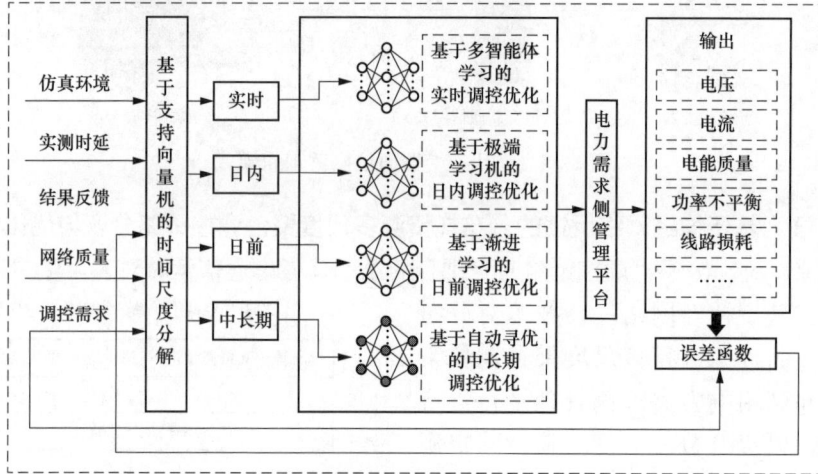

图 3-17　分布式资源多尺度聚合调控原理

中长期调控优化模型基于自动寻优方法。自动寻优方法就是在给定参考值的基础上，选择迭代的步长后，在参考值附近范围内寻求一个最优值，这个最优值在理论上能够实现最佳补偿，使全网总收益最大化，即使在实际应用中由于迭代步长的选择问题不能够实现最优，但也能够给出一个比较接近最优值的解，之所以不将迭代步长选择得过小，是因为这样可能会导致在最优值附近产生振荡，一个合理的参考值选择将减少后续的工作量。

第一步，分析历史数据，应用自回归滑动平均模型对中长期能源需求、分布式资源功率情况和电价进行预测，调整常规电源机组供能与分布式资源功率比例。自回归模型可表示为

$$X_t = c + \varepsilon_t + \sum_{i=1}^{p} \varphi_i X_{t-i} + \sum_{j=1}^{q} \theta_j \varepsilon_{t-j} \qquad (3-7)$$

式中：p 和 q 分别为模型的自回归阶数和移动平均阶数；φ 和 θ 为不为零的待定系数；t 为优化时隙的指示变量；i 和 j 分别为自回归阶数和移动平均阶数的指示变量；ε_t 为独立的误差项；X_t 为中长期各指标预测结果。

第二步，结合数学自动寻优算法对全网总收益进行优化。该模型充分考虑电网装机总量、聚合商供给能力、用户需求和预估电价，为分布式资源留出足够的电量空间。

日前调控优化模型基于中长期调控结果和虚拟电厂技术制订发电计划曲线和分布式资源功率预测曲线，应用渐进学习调控策略进行负荷控制，实现分布式资源消纳量最大

化。应用渐进学习调控策略进行负荷控制流程如下：

步骤一：以分布式资源消纳量最大化为优化目标，构建优化目标函数，分别获得分布式资源功率与电价的历史样本数据。

步骤二：采用径向基函数（RBF）神经网络方法对获得的历史样本数据进行学习，获得分布式资源消纳量与分布式资源功率、电价之间的拟合函数。

步骤三：根据步骤二中得到的拟合函数对后续优化过程的分布式资源消纳量进行预估，判断分布式资源消纳量的预估精度是否满足设定要求；如果满足，进入步骤四，否则，返回步骤一，增加新的样本数据后重新进行函数拟合。

步骤四：在分布式资源消纳量目标函数中加入累计网损率部分，设定初始权重系数，对全网无功优化目标函数进行修正。

步骤五：重复步骤一至步骤四的过程，向优化周期内分布式资源消纳量最大的渐进学习式调控逼近，最终实现渐进学习的日前调控优化。基于渐进式学习的日前调控优化流程如图 3-18 所示。

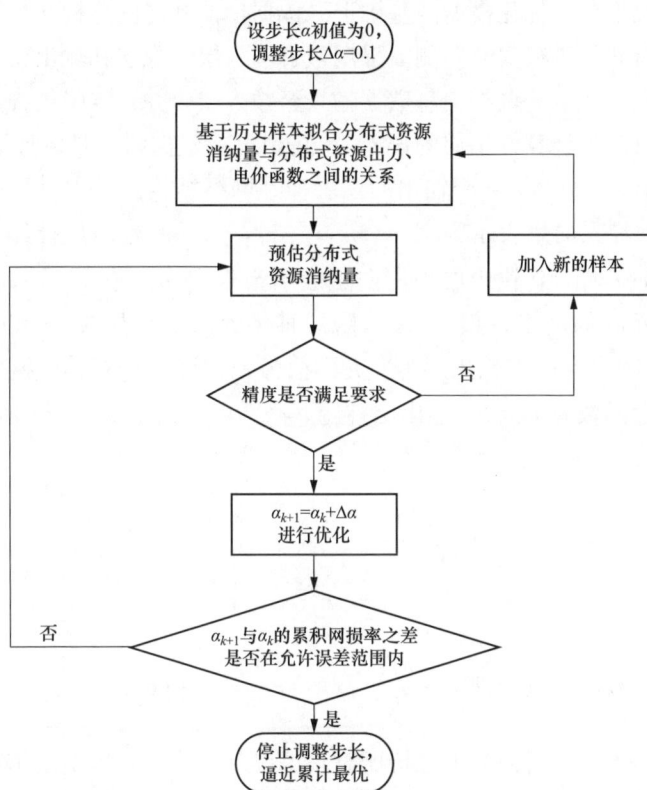

图 3-18　基于渐进式学习的日前调控优化流程

日内调控优化模型应用极端学习机方法不断回归修正分布式资源有功功率和无功功率输出，降低日内峰值需求，实现电能供需平衡。极端学习机是一种新型的前馈神经网络，其表示如下：设有 N 个训练学习样本，则预测结果为

$$o_k = w^{\mathrm{T}} f(W_{\mathrm{in}} \boldsymbol{x}_k + b), k = 1, 2, \cdots, N \tag{3-8}$$

式中：x_k 为输入向量；W_{in} 为连接输入节点和隐层节点的输入权值；b 为隐含层偏置；o_k 为网络输出；w 为连接隐含层与输出层的输出权值；f 为隐含层激活函数，一般取为 Sigmoid 型函数。

基于极端学习机的日内调控优化模型结合日前调控结果、系统状态、实际市场情况和需求预测进行决策，综合分析分布式资源功率特性、日内负荷特性、当日储能容量和分时电价，并考虑通信延时累加造成的调控延迟，结合电网安全，以分布式资源优先消纳为原则，优化电力调控策略，降低电网运行成本。

实时调控优化模型结合 AGC 和多智能体方法进行优化，构造一致性协议，应用遗传算法、非合作博弈和粒子群优化等多种算法对用电实时波动进行平抑。根据分布式资源功率、电网实时负荷情况、用户需求和实时电价，并考虑通信延时对调控过程的影响，输出聚合调控网络的线路损耗、节点电压、功率、电能质量等指标情况，以需求侧响应的方式进行区域内部优化调控。当电网发生故障时，应用实时调控优化模型能灵活调动分布式资源和储能设备，保障重要负荷的稳定供能，为电网修复赢得时间。

在四个时间尺度调控优化模型的基础上，依据反馈神经网络构建校验机制，对分布式资源和电网运行状态进行实时监测。采用包含输入层、隐层和输出层的三层神经网络结构，将不同时间尺度下的调控信息数据输入至输入层，并设定隐层神经元以及输出层神经元激活函数，随后计算输出层的误差，构造 BP 神经网络，具体如下所述。

首先搭建具有 t 个输入、r 个输出的三层神经网络结构。其中，隐层神经元个数设为 k，即输入层神经元向量表示为 $\boldsymbol{X}=(x_1,\cdots,x_i,\cdots,x_t)^{\mathrm{T}}$，隐层神经元输出向量表示为 $\boldsymbol{S}=(s_1,\cdots,s_h,\cdots,s_k)^{\mathrm{T}}$，输出层输出向量表示为 $\boldsymbol{O}=(o_1,\cdots,o_j,\cdots,o_r)^{\mathrm{T}}$，输入层神经元与隐层神经元间的网络权值为 v_{ih}，隐层神经元与输出层神经元间的网络权值为 w_{hj}，隐层神经元阈值为 θ_h，输出层神经元阈值为 δ_j。随后，对神经网络进行训练，设定隐层神经元激活函数为 $f(x)$，输出层神经元激活函数为 $g(x)$，分别得到隐层神经元 s_h 和输出层神经元 o_j 为

$$s_h = f\left(\sum_{i=1}^{r} v_{ih} x_i\right) \tag{3-9}$$

$$o_j = g\left(\sum_{h=1}^{k} w_{hj} s_h\right) \tag{3-10}$$

隐层和输出层激活函数分别定义为 $f(x)=\dfrac{1}{1+\mathrm{e}^{-x}}$ 和 $g(s)=\dfrac{\mathrm{e}^{s_h}}{\sum_k \mathrm{e}^{s_k}}$。

将调控运行结果与电网的需求进行比对获得误差函数，并将误差作为各级神经元的输入进行闭环反馈，通过神经网络的分级计算实现对误差的逐级逐步修正。定义损失函数为 $L(y,\hat{y})=\dfrac{1}{2N}\sum_{r=1}^{N}(y_r-\hat{y}_r)^2$。其中，$N$ 为样本个数，y 为神经网络训练样本输出，r 为数据的维数，$\hat{y}$ 为期望输出。根据误差的负梯度方向，对权重进行更新。当给定输入样本和期望输出后，对每个输入样本重复进行迭代，当所有样本都训练完毕后，判断指标函数是否满足精度。若指标函数满足精度，则停止训练，否则重新训练，直到满足

精度为止。

反馈校验机制能够提高预测精度和模型优化效率，从而协调电源侧、储能侧、负荷侧调控需求，实现电网精准调控，有利于分布式资源灵活参与电网实时功率控制等多尺度聚合调控能力挖潜，提高电力系统的平衡调节能力，有效提升分布式资源消纳率，减少电网投资成本，提升节能减排社会效益和用户经济效益。

3.2.2　包含虚拟电厂的配电网分层调度优化技术

3.2.2.1　虚拟电厂的概念和运营模式

随着分布式发电机组的大规模接入，其单机容量较小、地域分散、并网具有较大的随机性和波动性的特性给电网的可靠性带来了巨大挑战，为了有效解决利用可再生能源所带来的威胁，国内外学者提出了虚拟电厂的概念。虚拟电厂是指通过将各种分布式电源、电池储能系统以及可控负荷等聚合成一个主体来参与电力市场运营，提高可再生能源的消纳，减缓接入电网造成的波动，同时还能使虚拟电厂各组成部分的经济效益增加，促进新能源发电的发展。

虚拟电厂的运营模式可以分为集中控制模式、集中-分散控制模式和完全分散控制模式 3 类。

（1）集中控制模式，如图 3-19 所示。该模式中，控制中心掌握着所涉及的所有发电或用电单元的完整信息，并拥有对所有单元的完全控制权，对每一个单元制定发电或用电方案。在此种模式下控制中心具有最强的控制力和灵活多样的控制手段，但是通信流量巨大、运算负荷繁重、兼容与扩展性较差。

（2）集中-分散控制模式，如图 3-20 所示。该模式中，虚拟电厂被分为 2 个层级，下层的本地控制中心管理辖区内有有限个发电或用电单元，再由这些本地控制中心将信息反馈给上一层的虚拟电厂控制中心。相对

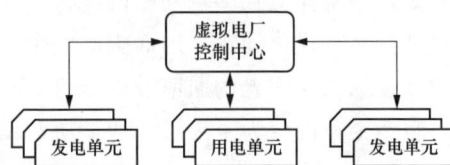

图 3-19　虚拟电厂的集中控制模式

于集中控制结构，集中-分散控制结构有助于改善集中控制方式下的数据拥堵和扩展性差的问题。

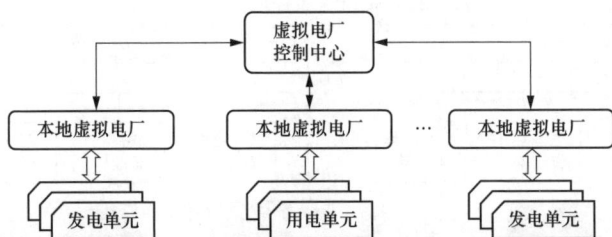

图 3-20　虚拟电厂的集中-分散控制模式

（3）完全分散控制模式，如图 3-21 所示。在该模式中，虚拟电厂被划分为彼此相互通信的、自治且智能的子系统，各子系统通过其智能体的协同合作实现原本由控制中

心完成的任务，控制中心则简化为数据交换与处理中心。相比前 2 种模式，完全分散控制结构具有更好的可扩展性和开放性，但是该模式对虚拟电厂内各发电或用电单元及由其组成的子系统提出很高的要求，需要具备日常运行管理、故障诊断与响应等较复杂的功能。

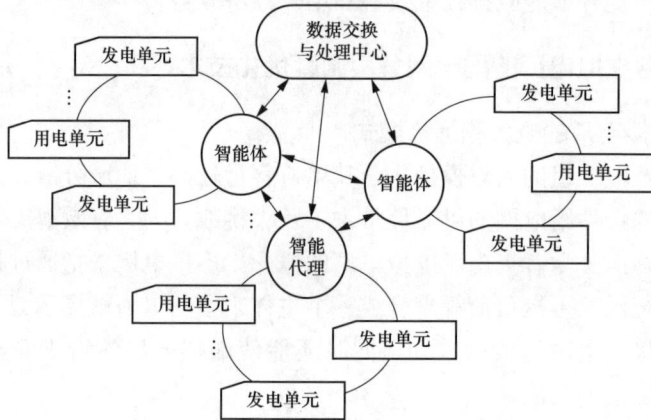

图 3-21　虚拟电厂的完全分散控制模式

3.2.2.2　基于多智能体的虚拟电厂多目标分层控制架构

随着电力系统复杂度以及新能源渗透率的增加，需要采用更有效方式以解决分布式系统的区域自治和全局协调问题。多智能体凭借其智能性、独立性和协调性，更适用于多变量、多主体交互影响问题的建模，能够将一个全局控制问题转为多层次、多个控制系统的分布式优化问题，进而提高整个系统的经济性和稳定性。因此，本节基于多智能体设计了综合考虑异构通信及安全性能的虚拟电厂多目标分层控制架构，如图 3-22 所示，将整个电网分为主导层、协调层和设备层，各层之间进行信息交互。

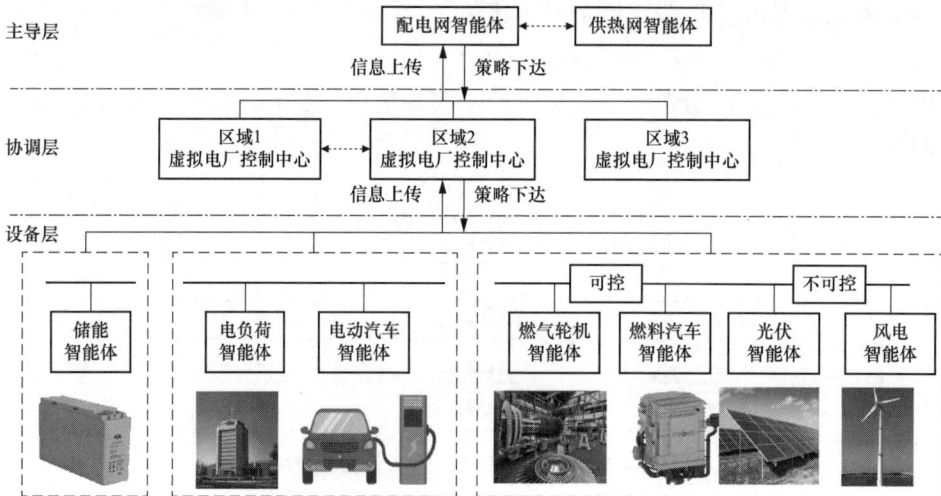

图 3-22　基于多智能体的多目标分层控制架构

（1）设备层：包括发电设备智能体、储能元件智能体和负荷侧智能体。具备最佳发电/需求控制、信息存储、与其他智能体信息传输等功能，通过光纤通信、中压电力线载波、无线专网等通信方式及时响应上层智能体下发的调度指令。

（2）协调层：以虚拟电厂控制中心作为动态智能体，负责区域内设备的状态监测、调度与控制，根据区域动态划分原则建立区域内各元件级智能体的动态合作机制。可支持多模态通信以收集分析下层信息、加权求解多目标优化，优先实现区域内的能量自治或电压控制等目标。

（3）主导层：将配电网作为智能体，实现多个虚拟电厂的跨区域协调及虚拟电厂与配电网之间的交互，通过多模态通信向协调层发送调度指令，实现全局优化调度，支撑整个网络安全、可靠运行。

3.2.2.3　基于多智能体协同的虚拟电厂多目标分层控制优化算法

本小节提出了一种基于多智能体协同的虚拟电厂多目标分层控制优化算法，以包含风机、光伏、微型燃气轮机、燃料电池、蓄电池及负荷的虚拟电厂为例，利用改进的隶属度函数处理多目标优化问题并运用遗传算法求解。

1. 优化模型构建

（1）设备层智能体模型。风力发电利用风机将风能转化成电能，其输出功率随风速变化而改变。当已知风速分布后，根据风力发电运行原理，可知风机输出有功功率和风速间有以下函数关系

$$P_{\mathrm{WT}} = \begin{cases} 0, & v \leqslant v_{\mathrm{in}}, v \geqslant v_{\mathrm{o}} \\ \dfrac{P_{\mathrm{r}}}{v_{\mathrm{r}} - v_{\mathrm{in}}}(v - v_{\mathrm{ci}}), & v_{\mathrm{in}} \leqslant v \leqslant v_{\mathrm{r}} \\ P_{\mathrm{r}}, & v_{\mathrm{r}} \leqslant v \leqslant v_{\mathrm{o}} \end{cases} \tag{3-11}$$

式中：P_{r} 为风力发电机的额定功率；v_{in}、v_{o}、v_{r}、v 分别为切入、切出、额定和实际风速。

光伏发电的输出功率与光照强度、温度密切相关。

虚拟电厂中的可控分布式电源应该满足输出功率约束和爬坡速率约束。

$$P_{i,\min} \leqslant P_i^t \leqslant P_{i,\max}, \ -DR_i \leqslant P_i^t - P_i^{t-1} \leqslant UR_i \tag{3-12}$$

式中：P_i^t 为机组 i 在 t 时刻的输出功率；$P_{i,\min}$、$P_{i,\max}$ 分别为机组 i 输出功率的上、下限；UR_i、DR_i 分别为机组 i 的向上、向下爬坡速率约束。

爬坡水平越高，可控机组有足够的迅速爬坡能力满足风电、光伏功率的变化，使得风光不确定性的影响降低。

储能设备通过储能控制器可以快速地控制充放电以跟随负荷的变化。在虚拟电厂运行过程中，常需要通过调节储能单元的充放电功率来保证稳定运行及提供一些辅助服务。为了保护蓄电池，延长使用寿命，虚拟电厂不能过充电和过放电，其储能模型为

$$SOC_i^{t+1} = SOC_i^t + \frac{P_{\mathrm{SB},i}^t}{C_{\mathrm{api}}} \tag{3-13}$$

式中：SOC_i^t 为 t 时刻蓄电池的荷电状态，指某时刻电池所剩电量与电池额定容量的比值；$P_{\mathrm{SB},i}^t$ 为 t 时刻电池的充放电功率；C_{api} 为额定容量。

（2）协调层智能体模型。虚拟电厂和大电网的交换可能涉及多个市场，如热能市场、电力市场等，由于虚拟电厂中成员并不固定，可以根据不同的负荷需求对内部成员重新组合。仅以虚拟电厂中分布式电源组合参与电力市场进行具体分析。

虚拟电厂控制中心作为协调层智能体，应能根据配电网层派发的激励信号构造本层目标函数，调度设备层智能体以实现区域自治。根据虚拟电厂的管理特点，考虑经济成本最小化、低碳环保等上层目标和以网损最小化为例的下层目标，以经济成本最小化为优化目标

$$
\begin{cases}
F_1 = \min\Big\{\sum_{t\in T}\Big[\sum_{i\in S_G}(C_{OM,i}^t + C_{Fu,i}^t + C_{Inv,i}^t) - (U_s^t P_s^t c_s^t - U_p^t P_p^t c_p^t)\Big]\Big\} \\
C_{OM,i}^t = U_i^t K_{OM,i} P_i^t \\
C_{Inv,i}^t = \sum_{i\in S_G}\dfrac{r_i(1+r_i)n_i}{(1+r_i)n_i-1}\Big(\dfrac{C_{caz,i}}{8760k}\Big)P_i^t
\end{cases}
\tag{3-14}
$$

式中：S_G 为设备层智能体总数；U_s^t、U_p^t 分别为 t 时刻虚拟电厂向大电网售电标记符和购电标记符，$U_s^t=1$、$U_p^t=1$ 均表示发生售电或购电行为；$C_{OM,i}^t$、$C_{Fu,i}^t$、$C_{Inv,i}^t$ 分别为 t 时刻机组 i 的运维成本、燃料消耗成本和投资折旧成本；P_s^t、P_p^t 分别为虚拟电厂向大电网售电功率和从大电网购电功率，两者在任一时刻至多有一个不为零；c_s^t、c_p^t 分别为 t 时刻售电和购电价格；$K_{OM,i}$ 为单位运维成本；P_i^t 为 t 时刻第 i 个机组功率；U_i^t 为 t 时刻机组运行状态，$U_i^t=1$ 表示机组运行，$U_i^t=0$ 表示机组停止；r_i 为设备折旧率；n_i 为分布式电源使用寿命。

在虚拟电厂中，风机和光伏发电不消耗燃料，其燃料成本计为零。可控分布式电源包括微型燃气轮机和燃料电池等小型同步发电机。采用 Capstone C65 微燃气轮机模型，燃料成本为

$$
C_{Fu,i}^t = \frac{C_{ng}}{LHV}\sum_{i\in N_{mt}}\frac{P_{mt,i}^t \Delta t}{\eta_{mt}}
\tag{3-15}
$$

式中：C_{ng} 为天然气价格，元/m³；LHV 为天然气低热值，这里取 $LHV=9.7\text{kWh/m}^3$；$P_{mt,i}^t$ 为燃气机组在 t 时刻的功率；Δt 为单位时间；η_{mt} 为时间间隔 Δt 内的机组效率。

以环境成本最小化为优化目标。

$$
F_2 = \min\Big[\sum_{t\in T}\Big(\sum_{i\in S_G}P_i^t\sum_{j\in J}v_{i,j}\alpha_j\Big)\Big]
\tag{3-16}
$$

式中：T 为运行时刻集合；$v_{i,j}$ 为第 i 种分布式电源单位发电量的污染物 j 的排放量；α_j 为第 j 类污染物的环境治理成本。

其中，风机和光伏发电不产生污染，考虑可控分布式电源污染物排放对环境的影响。

以网损最小化为优化目标。

$$
F_3 = \min\sum_{t\in T}\sum_{i,j\in N}G_{ij}(U_i^2 + U_j^2 - 2U_i U_j\cos\theta_{ij})
\tag{3-17}
$$

式中：N 为节点数；G_{ij} 为连接节点 i 和 j 的线路电导；U_i、U_j 分别为母线 i 和 j 的电压；θ_{ij} 为相角差。

（3）主导层智能体模型。主导层智能体根据安全性或经济性的全局目标，可以设置

不同的激励信号实现对虚拟电厂自治行为的干预，并对其安全约束进行校验。由于协调层智能体存在不同的优化目标，其目标偏差可能导致下层智能体之间的行为冲突，如仅考虑设备运行的安全性，将限制某智能体的功率能力，这与智能体的利益最大化目标相悖。因此，考虑虚拟电厂的多目标优化，全面采用上层控制与下层控制，实现群体最优解。

2. 多目标优化

(1) 确定隶属度函数。由于考虑的 3 种目标性质不同，且有着不同的量纲和数量级，各子目标的最优解与多目标优化的最优解没有明确的界限，不利于决策者选择最优解。采用模糊数学处理各目标函数，使其数值归一化。

考虑的目标函数均为最小化目标函数，即目标函数值越小，满意度越大，应选择偏小型的隶属度函数。为满足鲁棒性，保证多目标函数在定义域内可导，采用在定义域上连续可微的反 Sigmoid 型函数作为隶属度函数。根据 0.5 和 0.9 处半降直线型和反 Sigmoid 型函数数值相等的原则，确定参数值，得到目标函数的隶属度函数 $\mu(F_i)$ 为

$$\mu(F_i) = 1 - \frac{1}{1 + \exp\left\{-\dfrac{5\ln 3}{\delta_i}\left[F_i - \left(c_i + \dfrac{\delta_i}{2}\right)\right]\right\}} \tag{3-18}$$

式中：i 为 3 种目标的指示变量，即 $i = 1, 2, 3$；c_i、δ_i 为曲线特征参数和容许偏差。

(2) 多目标问题的转化。通过隶属度函数将各目标函数模糊化处理，将多目标问题转化为基于最大化满意度的单目标非线性优化问题。令 β 为运行范围约束下各目标函数的隶属度函数的最小值，则

$$\beta = \min \mu(F_i), i = 1, 2, 3 \tag{3-19}$$

则基于满意度的最大、最小函数模型为

$$\max \beta$$
$$\text{s. t.} \begin{cases} \beta \leqslant \mu(F_i) \\ 0 \leqslant \beta \leqslant 1 \\ i = 1, 2, 3 \end{cases} \tag{3-20}$$

对于所有子目标，满意度 $\mu(F_i)$ 越高，对应解的质量越高。

3. 虚拟电厂多目标分层控制优化仿真验证与结果分析

本小节通过理论仿真来验证所提框架和优化策略的合理性与适用性。首先，将风机、燃料电池、蓄电池、电动汽车、光伏等接入模型中，组成一个虚拟电厂系统。其中，大规模分布式能源的运行参数见表 3-4。储能装置容量为 900kWh，荷电状态 SOC 的变化范围为 [0.3, 0.9]，初始能量为 450kWh。

表 3-4　　　　　　　　　　大规模分布式能源的运行参数

电源类型	功率上限（kW）	功率下限（kW）	寿命（年）	投资安装成本（万元/kW）
风机 1	310	0	10	1.2
风机 2	190	0	10	1.2
光伏	290	0	20	2.3

电源类型	功率上限（kW）	功率下限（kW）	寿命（年）	投资安装成本（万元/kW）
微型燃气轮机	200	0	11	1.1
燃料电池	100	0	9	2.8
蓄电池	−150	150	10	0.067

首先根据前文目标函数和约束条件，运用遗传算法求解单目标优化问题，将单目标优化的结果和计算出的隶属度函数参数带入公式可求解基于满意度的最大最小函数。得到各优化目标下的优化结果如图 3-23 所示。

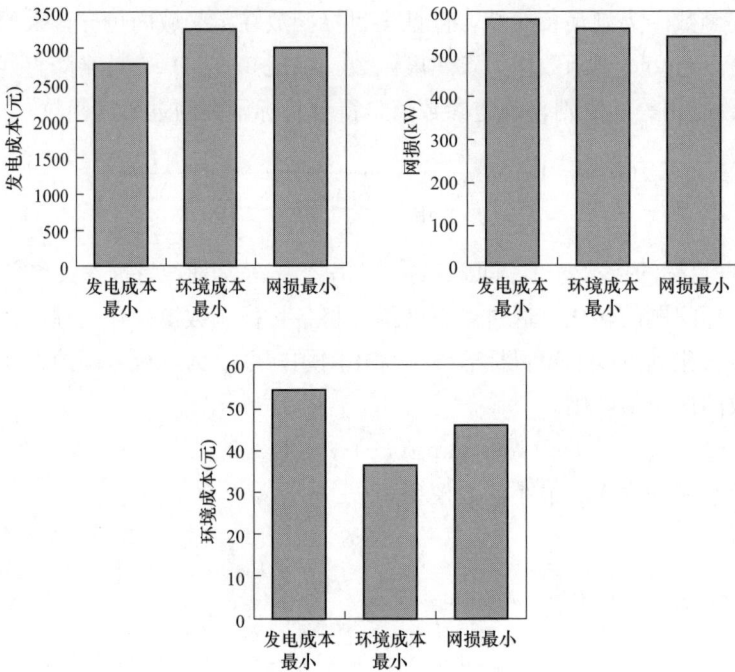

图 3-23　多目标优化结果

由图 3-23 可知，以虚拟电厂发电成本最小为目标时，未考虑虚拟电厂运行时网络的稳定性以及污染物对环境的影响，环境成本比最小环境成本高 38.95%，环境效益较差，网损比最小网损的情况高 0.79%；以低碳环保最优为目标时的发电成本比最小发电成本高 6.53%，网损比最小网损的情况高 0.54%；而考虑以网损为例的安全性目标时，全网能达到安全稳定运行，然而发电成本比最小发电成本高 4.91%，环境成本比最小环境成本高 22.51%，环境效益并不理想。

多目标优化时的虚拟电厂可调度机组智能体的功率情况如图 3-24 所示。由于蓄电池充放电成本较低，因此优先调用蓄电池以满足调度要求。从图中可以看出，在主导智能体给出实时电价情况下，1～7h 电价较低且负荷较轻，虚拟电厂中蓄电池储存风机、光伏、微型燃气轮机等的多余电力；11～15h 电价较高，优先调用发电成本低的蓄电池放电，以补充功率缺额，并使得虚拟电厂作为生产者参与电力市场；19～24h，由于光伏发电单元功率大幅度降低而负荷增大，单靠蓄电池无法满足虚拟电厂内部功率平衡，由蓄电池、微型燃气轮机、燃料电池以及通过电力市场购买电力来提供有功缺额，此时虚拟电厂对外作为电力消费者参与电力市场。

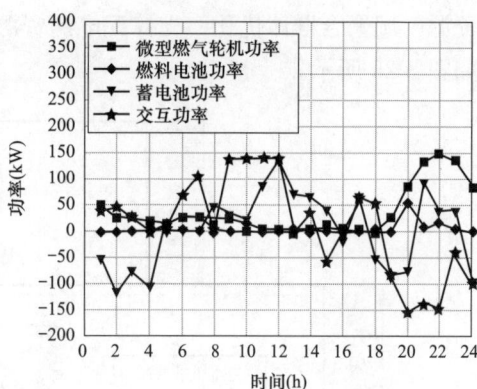

图 3-24　多目标优化时的虚拟电厂可调度机组智能体的功率情况

单目标与多目标优化时的虚拟电厂网损见表 3-5。采用多目标优化，从表中可以看出，虚拟电厂网损均比单目标优化时的最优情况略高，但从整体上考虑了各单目标优化结果的折中。多目标优化时分别比最小发电成本、最小环境成本、最小网损高 1.24%、8.51%、0.22%。多目标优化兼顾了虚拟电厂运行的经济性、环保和安全稳定，比只考虑经济性或安全性目标时的环境效益有了很大的提高，能够较好地实现低碳背景下大规模分布式能源的综合利用。

表 3-5　　　　　　　　　　　　　单目标与多目标时的虚拟电厂网损

时间（h）	单目标优化			多目标优化
	发电成本最小	环境成本最小	网损最小	
2	0.094	0.094	0.075	0.089
4	0.052	0.072	0.061	0.062
6	0.119	0.120	0.119	0.120
8	0.129	0.111	0.125	0.124
10	0.122	0.121	0.124	0.123
12	0.141	0.140	0.139	0.139
14	0.136	0.137	0.119	0.135
16	0.094	0.114	0.115	0.109
18	0.120	0.119	0.119	0.118
20	0.085	0.097	0.082	0.071
22	0.112	0.097	0.091	0.096
24	0.086	0.081	0.084	0.082

3.2.3　支撑新型配电网资源区域自治的边缘控制优化技术

本小节面向新型配电网资源区域自治需求，研究基于边缘计算的实时功率分析处理与控制优化方法，并进一步拓展到区域间广域配电网聚合群体优化场景，实现区域内配电网资源调峰、调频、调压与区域间配电网资源的协同聚合调控。首先，研究面向聚合调控优化的配电网资源自治方法与边缘计算需求；其次，研究基于边缘计算的区域内配电网资源，如分布式电源、可调负荷、分布式储能的实时功率数据分析处理技术，研究基于剪枝法的控制优化策略；最后，考虑边缘计算能力受限，研究基于云边协同的配电网资源广域聚合群体优化。支撑配电网资源区域自治的边缘分析处理与控制优化研究方案如图 3-25 所示。

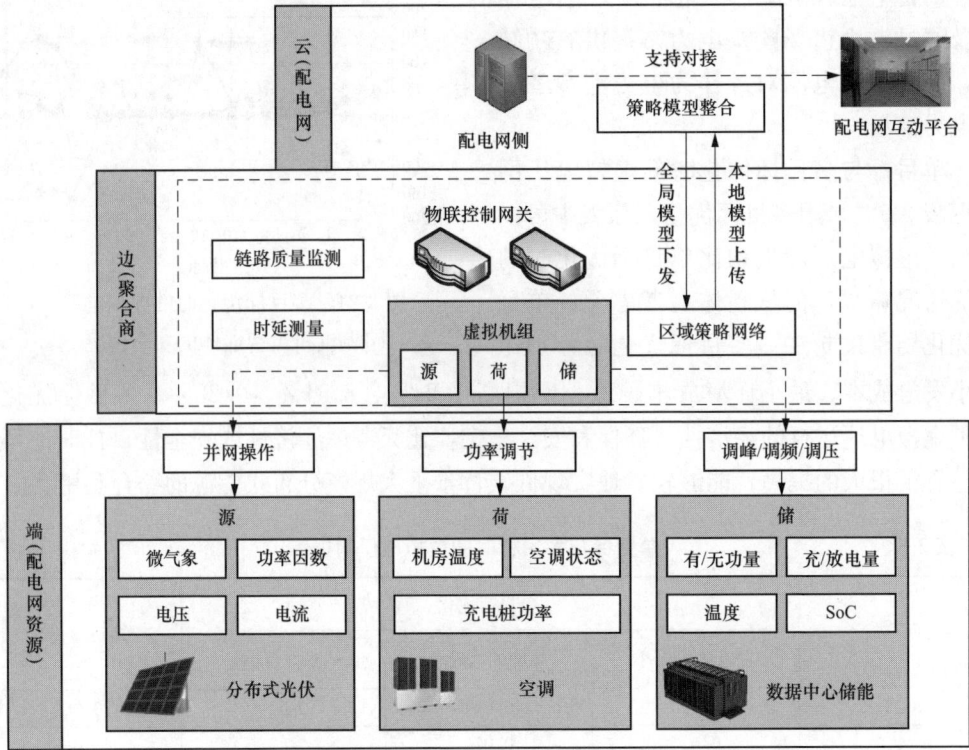

图 3-25　支撑配电网资源区域自治的边缘分析处理与控制优化研究方案

3.2.3.1　面向聚合调控优化的配电网资源自治方法与边缘计算需求

区域的划分可以参考各地域配电网资源的储能调节能力、区域主储能稳定裕度、最小不平衡度等，自治区域根据特定的自治控制策略，响应外界扰动，实时反馈校正，通过协调控制配电网区域内部资源，如分布式电源、柔性负荷和储能装置等，平衡功率波动，使整个系统的运行更加趋近于全局目标优化值，实现配电网资源消纳量最大化、全网总收益最大化等。对于区域内的计划外功率波动，由区域自身完成消纳，实现区域内电力供给与需求、负荷波动、电力市场交易平衡。区域自治的实现需要大量采集数据并分析来支撑，对处理延时、传输带宽和数据隐私等有非常高的要求，需要在靠近网络的边缘侧进行处理。通过在网关中加入嵌入式系统实现边缘计算，可以使数据及时有效处理，降低传输延时，克服终端能量、计算资源受限的缺陷，降低区域内调控成本。区域间的聚合调控指协调各个区域的配电网资源设备共同平衡区域外的功率、负荷波动，边缘计算的计算、通信、能量资源受限，因此需要云边协同实现不同配电网区域间的协同聚合调控。

3.2.3.2　针对区域内配电网资源实时功率分析与优化控制的边缘计算实现方法

针对区域内配电网资源实时功率分析处理与控制，本节从分布式电源、可调负荷、分布式储能三个方面研究基于边缘计算的配电网资源实时功率数据采集、分析与调控；同时，基于剪枝算法对配电网资源实时功率分析进行优化。

1. 基于边缘计算的配电网资源实时功率数据采集、分析与调控

（1）针对配电网资源中的分布式电源、可调负荷和分布式储能分别建立虚拟机，采用容器技术作为支撑边缘计算的标准技术，将虚拟机作为容器运行的节点，在其上创建容器应用，通过本地网络采集配电网资源功率数据并装入相应容器，进行数据分析处理与聚合调控，从而实现区域自治。

（2）配电网中分布式电源相关的并网开关电压、电流、功率、功率因数、微气象数据等在边缘侧进行处理，获取实时功率状态与能源终端设备的工作状态，并基于边缘计算进行功率预测，判断是否进行并网操作或功率调节，实现分布式电源的聚合调控。

（3）配电网中可调负荷设备的用电数据，如充电桩功率、机房温度、空调状态等，基于边缘计算进行分析处理及用电预测，并将负荷设备的调控信号传至各负荷控制器，如智能插座、空调控制模块等，判断是否采用错峰或避峰的调控方式，实现精准负荷控制与实时供需平衡。

（4）通过边缘计算分析配电网中分布式储能充/放电量、正/反向有/无功总电量等电量指标信息，以及储能电站温度、光等环境信息，通过实时功率分析使分布式储能独立进行有功功率和无功功率的输出，实现配电网的调峰、调频、调压，提高电力系统稳定性。

2. 基于剪枝算法的配电网资源实时功率分析优化

由于剪枝算法是决策树算法中的重要一步，因此本部分将首先对决策树算法进行介绍。决策树算法（decisiontree，DT）是一种基于数据归纳推理的机器学习方法，其核心分类思想采用类似于如果-否则（If-Else）的条件判断逻辑形式对现有数据进行分类。由于采用了这种有效的分治策略，使得当给定一个输入时，决策树算法可以在每个分支节点进行应用遍历，不断递归重复，直至循环到最后的终端树叶节点。具体的决策树模型如图 3-26 所示。

而决策树的构建过程主要包括以下五个步骤，如图 3-27 所示。

第一步，对故障样本集进行训练筛选，找出最符合条件的属性作为第一个节点，

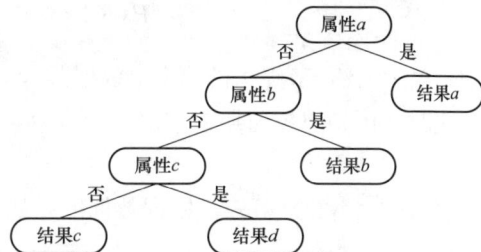

图 3-26　决策树模型

即根节点。第二步，利用决策树算法如 ID3 算法、C4.5 算法、CART 算法等相关算法，计算出不同类别样本测试属性的划分依据，来进行属性的划分。第三步，对根节点、内部节点、叶子节点建立联系的分支进行分类属性值的标注。第四步，重复上述步骤，将所有节点划分完毕为止。第五步，需要去除一部分对分类该数据集精度不大且没有帮助的分枝子树，用叶子节点取而代之，这个过程称为剪枝。

本部分所用到悲观错误剪枝（PEP）的后剪枝算法便是上文中提到的剪枝步骤的一种。剪枝主要分为两种策略方式，一是预剪枝，二是后剪枝。通常情况下，预剪枝主要策略发生在节点划分之前，旨在解决那些过少实例的决策树产生较大方差以至于出现过

```
决策开始
   ↓
训练样本集
   ↓
┌─────────────────┐
│   单阶段决策      │
│  决策树算法      │
│     ↓           │
│  节点分支        │
└─────────────────┘
递归循环 ←─是─┐
   ↓         │
部分节点 ─────┘
   ↓
   否
   ↓
完整决策树
   ↓
剪枝
   ↓
决策结束
```

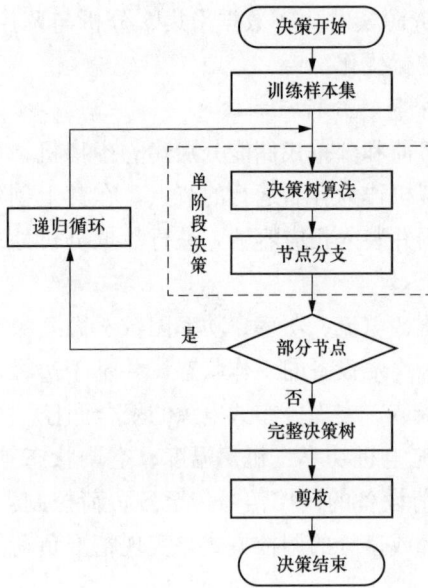

图 3-27　决策树构建过程

强泛化误差能力的问题。而在实践效果中更好的是后剪枝算法，该算法是先构建决策树的方式，等到决策树增长到所有树叶都为纯时，利用"回溯定位"方法剪掉"过拟合"带来的一些冗余的子树分支。

而采用上述剪枝算法对基于边缘计算的区域内分布式源、荷、储资源进行实时功率分析处理优化，可以从"完全生长"的决策树底端剪去一些子树，使决策树变小，从而使模型变简单，对已知数据的采集也更为准确，提高数据分析处理的速度和准确性，对未知数据有更准确的预测，为基于功率分析预测的分布式源、荷、储资源聚合调控策略优化提供支撑。具体 PEP 后剪枝算法如下所示：

设某个叶子节点是一个被考虑剪枝的叶子节点，该节点下有 N 个样本数据，其中错误的个数为 W 个，此时需要引入一个惩罚因子 1/2 改进决策树的过拟合问题，则具体计算错误率 P 为

$$P = \frac{W + \frac{1}{2}}{N} \tag{3-21}$$

此时，若在该子树下共有个 K 叶子节点，则子树的错误率为

$$P(K) = \frac{\sum_{i=1}^{k} E(N_i) + \frac{K}{2}}{N_i} \tag{3-22}$$

式中：N_i 为该子节点下的第 i 个数据。

此时，可知剪枝前期望错误数 P_{qe} 为

$$P_{qe} = N \cdot P(K) \tag{3-23}$$

而由式（3-23）可知，错误数标准差如式（3-24）所示。

$$S_{qe} = \sqrt{N \cdot P(K)[1 - P(K)]} \tag{3-24}$$

若剪枝后变成叶子节点，则叶子节点数 $L=1$，则剪枝后期望错误数 P_{hf} 为

$$P_{hf} = N\left(\frac{E + \frac{1}{2}}{N}\right) = E + \frac{1}{2} \tag{3-25}$$

此时，剪枝条件可以被定义为：当该子树下叶子节点误判数的一个标准差小于子树误判个数时，则对其进行剪枝，具体公式为

$$P_{hf} - S_{qe} < P_{qe} \tag{3-26}$$

3.2.3.3　配电网资源广域聚合群体优化的云边协同实现方法

当区域内配电网资源无法完成此时段下发的优化目标时，需要邻近的几个区域按照

调节系数的比例共同平衡功率或负荷变化，实现广域聚合调控与供需平衡。考虑到边缘服务器的运行能耗和负荷均衡等问题，本部分提出基于云边协同的区域间配电网资源聚合调控，并采用联邦深度强化学习方法进行群体优化。

采用联邦深度强化学习的基于云边协同的区域间配电网资源聚合调控结构如图 3-28 所示。

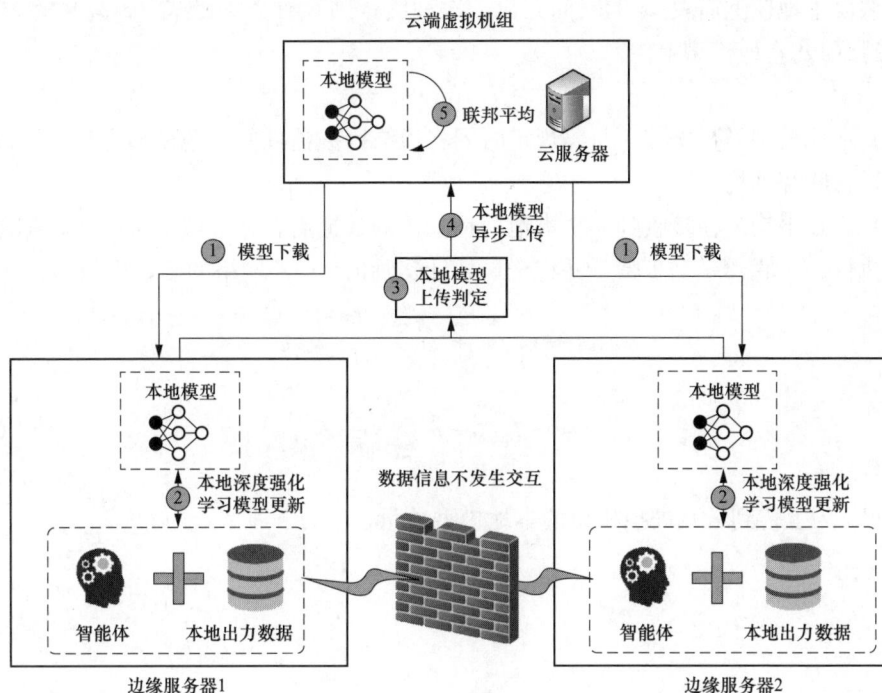

图 3-28　基于云边协同的区域间配电网资源聚合调控结构

在云边协同架构中，位于多个区域内的边缘服务器作为智能体本地构建策略网络和价值网络，就地完成数据采集与处理，根据功率数据训练本地控制策略模型，并将模型上传至云平台进行广域分布式资源功率预测与模型整合。同时在云端形成虚拟机组，应用容器技术整合边缘服务器上传的模型，从而进行区域间的全局调控协同优化，并将优化策略下发至边缘服务器，由边缘服务器进行区域内的资源协同调控，实现多个区域间的分布式协同群体优化。采用深度强化学习的优化方法，通过分析广域数据信息实现全局问题的合作求解，根据配电网资源的随机变化实时给出优化调控结果，降低调控成本，同时避免调控过程中大量隐私数据传输，大幅提升系统运行的经济性。具体学习步骤如下：

（1）模型下载。在第 i 个时隙中，新加入联邦学习训练或已完成本地模型上传的边缘服务器从云端虚拟机组下载经过联邦平均计算的全局模型参数 ω_{Global} 和 $\omega_{\text{Global}}^{*}$，其中 ω_{Global} 为全局模型的目标网络参数，$\omega_{\text{Global}}^{*}$ 为全局模型的主网络参数。然后，将本地模型参数设置为 $\omega_{k}^{*}=\omega_{\text{Global}}^{*}$ 和 $\omega_{k}=\omega_{\text{Global}}$，$\omega_{k}$ 为本地模型的目标网络参数，ω_{k}^{*} 为本地模型的主网络参数。

（2）本地 DQN 模型更新。使用深度强化学习模型中所设定的状态空间、动作空间、奖励函数等完成对边缘服务器处的本地模型的充分训练与更新并依据损耗函数等公式计算出本地模型系数 ω_k 和 ω_k^*。

（3）本地模型上传判定。该步的作用是判断边缘服务器处的本地模型何时进行模型参数的上传。将 t_u 定义为本地模型参数第一次到达或最后一次上传至云端虚拟机组的时间。假设本地模型需要 σ_k 的时间完成一次训练，则只有当满足式（3-27）的条件时，才能执行（4）本地模型上传。

$$(t-t_u)\mathrm{mod}\sigma_k=0 \tag{3-27}$$

（4）本地模型异步上传。每隔规定时间将边缘服务器处的本地模型上传到云端虚拟机组以进行联邦平均。

（5）联邦平均。在接收到一次本地模型上传的数据后，云端虚拟机组便根据新上传的参数执行一次联邦平均步骤，并将全局累计奖励值（Q）网络的参数更新为

$$\omega_{\mathrm{Global}} \leftarrow \omega_{\mathrm{Global}} - \alpha' \sum_{i=1}^{N_m} \frac{D_i}{D} \nabla_{\omega_i}\varphi^2 \tag{3-28}$$

$$\omega_{\mathrm{Global}}^* \leftarrow \omega_{\mathrm{Global}}^* - \alpha' \sum_{i=1}^{N_m} \frac{D_i}{D} \nabla_{\omega_i^*}\varphi^2 \tag{3-29}$$

式中：N_m 为上传到云端虚拟机组的本地模型数量；α' 为学习率，而 $\sum_{i=1}^{N_m} \frac{D_i}{D}=1$。

第4章 新型配电网运行评估及优化技术

4.1 新型配电网电能质量评估技术

4.1.1 现有电能质量评估指标体系及流程

随着电力用户对电能质量需求的提升，电能质量的综合评估在新型配电网中越发重要。电能质量差会影响设备的运行，严重时甚至可能损坏设备、引起电力系统继电保护装置失灵或误动，影响用户的正常生活和企业的生产经营。电力系统作为一个充满随机性的复杂系统，例如电力系统的故障发生的时刻、持续时间、破坏程度、类型等都具有很强的不确定性。内部任何一个单元出现电能质量问题，都可能对整个电力系统造成影响。因此，新型配电网的电能质量分析过程中要充分考虑到评估对象的随机性、不确定性。基于此，本节提出的新型配电网电能质量的综合评估体系主要由电能质量指标体系、电能质量指标权重、电能质量评估模型三方面要素构成，如图 4-1 所示。

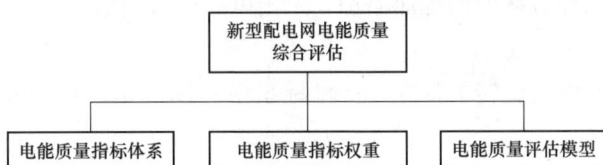

图 4-1 新型配电网电能质量综合评估体系

4.1.1.1 电能质量指标体系

电能质量指标的确定是新型配电网电能质量综合评估的前提。如图 4-2 所示，电能质量指标可以分为服务性指标和技术性指标。其中服务型指标主要指的是服务质量，比如应对用户投诉时的反应速度与处理效率、电力价格是否合理，分布式充电桩充电速度及稳定性等，此类指标可以通过用户满意度来衡量。本部分在构建电能质量评估指标体系时主要从技术类指标入手。

1. 电压偏差

电压偏差指在新型配电网监测节点测得的实际电压值与系统标称电压之间的差值同系统标称电压的比值，即

$$\Delta U = \frac{U_{re} - U_N}{U_N} \times 100\%$$ (4-1)

式中：U_N 为系统的标称电压；U_{re} 为监测点的实际电压。

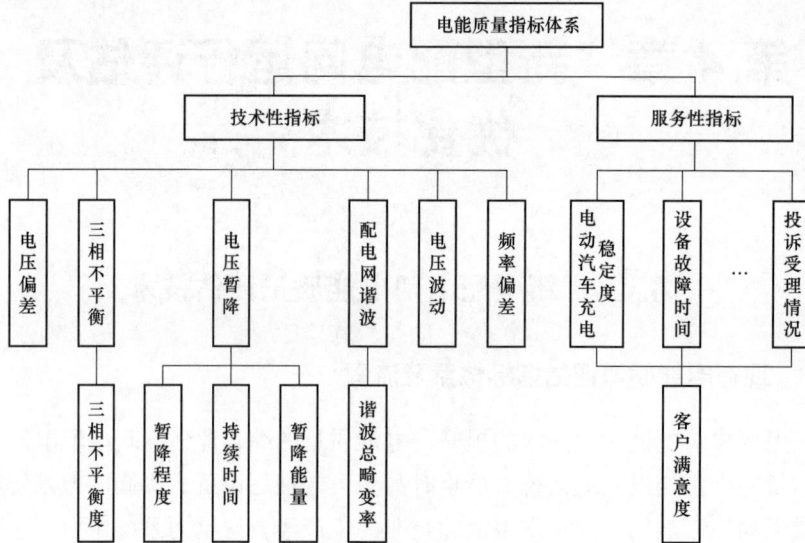

图 4-2 电能质量综合评估体系

电压偏差是评判电力系统电能质量的一项重要指标。目前，常用到的电压偏差检测方法主要包括真有效值法（true root mean square，TRMS）和空间矢量法。

TRMS 根据电压的均方根值计算电压偏差，此方法具有计算原理简单、易实现等优点。测量精度随着采样频率的增加而增加。求出电压有效值后直接带入式（4-1），即可求出系统的电压偏差值。

空间矢量法是将电压旋转矢量在 abc 坐标系中的投影 $u_{abc} = [u_a, \ u_b, \ u_c]^T$ 转换到 dq0 坐标系中，即 $u_{dq0} = D_{33}u_{abc}$，其中，D_{33} 计算公式为

$$D_{33} = \frac{2}{3}\begin{bmatrix} \cos(\omega t) & \cos(\omega t - 2\pi/3) & \cos(\omega t + 2\pi/3) \\ -\sin(\omega t) & -\sin(\omega t - 2\pi/3) & -\sin(\omega t + 2\pi/3) \\ 1/2 & 1/2 & 1/2 \end{bmatrix}$$ (4-2)

2. 三相不平衡

三相不平衡指电力系统在频率、相位、幅值中出现不平衡的情况。在电力系统中，通常采用三相不平衡度来衡量三相不平衡的大小。以三相电压不平衡度为例，计算方式为

$$\varepsilon_U = \frac{U_2}{U_1} \times 100\%$$ (4-3)

$$\begin{bmatrix} U_1 \\ U_2 \\ U_3 \end{bmatrix} = \frac{1}{3}\begin{bmatrix} 1 & \alpha & \alpha^2 \\ 1 & \alpha^2 & \alpha \\ 1 & 1 & 1 \end{bmatrix}\begin{bmatrix} U_a \\ U_b \\ U_c \end{bmatrix}$$ (4-4)

式中：ε_U 为三相不平衡度；U_1 和 U_2 为检测系统监测点处电压的正序、负序分量的均

方值；α 为旋转因子。

3. 电压暂降

电压暂降指在 1/2 个基波信号至 1min 时间内，电压幅值突然低于系统标称电压的 10%～90% 的现象。电压暂降的特征量有电压暂降幅值、电压暂降持续时间和相位跳变。其中，电压暂降幅值指系统电压有效值与标称电压有效值的比值；电压暂降持续时间指达到电压暂降标准的事件的持续时间；相位跳变指电压电流波形的相对位置发生变化。

电压暂降能量 E_{vs} 计算公式为

$$E_{vs} = [1 - U(t)^2] \times T \tag{4-5}$$

式中：$U(t)$ 为电压暂降幅值；T 为电压暂降时间。

4. 配电网谐波

谐波指配电网电压电流中所含有频率为基波整数倍的分量。通常，用各次谐波含有率和总谐波畸变率来衡量谐波大小。谐波含有率指的是谐波的均方根值与基波均方根值比值的百分数，即 h 次谐波电压的谐波含有率 HRU_h。HRU_h 以及电压波形总畸变率 THD_U 计算公式为

$$THD_U = \frac{\sqrt{\sum_{h=2}^{m} (U_h)^2}}{U_1} \times 100\% \tag{4-6}$$

$$HRU_h = \frac{U_h}{U_1} \times 100\% \tag{4-7}$$

式中：U_h 为第 h 次谐波电压均方值；U_1 为基波电压的均方值；m 为谐波次数。

5. 电压波动

电压波动指的是电压的一系列周期性变化，其幅度一般不大于系统标称电压的 10%。电压波动 d 的计算公式为

$$d = \frac{U_{max} - U_{min}}{U_N} \times 100\% \tag{4-8}$$

式中：U_{max} 和 U_{min} 分别为系统运行时相邻周期内电压均方根值的极大值和极小值；U_N 为系统的标称电压。

电压波动的测量常用平方检测法。平方检测法原理简单，实现较为方便且精度高。具体原理为首先将电压信号平方运算，之后通过带通滤波器过滤掉直流分量和倍频分量，最后将信号调节得到所需信号。

6. 频率偏差

频率偏差指电力系统频率的实际值与标称值之差，频率偏差的计算公式为

$$\Delta f = f_{re} - f_N \tag{4-9}$$

式中：f_{re} 为系统的实际频率值；f_N 为系统频率的额定值。

频率偏差可以采用简单周期法和相位差法测量。简单周期法是通过观测信号在一定时间内过零点次数来计算频率。相位差法首先将被测信号进行傅里叶变换，接着将结果

进行离散化处理，然后对两次连续采样周期进行计算，得到基波两个相位值，最后得到频率偏差，即

$$\Delta f = \frac{\phi_2 - \phi_1}{2\pi t} = \frac{\phi_2 - \phi_1}{2\pi N \Delta t} \tag{4-10}$$

式中：N 为采样次数；Δt 为采样间隔。

4.1.1.2　电能质量指标权重

对电能质量指标赋权是新型配电网电能质量评估过程中的重要一步。通过对不同电能质量指标赋予不同的权重，可以体现出不同指标之间的相对重要性与差异性，同时也可以体现出不同主体对电能质量问题的不同侧重。

1. 主观赋权法

电能质量评估是一个需要多指标、多因素综合权衡的过程，其中既包含主观因素也包含客观因素。指标的赋权方法主要有主观赋权法、客观赋权法及主客观相结合的组合赋权法。

（1）主观赋权法主要依赖专业人员的经验、专业知识等，通过主观判断来决定各指标的权重。主观赋权法主要有层次分析法、序关系分析法（G1 法）等。主观赋权法的基本思路类似，先由一些行业专家比较各评估指标的相对重要性，然后据此确定指标权重值，接着通过均值和方差分析等手段来评判专家意见的离散程度是否满足评估要求。

（2）客观赋权法确定权重的依据完全来自指标的统计数据。常用的客观赋权法主要包括熵权法、变异系数法等。由于只利用指标数据中所蕴含的信息进行权重确定，因此客观赋权法完全规避了主观性的不足，但可能出现对重要指标赋予小权重而对不重要指标赋予大权重的不合理现象。

（3）组合赋权法即为通过一定的方式，将主客观权重集成后确定权重的方式。较常使用的组合方法有乘法合成归一化、基于最小二乘原理等。

2. 矩估计

为了兼顾主客观赋权法的利弊，使得各指标权重内涵更加丰富，体现出各指标的差异性，降低不确定性，也可采用基于矩估计理论的最优组合权重确定方法。

矩估计的核心为样本矩按概率收敛于总体矩阵。其思想为用样本矩替换总体矩或者用样本矩的函数替换总体矩函数，具体方法为先求出总体的各阶原点矩，再用样本的原点矩替换对应的总体矩，进而求出参数的矩估计量。

4.1.1.3　电能质量评估模型

电能质量评估模型作为电能质量评估的核心，是电能质量评估过程中最重要的部分，一个性能优异的评估模型是评估结果具备科学性的重要保证。电能质量评估模型的输入为电能质量指标数据和电能质量指标权重，输出为电能质量评估结果。评估结果可以是定性的也可以是定量的。新型配电网电能质量评估基本流程如图 4-3 所示。

4.1.2　电动汽车充电站接入新型配电网的电能质量评估

当今，各类新能源设备正在广泛而全面地接入至配电网中，对新型配电网的电能质

量评估提出了新的需求。而在众多新能源设备中，电动汽车充电站接入配电网后的电能质量问题尤为突出，其充放电过程都会对配电网产生深刻的影响，包括网损、继电保护、稳定运行、电能质量、能源供给等方面，因此需要准确有效地对其电能质量进行综合评估。

针对上述问题，本部分通过结合电能质量指标、评估目标建立评估体系，通过层次分析法与熵权法综合得到指标权重，建立电能质量雷达图评估模型，对电动汽车充电站接入电网所引起的电能质量问题进行分析，并通过算例分析对所提评估模型的有效性进行了验证。

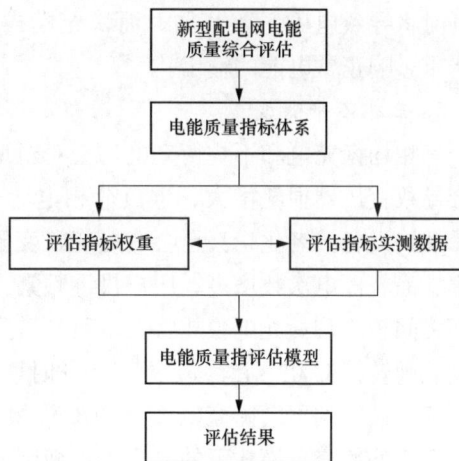

图 4-3　新型配电网电能质量评估基本流程

4.1.2.1　确立评估指标

综合评估电动汽车充电站接入新型配电网的电能质量的第一步是确定评估所需的指标，表征电能质量的指标很多，需要依据待评估对象的电能质量特征建立相应的评估体系。

1. 谐波

电动汽车充电站的整流装置是引起谐波的主要原因之一，当电动汽车充电站数量增加时，交流侧谐波也会随之而增加。过大的谐波电流不但使电能计量不准，造成浪费电能，而且会导致变压器、线缆产生额外发热损耗，破坏变压器及电缆绝缘，严重影响配电网供电设备的寿命，对供电安全造成极大隐患。目前，已有研究针对不同配电方式下的多充电站累加谐波问题进行了研究。结果指出，单台电动汽车充电站接入电网后的电流总谐波畸变率为 4.18%，且主要谐波次数为 3 次谐波电流。当充电站台数增加时，谐波的总畸变率也随之增加。

2. 电压纹波

电压纹波存在于不同类型的电动汽车充电站的直流输出，由于纹波现象，直流电能计量不可避免会受到影响。并且随着电动汽车的发展，直流电能计量将成为趋势。当纹波现象加重时，直流电能计量误差增大，进而导致电能计价的失误，从而造成新型配电网的经济损失。

3. 电压下降

由于电动汽车日充电负荷曲线接近于配电网日负荷曲线，电网的损耗将不可避免地增加并使接入点电压幅值出现短时间下降。电压暂降会引起敏感控制器的误动作（引起跳闸），造成包括计算机系统失灵、自动化装置停顿或误动作、变频调速器停顿等，容易造成汽车发动机产品报废、显示器产品报废等巨大经济损失。在电动汽车慢充模式下，当电动汽车渗透率达到 12% 时就会导致新型配电网电压下降 10%，当渗透率达到

50％时将导致电压下降 12％。而快充模式下的电压下降幅度为慢充模式下的 1 倍，这将严重影响正常电能的输出。

4. 三相不平衡度

三相均衡充电和不均衡充电均会对新型配电网电压的不平衡度产生影响。三相不平衡会导致变压器损耗增大、重负荷相电流过大、产生的零序电流使局部金属件温度过高，加快设备的老化，甚至会造成烧毁变压器或中性线的严重后果，从而导致设备的故障率提高、停电次数增多、用户投诉频繁。其中，均衡充电模式将充电负荷平均分配在三相之间；不均衡充电模式将充电负荷首先接入 A 相，当 A 相满载时，则转接 B 相，B 相满载则转接 C 相。在渗透率为 10％时，两种充电模式的电压不平衡度均未超过其限制阈值，仅三相不均衡充电模式的重载相末端相电压低于限制阈值；在渗透率为 20％时，三相均衡充电模式下的电压不平衡度未超出限制阈值，而三相不均衡充电模式的电压不平衡度超过限制阈值 1.3％。

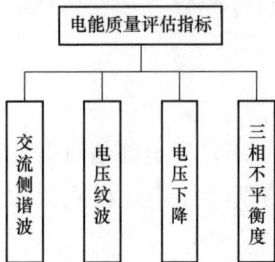

图 4-4　电动汽车充电站接入
新型配电网电能质量评估
指标体系

根据上述分析，可知电动汽车充电站接入新型配电网所带来的电能质量问题主要为交流侧谐波、电压纹波、电压下降、三相不平衡度，因此建立电能质量指标体系，如图 4-4 所示。

4.1.2.2　权重确定

传统的电能质量综合评估是多指标单输出，涉及多个指标的综合。赋权方法的作用就是针对实际情况修正各指标权重，使电能质量评估结果更加准确可靠。层次分析法着重于专家的主观判断和用户需求，未考虑各指标的相互影响。熵权法同化了各指标的重要程度，虽然体现了各评估指标的数据变异情况，但是缺少实际经验的分析，影响权重计算的准确性。区别于传统求算术平均的方法，本部分基于最大熵原理和最小鉴别信息原理，采用乘法合成法联合两种赋权法来确定综合权重。

$$W = (W_i)_{1 \times n} = \left(x_i y_i / \sum_{i=1}^{n} x_i y_i \right) \tag{4-11}$$

式中：x_i 为使用层次分析法计算得到的第 i 个评估指标的权重；y_i 为使用熵权法计算得到的第 i 个评估指标的权重。

4.1.2.3　基于雷达图法的电动汽车充电站接入新型配电网电能质量评估模型

雷达图是一种多指标对比分析技术，能够将一维点映射到二维空间，使得评估结果更加直观、形象。在电动汽车充电站接入新型配电网的电能质量评估中，首先需要绘制各评估指标的雷达图，如图 4-5 所示，然后再依据雷达图的相关变量数值，定性评估电能质量。对各对象进行综合评估时，雷达图中评估对象的面积越大，表明电能质量越好；反之亦然。雷达图的周长和面积具有不确定性，针对同一个评估对象，即使指标体系相同，评估结果也会根据指标排序变化而变化。

该方法的评估流程如下：

（1）确定指标权重，各指标对电能质量评估结果影响程度不同，本部分通过前述综合权重法来反映电能质量实际水平。

（2）将中心点作为起点，以竖直向上的方向画出一个单位长度的射线，以第一条射线为基础，将第一个指标的权重转换为角度 θ_1，以此角度绘制出第 2 条射线，同理绘制其余射线，分别记作 OA、OB、…。权重 ω_j 转角度 θ_j 的计算公式为

$$\theta_j = 360 \times \omega_j \qquad (4\text{-}12)$$

（3）将圆心作为起点，做出每个扇形区域的角平分线，角平分线长度为评估对象的各指标值 X_{ij}，将角平分线分别记为 OP1、OP2、…。

（4）依次连接角平分线的末端点，形成新的雷达图，根据雷达图的面积、边长、周长等特征量对各点的电能质量进行评估，反映电动汽车充电站接入新型配电网的综合电能质量状况。

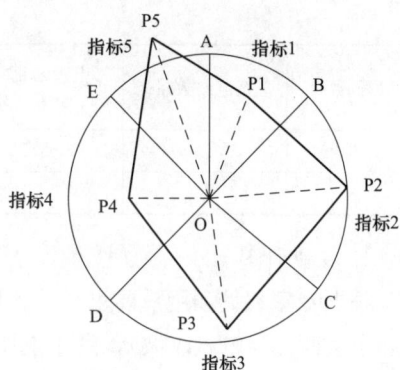

图 4-5　电动汽车充电站接入新型配电网的电能质量评估雷达图

值得注意的是，本部分采用雷达图的总面积 S_i 和周长 L_i 作为雷达图评估对象的特征量，定义这两个特征量的几何平均值为评估对象比较标准，表达式为

$$f(S_i, L_i) = \sqrt{S_i L_i} \qquad (4\text{-}13)$$

4.1.2.4　算例分析

本部分将电动汽车充电站的充电系统等同为一个电力电子装置，通过功率电路将交流变成直流，其中前级为有源功率矫正技术（APFC）结构，后级为 DC/DC 变换。二极管整流实现 AC/DC 变换，APFC 改善功率因数，具体的拓扑结构如图 4-6 所示。

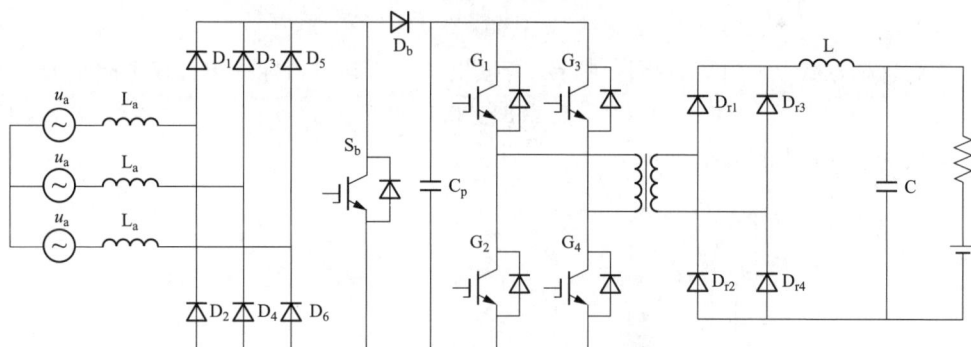

图 4-6　电动汽车充电站拓扑结构图

算例中采用的电动汽车充电站容量为 7kW，输出电压为 220V。基于搭建的仿真模型，由仿真采集到三组评估算例的数据见表 4-1。

表 4-1　　　　电动汽车充电站接入新型配电网的电能质量评估算例数据

算例数	充电站数量	电流总谐波畸变率（%）	电压下降（%）	三相不平衡度（%）	电压纹波（%）
算例 1	1	2.2	1.1	0.9	0.69

算例数	充电站数量	电流总谐波畸变率（%）	电压下降（%）	三相不平衡度（%）	电压纹波（%）
算例 2	3	3.59	1.9	1.12	1.57
算例 3	6	5.3	5.2	1.66	3.71

1. 权重计算

根据专家意见和用户要求，对评估指标建立序关系（电流总谐波畸变率＞电压下降＞三相不平衡度＞电压纹波）。由于电压纹波对电网电能质量造成的危害较小，主要影响充电站计量工具等的精准测量，因此排序最后。通过专家调查确定指标之间的相对重要程度，可以定义 $c_{12}=2.378$、$c_{23}=1.46$、$c_{34}=1.16$，进而形成判断矩阵 C，即

$$C = \begin{bmatrix} 1 & 2.378 & 2.8549 & 3.361 \\ \dfrac{1}{2.378} & 1 & 1.2 & 1.46 \\ \dfrac{1}{2.8549} & \dfrac{1}{1.2} & 1 & 1.16 \\ \dfrac{1}{3.361} & \dfrac{1}{1.46} & \dfrac{1}{1.16} & 1 \end{bmatrix} \tag{4-14}$$

进而，可以根据层次分析法得出新型配电网单项电能质量指标的主观权重，结果表示为

$$A = \begin{bmatrix} 0.4948 & 0.1937 & 0.1739 & 0.1376 \end{bmatrix} \tag{4-15}$$

同样的，可根据熵权法计算各评估指标的熵权，表示为

$$B = \begin{bmatrix} 0.2076 & 0.3196 & 0.1131 & 0.3379 \end{bmatrix} \tag{4-16}$$

进而，根据式（4-11）对指标进行综合赋权，综合确定指标的组合权重向量为

$$W = \begin{bmatrix} 0.445 & 0.2681 & 0.0852 & 0.2017 \end{bmatrix} \tag{4-17}$$

赋权方法对比如图 4-7 所示。

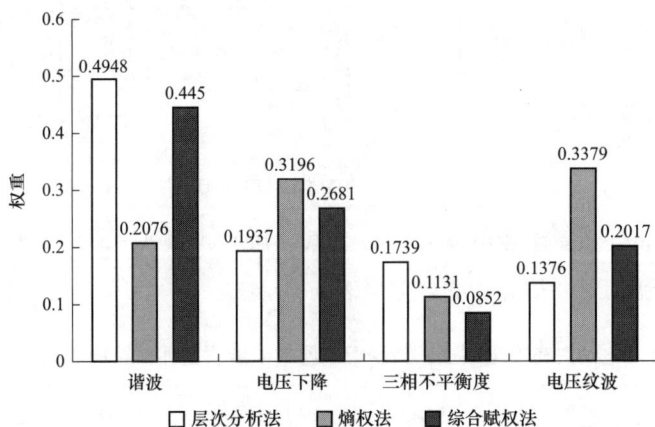

图 4-7　赋权方法对比图

由此可知，在电能质量的表征指标中，影响程度大小的降序排序依次为电流总谐波畸变率、电压下降、电压纹波和三相不平衡度。

2. 综合评估

（1）作单位圆，从圆心引出一个单位长度的射线 OA，以第一条射线为基准，按照权重顺序和大小，逆时针依次旋转角度 $p_i=360°×\omega_i=(161°，96°，31°，72°)$，绘制单位长度射线 OB、OC、OD，扇形区的角平分线即为指标轴。

（2）将归一化处理后的算例标记在指标轴上为 P_i，连接该点与相邻点即构成雷达图。雷达图的变化代表着评估对象的变化，具体的评估数值可由其雷达图的特征量面积、周长来展现。

对同一对象绘制不同时期的雷达图，根据图形变化反映各指标恶化趋势。算例1～算例3的雷达图如图 4-8 所示。算例1中仅投入1台电动汽车充电站，对电网电能质量影响不大，电能质量的各项指标都在圆内，表明指标并未超出限定值。算例2中同时投入3台电动汽车充电站，虽然各指标仍在圆内，但是电能质量各指标都有一定的恶化，尤其是谐波，基本达到限定值。算例3同时投入6台电动汽车充电站，除了谐波指标超出限定值，需要治理外，电压纹波也逼近限定值，其余指标依旧在单位圆中，未超出限定值。

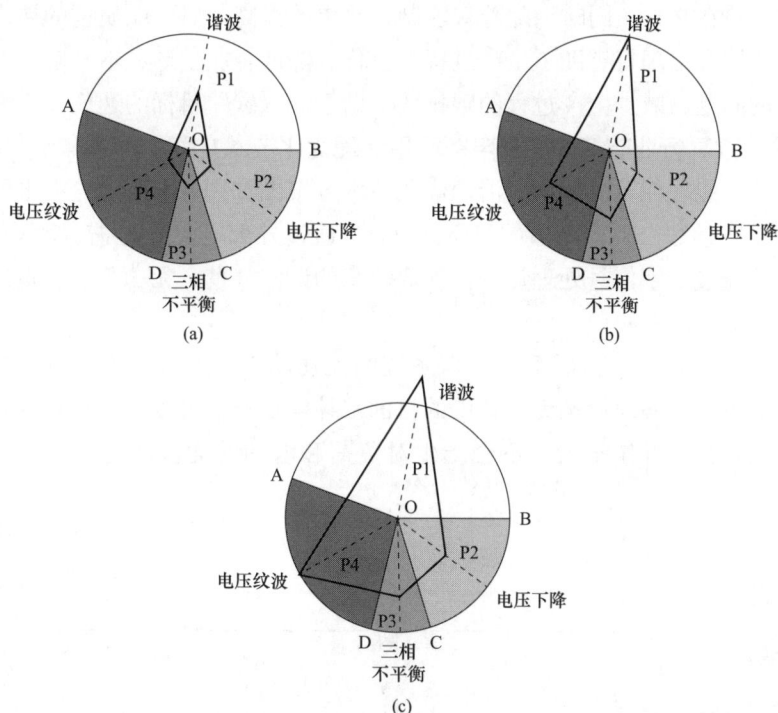

图 4-8　接入不同数量电动汽车充电的雷达图

(a) 投入1台充电站；(b) 投入3台充电站；(c) 投入6台充电站

（3）从图 4-8 中，可以直观地看到指标所属的区域，是否超出现有标准的限定范围，但是不同时期的评估对象各指标发展不均衡，需要利用前述的面积和边长来进行

定量综合评估。根据图 4-8，可以通过计算得出算例 1～算例 3 雷达图的面积和边长分别为

$$S = \begin{bmatrix} 0.1038 & 0.2625 & 1.0244 \end{bmatrix} \tag{4-18}$$

$$L = \begin{bmatrix} 0.7153 & 1.2503 & 1.7736 \end{bmatrix} \tag{4-19}$$

进一步地，根据式（4-13）可知，算例 1～算例 3 的雷达图综合评估值为

$$f(S,L) = \begin{bmatrix} 0.2725 & 0.5729 & 1.3479 \end{bmatrix} \tag{4-20}$$

根据综合评估结果可知，随着投入电动汽车充电站数量增加，雷达图面积增大，边长增长，电能质量恶化；随着投入电动汽车充电站的间隔时间的延长，雷达图面积减小，边长缩短，电能质量问题有一定的缓解。

4.1.3 双高行业节能降耗及电能质量治理优化技术

4.1.3.1 背景需求

目前，国家对生态环保空前重视。高污染、高耗能的"双高行业"是节能降耗的重中之重。以钢铁冶金行业为例，目前全球每生产 1t 钢大约需排放 1.8t 二氧化碳，而我国钢铁行业的碳排放量高达 18 亿 t，约占碳排放总量的 15％。双高行业将面临从碳排放强度的"相对约束"到碳排放总量的"绝对约束"转变，以及"低碳经济"的国际挑战，低碳转型势在必行。同时，随着智能制造要求的提高，对电能质量的要求也越来越高，通过电能质量治理将有助于生产过程绿色化、降低企业生产成本，解决双高行业用电耗能巨大的问题，减少生产过程的碳排放，助力"双碳"目标的达成。

4.1.3.2 双高行业节能降耗及电能质量治理优化技术方案

双高行业节能降耗及电能质量治理优化技术方案图如图 4-9 所示。在电网中并联节能降耗与电能质量综合提升装置（HK-MEC），通过外部电流互感器（TA）实时检测负荷电流，并通过数字信号处理计算，提取负荷的谐波分量、无功分量、负序分量和零序分量，具体见表 4-2。

（1）无功补偿方面，HK-MEC 根据系统的无功功率，通过 IGBT 逆变器产生容性或感性的基波电流，实现动态无功补偿的目的。补偿目标值可以通过操作面板设定，不会出现过补偿，并且补偿平滑，不会产生对负荷和电网的涌流冲击。无功补偿原理如图 4-10 所示。

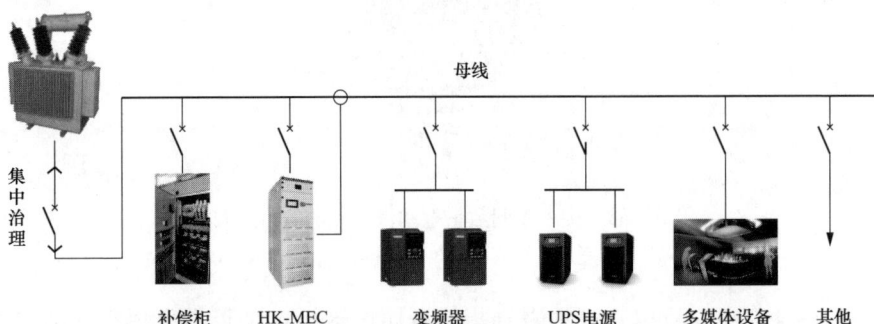

图 4-9 双高行业节能降耗及电能质量治理优化技术方案图（一）

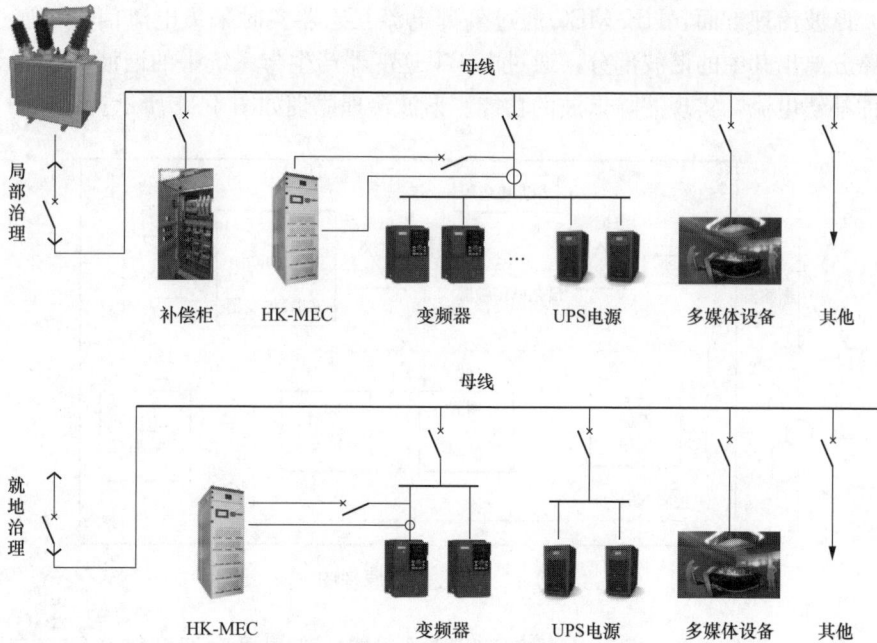

图 4-9　双高行业节能降耗及电能质量治理优化技术方案图（二）

表 4-2　　　　　　　　　　　　负 荷 各 类 分 量

分量	含义
谐波分量	一个周期电气量的傅里叶级数中次数大于 1 的整数倍分量，主要来源于发电源质量不高产生的谐波、输配电网产生的谐波以及用电设备产生的谐波
无功分量	在正常情况下，用电设备不但要从电源取得有功分量，同时还需要从电源取得无功分量以建立正常的电磁场。无功分量过高会降低发电机有功功率的输出，降低输、变电设备的供电能力，造成线路电压损失增大和电能损耗增加，造成低功率因数运行和电压下降，使电气设备容量得不到充分发挥
负序分量	在三相电网不平衡运行时，电网会产生大量的负序分量，对输、配电线路和用电设备以及用户带来严重的危害
零序分量	在电网发生故障时导致三相不对称时会出现零序分量

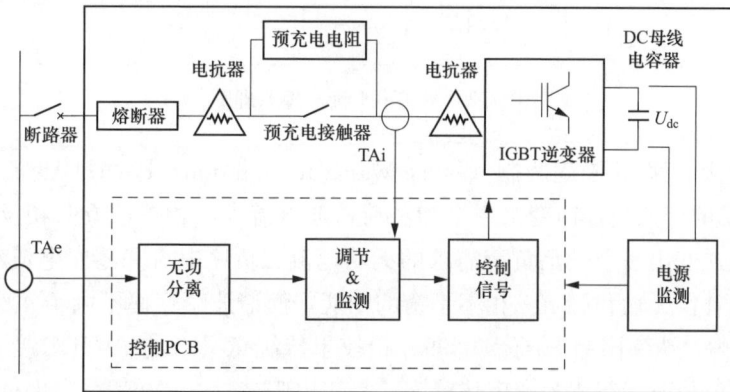

图 4-10　无功补偿原理图

（2）谐波治理方面，HK-MEC 通过外部电流互感器实时采集电流信号，通过内部检测电路分离出其中的谐波部分，通过 IGBT 逆变器产生与系统中的谐波大小相等、相位相反的补偿电流，实现滤除谐波的功能。谐波治理原理如图 4-11 所示。

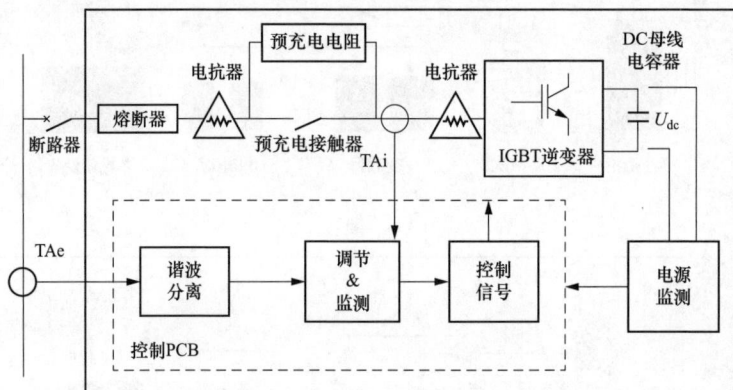

图 4-11　谐波治理原理图

（3）三相不平衡治理方面，HK-MEC 根据系统电流，提取不平衡分量，三相发出与不平衡分量大小相等、相位相反的电流，将不平衡部分补偿到零，就能将电网侧的三相不平衡电流校正成三相平衡电流。三相不平衡治理原理如图 4-12 所示。

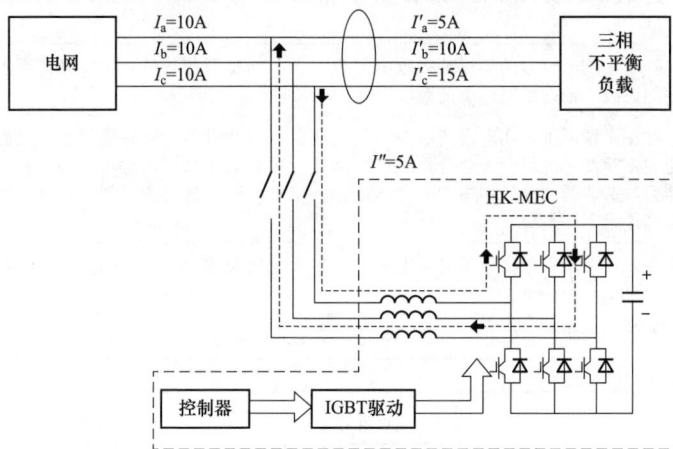

图 4-12　三相不平衡治理原理图

在此基础上，采用脉宽调制（pulse width modulation，PWM）变流技术，控制IGBT，使内部的变流装置逆变出一个和负荷谐波电流大小相等、方向相反的电流注入电网中，同时逆变出一个满足负荷需求的无功电流、负序电流和零序电流注入电网中，实现滤除谐波补偿无功和调节三相不平衡的功能，使谐波畸变率不大于 4%，三相不平衡率不大于 3%，功率因数 $\cos\varphi \approx 0.99$。相较于传统意义上的 AC/DC 变换器，PWM在从电网吸取能量时运行于整流工作状态，呈正电阻特性；PWM 在向电网传输电能时运行于有源逆变状态，网侧电压电流反相，呈负电阻特性。由此可得，PWM 是交直流侧均可控的四象限运行的整流装置，具有网侧电流为正弦波、网侧功率因数可控或为单位功率因数、能量双向流动、谐波抑制能力强等优点。PWM 整流器主回路如图 4-13 所示。

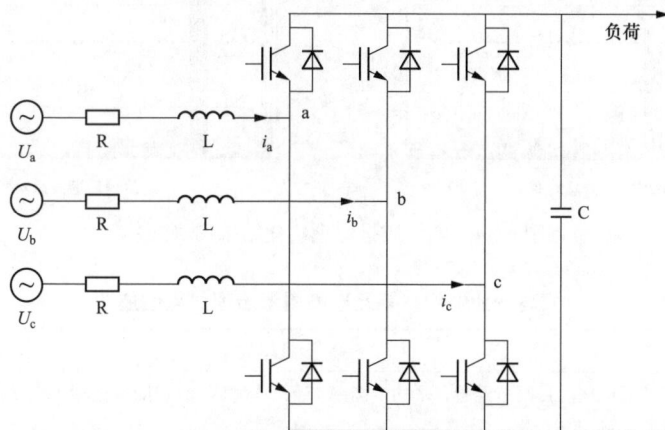

图 4-13 PWM 整流器主回路

图 4-14 为应用本节所提方案对新型配电网的电能质量进行治理优化的结果。可以看到治理后的功率因数由 0.48 提高到 0.98，谐波含量由 54.9% 降低到 6.4%，波形由杂乱治理后基本变为正弦波。

4.1.3.3 双高行业节能降耗及电能质量治理优化效益

双高行业节能降耗及电能质量治理优化技术可在各个层面产生经济效益，进而促进"双碳"目标的实现，具体效益见表 4-3。

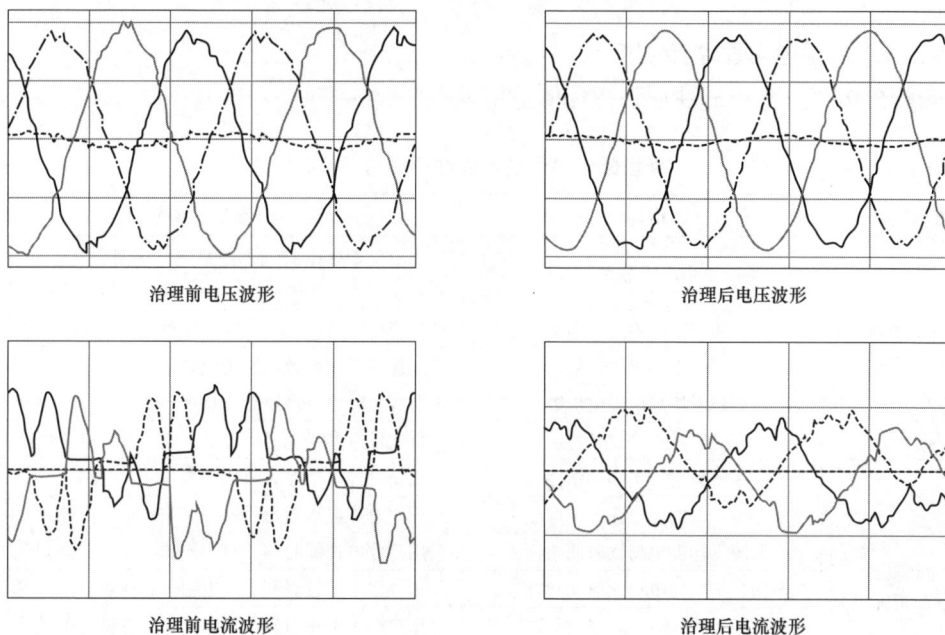

治理前电压波形

治理后电压波形

治理前电流波形

治理后电流波形

图 4-14 电能质量治理优化结果图（一）

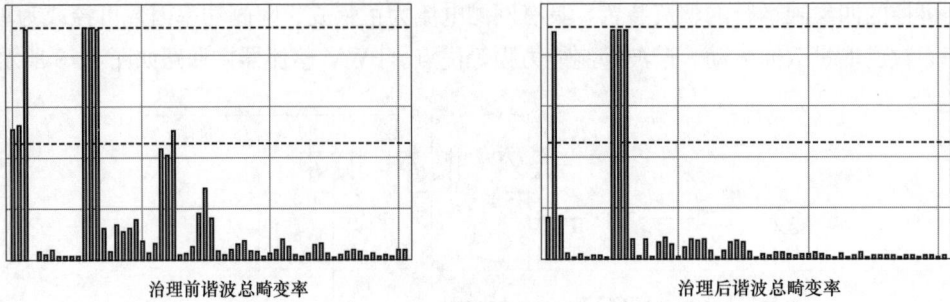

治理前谐波总畸变率　　　　　　　治理后谐波总畸变率

图 4-14　电能质量治理优化结果图（二）

表 4-3　　　　　　　　双高行业节能降耗及电能质量治理优化效益

效益	具体效益
直接经济效益	按照以往项目改造经验，平均节能率 15%～20%，治理设备使用寿命 20 年，一次性投资，长久受益
间接经济效益	治理后消除电气的安全隐患，保障电气设备安全、可靠运行
	滤除谐波危害，使电缆、变压器等运行环境改善，减少故障率和元件损坏率，从而降低维护费用，并延长了电气设备使用寿命
	减轻了电压波动和闪变，使生产设备更加稳定、可靠，对产品提质增效大有帮助

4.2　新型配电网供电可靠性评估技术

4.2.1　供电可靠性评估指标及计算方法

4.2.1.1　供电可靠性评估指标

新型配电网供电可靠性评估指标体系见表 4-4。

表 4-4　　　　　　　　新型配电网供电可靠性评估指标体系

指标名称	指标	影响因素
供电可靠性统计指标	供电可靠率	用户平均停电时间、用户平均受外部影响停电时间、用户平均限电停电时间、统计期间时间
	用户平均停电时间	用户停电持续时间、每次停电户数、总用户数
	用户平均停电次数	每次停电用户数、总用户数
	用户平均短时停电次数	每次短时停电用户数、总用户数
	系统停电等效小时数	每次停电容量、每次停电时间、系统供电总容量
供电可靠性预测指标	系统平均停电频率指标	用户总停电次数、总用户数
	用户平均停电频率指标	用户总停电次数、受停电影响的总用户数
	系统平均停电持续时间指标	用户停电持续时间、总用户数
	用户平均停电持续时间指标	用户停电持续时间、停电用户总户数
	平均供电可用率指标	用户总供电小时数、用户要求的总供电小时数
	平均供电不可用率指标	用户的积累停电小时总数、用户要求的总供电小时数

4.2.1.2　供电可靠性计算方法

分析计算配电网可靠性的方法有故障模式后果分析法、可靠度预测分析法、网络简化法等，其中以元件组合关系为基础的故障模式分析法具有比较符合配电网实际、可以反映配电网特性的优点，是应用最为广泛的配电网可靠性预测评估方法。

故障模式后果分析法指利用元件可靠性数据，在计算系统故障指标之前先选定某些合适的故障判据，然后根据判据将系统状态划分为完好和故障两大类的一种检验方法。具体做法是建立故障模式后果表，查清每个基本故障事件及其后果，然后加以综合分析。按照电气元件的串并联关系，可以将系统故障分析分为串联系统故障分析和并联系统故障分析。

1. 串联系统故障分析

串联系统指由两个或两个以上元件组成的系统，当其中任何一个元件发生故障，系统就会失去供电能力，只有当所有元件同时完好时，系统才可以正常运行。根据马尔可夫理论可以推导出多元件串联系统的计算公式为

$$\begin{cases} \lambda_S = \sum_{i=1}^{n} \lambda_i \\ r_S = \sum_{i=1}^{n} \lambda_i r_i \Big/ \sum_{i=1}^{n} \lambda_i \\ U_S = \sum_{i=1}^{n} \lambda_i r_i \end{cases} \tag{4-21}$$

式中：λ_S 为系统负荷点的等效故障率（或平均故障率）；λ_i 为元件 i 的故障率；r_i 为元件 i 的故障修复时间（或故障停电时间）；r_S 为串联系统负荷点的总等效故障修复时间（或年平均停电持续时间）；U_S 为系统的不可用率（或负荷点的年平均停电时间）。

2. 并联系统故障分析

并联系统指由两个或两个以上元件组成的系统，只有当所有元件同时故障时，系统才会失去供电能力，无论其中任何一个元件发生故障，只要其中一个元件正常工作，系统就会正常运行。两元件并联的计算公式为

$$\begin{cases} \lambda_p = \lambda_1 \lambda_2 \lambda_3 (r_1 r_2 + r_2 r_3 + r_3 r_1) \\ r_p = \dfrac{r_1 r_2 r_3}{r_1 r_2 + r_2 r_3 + r_3 r_1} \\ U_p = \lambda_1 \lambda_2 \lambda_3 r_1 r_2 r_3 \end{cases} \tag{4-22}$$

式中：λ_1、λ_2、λ_3 分别为元件 1、2、3 的故障率；r_1、r_2、r_3 分别为元件 1、2、3 的故障修复时间（或故障停电时间）；λ_p 为系统负荷点的等效故障率（或平均故障率）；r_p 为并联系统负荷点的总等效故障修复时间（或平均停电持续时间）；U_p 为系统负荷点的不可用率（或年平均停电时间）。

3. 故障模式分析法

配电网地理接线示意图如图 4-15 所示，假设有一个单端供电网络，10kV 配电变压器和供电主干线的断路器完全可靠，全部负荷开关动断，三个负荷点 A、B、C 由供电

干线经装有熔断器的分支线路供电。当系统中某一部分发生故障时，假定可以通过人工操作负荷开关断开故障部分，使系统恢复供电。

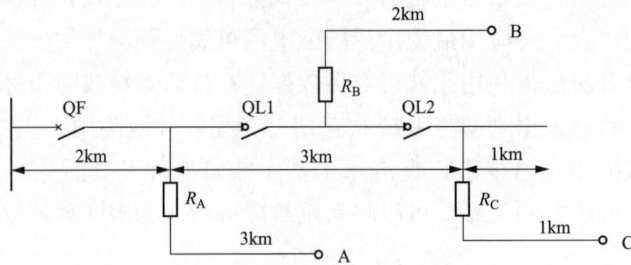

图 4-15 配电网地理接线示意图

对于此供电网络进行故障模式分析的具体过程如下：

步骤一：分别计算每段干线和每段分支线的故障率 λ 和 λ_i。

$$\lambda = l_t \times \lambda_T$$
$$\lambda_i = l_b \times \lambda_B \tag{4-23}$$

式中：l_t 为每段干线长度；l_b 为每段分支线长度；λ_T 为干线故障率；λ_B 为分支线故障率。

步骤二：根据各元件的可靠性指标确定每段干线和每段分支线的每次故障平均停电时间 r 和 r_i。

步骤三：计算各负荷点的平均故障率。根据串联系统故障分析指标计算公式，计算负荷点 A、B、C 的平均故障率 $\lambda_{s\text{-}A}$、$\lambda_{s\text{-}B}$、$\lambda_{s\text{-}C}$。

步骤四：计算各负荷点的每次故障平均停电时间。根据串联系统故障分析指标计算公式，计算负荷点 A、B、C 的每次故障平均停电时间 $r_{s\text{-}A}$、$r_{s\text{-}B}$、$r_{s\text{-}C}$。

步骤五：计算各负荷点的年平均停电时间。根据串联系统故障分析指标计算公式，分别计算负荷点 A、B、C 的年平均停电时间 $U_{s\text{-}A}$、$U_{s\text{-}B}$、$U_{s\text{-}C}$。

步骤六：计算可靠性指标。包括新型配电网负荷可靠性指标和系统可靠性指标计算。

为评估新型配电网的负荷可靠性，选取负荷故障率 P、负荷故障平均停电时间 T_p 以及负荷年平均停电时间 T_r 作为可靠性评估指标。假设新型配电网中存在 2 个负荷并联的场景，计算公式为

$$\begin{cases} P_i = \sum_{j \in I} P_j \\ T_{pi} = \sum_{j \in I} P_j T_{pi} / P_i \\ T_{ri} = P_i \cdot T_{pi} \end{cases} \tag{4-24}$$

式中：P 为负荷故障率，次/年；T_p 为负荷故障平均停电时间，h/次；T_r 为负荷年平均停电时间，h/年；I 为能够导致负荷 i 停运的新型配电网元件集合。

系统可靠性指标主要分为五类分别为：

（1）系统故障停电率 $SAIFI$ 为

$$SAIFI = \frac{\sum\limits_{i=1} P_i N_i}{\sum\limits_{i=1} N_i}$$

（4-25）

式中：N_i 为节点 i 的用户数。

（2）系统平均停电时间 $SAIDI$ 为

$$SAIDI = \frac{\sum\limits_{i=1} T_{ri} N_i}{\sum\limits_{i=1} N_i}$$

（4-26）

（3）系统平均供电可靠率 $ASDI$，按照 $365 \times 24 = 8760h$ 计算，即

$$ASDI = \frac{8760 \sum\limits_{i=1} N_i - \sum\limits_{i=1} N_i T_{r_i}}{8760 \sum\limits_{i=1} N_i}$$

（4-27）

（4）系统用户平均停电时间 $CAIDI$ 为

$$CAIDI = \frac{\sum\limits_{i=1} T_{ri} N_i}{\sum\limits_{i=1} N_i P_i}$$

（4-28）

（5）系统分布式电源发电期望值 $EENS$ 为

$$EENS = \sum\limits_{i=1} L_i T_{ri}$$

（4-29）

式中：L_i 为机组 i 的发电功率。

4.2.2　高比例分布式新能源接入下新型配电网供电可靠性评估技术

未来用电企业对电力系统的供电可靠性以及供电质量要求将会进一步提高。以风电和太阳能发电为代表的大规模分布式新能源并入配电网，其出力的随机性、波动性不可避免地会对新型配电网的供电可靠性产生影响。因此，对高比例分布式新能源接入下新型配电网的供电可靠性进行精准评估将对提升新型配电网供电质量具有重要意义。本节基于上一节提出的新型配电网可靠性指标体系及其计算方式，将从分布式新能源模型、基于网络等值与拟蒙特卡洛联合法的可靠性评估、实例分析三方面进行新型配电网供电可靠性评估。

4.2.2.1　分布式新能源模型

1. 分布式新能源的可靠性出力模型

分布式新能源的功率输出可分为故障态和正常态，分别用 λ_m 和 μ_m 表示故障率和修复率。λ_{dg} 为故障修复率，其计算公式为

$$\lambda_{dg} = \lambda_m / (\lambda_m + \mu_m)$$

（4-30）

假设新型配电网中有 N 台分布式新能源设备，可以用"0"和"1"分别表示功率输出的故障态和正常态，同时两种状态假设各自独立，则其概率指标为

$$f_{dg} = \prod_{j=1}^{N} \lambda_{dg}^{(1-s_j)} (1-\lambda_{dg})^{s_j} \qquad (4\text{-}31)$$

式中：s_j 为状态向量。

2. 分布式新能源的功率输出模型

（1）风力发电出力模型。研究表明，双参数威布尔参数模拟风力发电的曲线近似度更好，其概率分布为

$$P_w(v \leqslant v_N) = 1 - e^{[1-(v/c)^k]} \qquad (4\text{-}32)$$

式中：k 和 c 分别为双参数威布尔曲线的形状参数和尺度参数；v 为实际风速；v_N 为额定风速。

风力发电的输出功率 P_w 与风速 v 有着直接关系，其大小取决于风速的大小，二者关系为

$$P_w = \begin{cases} 0 & 0 \leqslant v \leqslant v_{min} \\ P_N(a + bv + cv^2 + dv^3) & v_{min} < v \leqslant v_N \\ P_N & v_N < v \leqslant v_{out} \\ 0 & v_{out} < v \end{cases} \qquad (4\text{-}33)$$

式中：a、b、c、d 分别为拟合系数；P_N 为风机的额定功率。

（2）光伏发电出力模型。太阳能发电即光伏电池板收集光能，并通过电力电子器件转化为电能的过程，其输出功率 P_s 常与三个因素有关，分别为太阳能电池板面积 s，电池板转换效率 r 以及光照强度 O，对应关系为

$$P_s = r \sum_{i=1}^{N_s} O_i s_i \qquad (4\text{-}34)$$

式中：N_s 为太阳能电池板的个数。

光照强度在一定时间内近似呈现贝塔分布，其有功出力概率密度函数为

$$f(p) = \frac{\Gamma(\alpha + \beta)}{\Gamma\alpha\Gamma\beta} \left(\frac{P_s}{P_{smax}}\right)^{\alpha-1} \left(\frac{P_s}{P_{smax}}\right)^{\beta-1} \qquad (4\text{-}35)$$

式中：α 和 β 为贝塔分布曲线的形状参数；P_{smax} 为最大输出功率。

4.2.2.2　基于网络等值与拟蒙特卡洛联合法的可靠性评估

1. 网络等值法

新型配电网网络结构因具有多分支馈线而十分复杂，本节采用网络等值法进行简化，有利于提高新型配电网供电可靠性指标的求解效率，一般分为向下等效和向上等效，具体如下：

（1）向下等效。向下等效主要是针对上层负荷发生故障时，求取其对下级网络的影响。如图 4-16 所示，假设 A1 区域中有负荷点发生故障，则利用可靠性指标求得上层负荷对 A1 区域负荷供电可靠性的影响，将上层负荷点所导致影响的总和，等效为一个负荷 A。

（2）向上等效。配电网系统向上等效就是将下级具有多分支馈线的网络等效为一个单位长度支路，并把该支路等效为系统的负荷进行上级网络馈线对下级网络的可靠性指标计算，如图 4-17 所示。即将多个下级区域 A1、A2、…等效为对应负荷，然后即可求

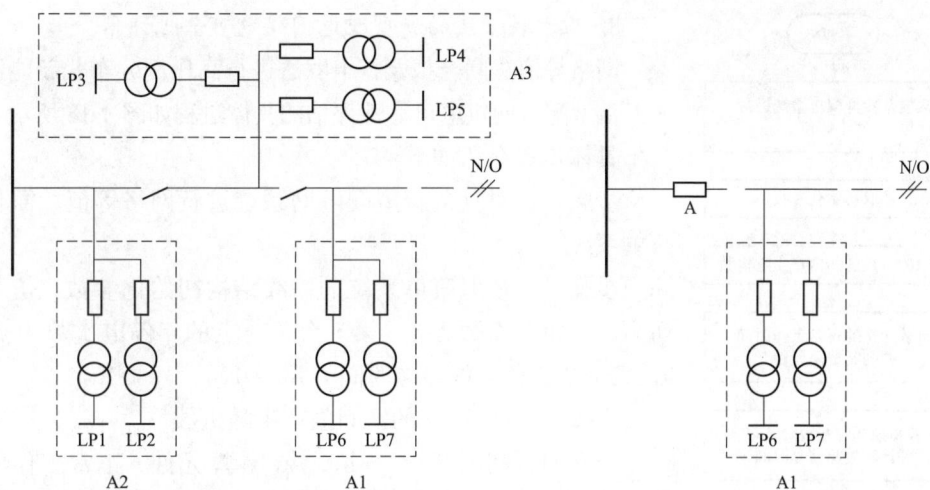

图 4-16　向下等效过程

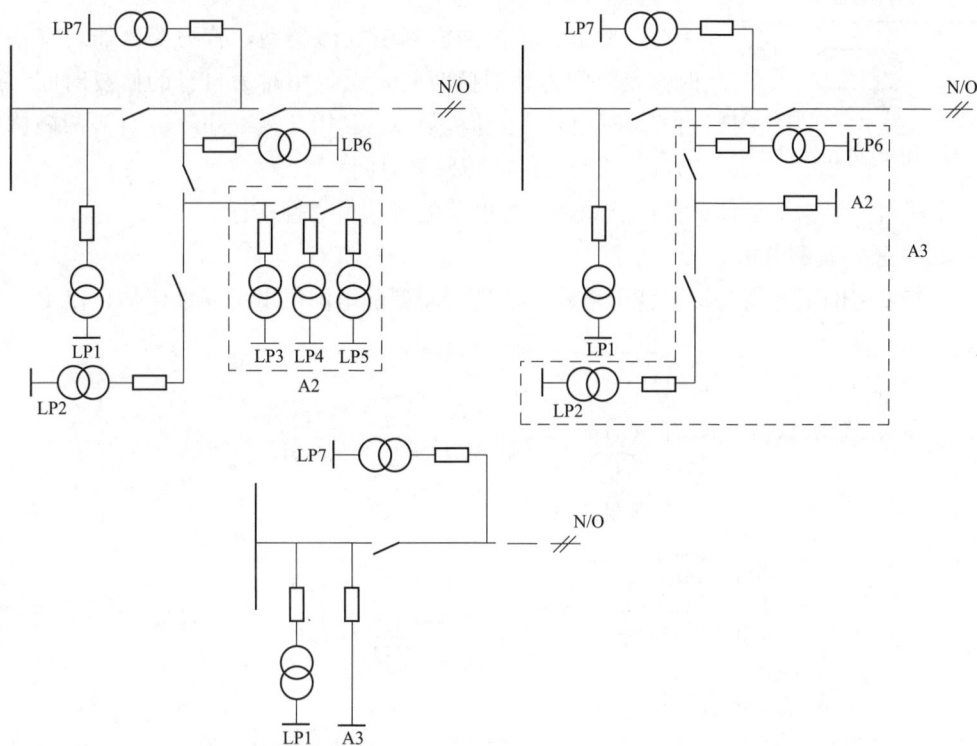

图 4-17　向上等效过程

取下级网络负荷故障对上级馈线网络可靠性的影响。

2. 拟蒙特卡洛法

经过上述对配电网络进行等值之后，采用拟蒙特卡洛法进行可靠性评估，拟蒙特卡洛法在抽样过程中采用确定性的低偏差点列替代蒙特卡洛法的伪随机序列，评估的结果更加准确。本节选择采样更加均匀的 sobol 低偏差点列，由于 sobol 点列产生速度慢，本节采用格雷码方法来加速 sobol 序列的生成速率。

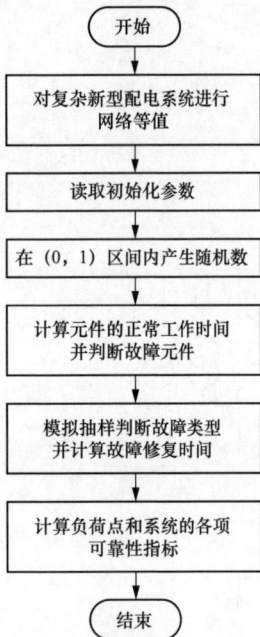

图 4-18 联合法评估新型配电网供电可靠性过程

3. 基于联合法的新型配电网供电可靠性评估

网络等值法联合拟蒙特罗法进行高比例分布式新能源接入下新型配电网供电可靠性评估的具体过程如图 4-18 所示。

具体步骤介绍如下：

步骤一：对复杂新型配电网系统进行网络等值，简化为简单系统。

步骤二：读取简单系统的馈线结构初始化参数，仿真时间为 T，负荷点数为 q，第 i 个负荷点的年停电次数为 $f_i=0$，第 i 个负荷点的停电时间为 $R_i=0$。

步骤三：在 0~1 的区间内产生随机数 y_1、y_2、$\cdots$、y_m。

步骤四：利用 $T_i=-\ln y_i/\lambda_i$ 计算元件 i 正常工作的时间，对所有元件计算工作的时间进行比较，将最少的工作时间作为故障元件。

步骤五：模拟抽样判断故障类型，若为变压器，有备用时修复时间为其切换时间，无备用时为自身的修复时间，通过在 0~1 内产生随机数 y，利用 $T_r=-\ln y/u$ 计算故障修复时间，u 为元件故障修复时间。

步骤六：根据结果计算负荷点和新型配电网的各项可靠性指标。

4.2.2.3　实例分析

本节采用网络等值与拟蒙特卡洛联合法进行新型配电网供电可靠性评估，以图 4-19

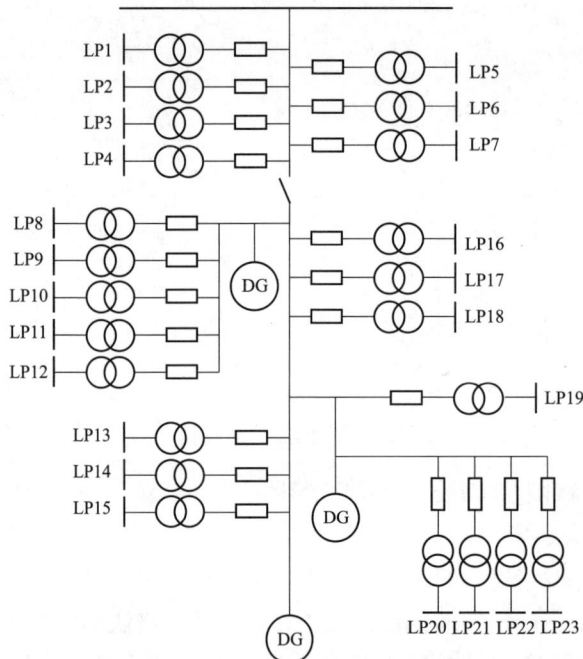

图 4-19　模型算例

模型算例进行验证。在配电网中接入输出功率为 2.4、1.2、2.6MW 的 3 个新能源分布式电源，风力发电额定功率为 200kW，v_{in}、v_{out} 和 v_N 分别为 2.4、24m/s 和 15m/s，同时设置分布式新能源（DG）的故障率 λ_m 和修复率 μ_m 均取 0.4 次/年。

考虑包含分布式电源在内的所有电力设备发生故障时，都会对负荷产生可靠性影响，本文对馈线分为有无 DG 进行负荷点可靠性指标计算，计算结果见表 4-5。

表 4-5　　　　　　　　　　　部分负荷点可靠性评估结果

负荷点	P（次/年）		T_p（h/次）		T_r（h/年）	
	有 DG	无 DG	有 DG	无 DG	有 DG	无 DG
LP4	3.5344	3.2452	2.3431	2.1375	8.4512	8.1765
LP11	3.5342	3.0453	4.5123	4.2123	16.5612	11.1561
LP14	3.5473	3.0312	2.3412	2.1789	8.7851	6.1734
LP22	3.5344	3.1231	4.6123	4.1234	16.5123	13.7123

从表 4-5 可知，在加入分布式新能源之后，由于海量新能源设备的规格和品质的差异性，导致新型配电网负荷供电的可靠性相较于未接入新能源时略微降低。

同时为了研究新能源接入对不同负荷点供电可靠性的影响，选取第一个 DG 接入对馈线负荷的影响，结果如图 4-20 所示。

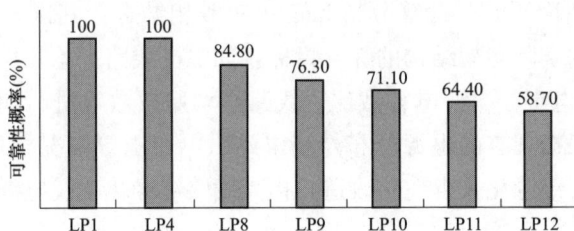

图 4-20　部分馈线负荷可靠性概率分布

结果表明直接与馈线相连的负荷点供电可靠性为 100％，而连接分布式电源的负荷点，其随着与分布式电源距离越近，供电可靠性越高。

整体高比例分布式新能源接入新型配电网供电可靠性指标计算结果见表 4-6。

表 4-6　　　　　　　　　　新型配电网供电可靠性指标计算结果

接入 DG 情况	SAIFI	SAIDI	ASDI	CAIDI	EENS
有 DG	3.4512	10.5312	0.9940	3.1674	0.7326
无 DG	3.1231	8.2423	0.9948	2.8612	—

由表 4-6 可知，由于高比例分布式新能源功率输出的随机性和间歇性，使新型配电网整体供电可靠性略微下降。本节所提方法可以有效从多维度对新型配电网供电可靠性进行准确定量评估，解决高比例新能源接入新型配电网后，配电网供电可靠性的评估问题。

4.2.3　新型配电网供电可靠性提升技术

在中低压配电网中，供电可靠性提升需要结合新型配电网多源物联网信息，从网络架构、装备技术及运行管理三个方面探究供电可靠性提升策略，最后对供电可靠性提升策略进行应用，验证策略有效性。

4.2.3.1 网架结构方面

1. 网架结构改造

合理的网架结构能够为未来中低压配电网提供良好的连通性和充足的备用容量。首先，应对输配电网架进行升级改造，在可行性研究初次设计环节强化变电站选址、负荷分配、线路供电半径的优化设计，增大线路的电缆化率及可转供电率，保障35kV及以上设备 $N-1$ 通过率及网络连通性；其次，应强化配电网工程项目的管理，建立专项储备库，确保工程质量监查计划完成率、竣工结算完成率、变电容量投产计划完成率、线路长度投产计划完成率等达到100%；最后，根据中低压配电网可靠性管理提升工作要求，定期开展主动配电网网架可靠性项目梳理和立项管控。

2. 配电网规划

优质的配电网规划工作能够使未来中低压配电网合理地统筹安排配电自动化配套项目，提高故障处理效率，从而充分提升供电可靠性。首先，将配电网规划工作标准与供电可靠性要求相结合，考虑可再生能源、分布式发电、需求侧管理等对配电网供电可靠性影响及电动汽车充换电站等特殊电力用户对供电可靠性的影响，用量化分析的方法将配电网规划工作的理论研究、计算分析和工程实践相结合；其次，细化配电网规划导则，对能反映配电网实际网架结构的综合指标，如中压线路平均长度、中压线路平均分段数、10kV线路供电半径、变电容载比、线路平均用户数等进行明确规定；然后，合理规划供电线路，根据现有的电源分布及变电站供电范围等情况合理分配负荷；最后，对中压架空线路进行绝缘化及电缆化改造，提高线路绝缘化率及电缆化率。

3. 线路转供

在计划检修和故障抢修作业停电时做好非作业线段的转供电，能够缩小受停电影响的范围，缩短非故障范围用户的停电时间，提高中低压配电网供电可靠性。首先，在配电线路的升级改造及规划建设中，做好线路转供电能力的核算工作，当变电站计划检修分闸或出线开关故障跳闸时，能做到全负荷或部分负荷转移，缩小故障停电范围；其次，要做好转供电操作的管理，在计划检修作业停电时要求做到能转必转，即具备转供电条件的线路要求全部开展转供电操作。

4. 合理配置分段开关

根据地区配电网典型线路的基本状况，找到该地区配电网供电可靠性的薄弱点，在适当位置配置隔离开关与断路器，能有效提高供电可靠性。新型配电网系统中，光伏、风电等分布式电源以及电动汽车等新型负荷按照就近原则，通过在主干线外挂分支线接入，造成配电网结构复杂。在此背景下，分段开关不合理设置会妨碍线路各级保护的配合，隔离故障时造成非故障区域的多次重复停电，严重影响供电可靠性。因此，应根据线路的接线模式及负荷接入状况，合理配置分段开关，利用断路器开断故障电流的能力，减少线路故障跳闸引起的停电范围及停电时间。分支断路器应装配在较长、较细、离变电站出口较远、故障率较高的分支线上或是大用户、水电站出口处，以满足保护的灵敏性；主干线路安装分支断路器时，应装配在距变电站出口 3km 以外，与变电站出口断路器配合，满足断路器保护的选择性。

4.2.3.2　装备技术方面

1. 配电自动化覆盖率

配电自动化建设是提高中低压配电网供电可靠性的强有力措施，其终端的安装使用情况可由配电自动化覆盖率反映。首先，通过安装于变电站的远程终端单元（RTU）、开关站内的数据传输单元（DTU）及架空馈线上的开关监控装置（FTU）终端，实时采集线路的电压电流等电能参数、开关状态量及故障等参数信息，实现对配电网运行状态的监控；然后，通过主站与自动化终端间的通信下发操作指令，对开关等设备进行调节与控制，实现故障定位、隔离及非故障区段的恢复供电等；最后，计算当前中低压配电网台区的配电自动化覆盖率，对分段不合理或供电可靠性较低的线路加装智能开关及智能型故障指示器将有助于故障的排查与定位，缩短故障隔离时间，提高供电可靠性。

2. 配电带电作业实施

中低压配电网的停电时间主要由计划检修停电及故障停电两部分组成。故障停电期间可通过加强配电设备运维管理以降低设备故障率或采用配电自动化技术缩短故障隔离定位时间及来进行管控，计划检修停电时间可通过综合停电管理及开展带电作业来管控。配电带电作业是在配电线路或设备需要检修时，采用某种技术在不停电的情况下开展检修作业，避免停电检修对供电可靠性造成的损失。加大配电带电作业实施力度，丰富带电作业项目，能及时消除事故隐患，缩短设备带病运行时间，提高供电可靠性；同时，检修工作不受时间约束，提高工作效率，也能提高设备全年供电量及消缺率。

3. 中压线路绝缘化率及电缆化率

架空裸导线故障率高于架空绝缘线，而架空绝缘线的故障率又高于电缆线路，因此提高线路的绝缘化率及电缆化率益于供电可靠性的提高。但在实际工程系统中，电缆化率高并不意味着供电可靠性高，由于施工工艺等问题导致电缆中间接头及电缆头处故障率高，且目前缺乏有效的技术手段对电缆故障进行排查，故障定位及隔离时间长，严重影响供电可靠性。且高的电缆化率需投入大量资金，需在可靠性与经济性之间做出权衡。

4.2.3.3　运行管理

1. 综合停电及停电时间定额管理

综合停电管理主要包括计划停电、临时停电、重复停电及延时停电的管理，加强停电管理能够保障中低压配电网的运行安全性，同时最小化停电对用户的影响，从而提高供电可靠性。首先，预先编制年度、季度及月度综合停电计划，定期召开停电计划协调会，统筹兼顾各类停电需求，提高工作计划性和年度停电计划时效性，对每次停电事件进行审核优化，严管重复停电、临时停电和延时停电；然后，加强停电时间定额管理，修订主配电网主要检修工作停电时间定额，提高停电工作效率，严把计划停电时间审核关，优化停电计划，避免因操作地点过多、操作时间过于集中等情况，确保停电工作时间符合定额标准；最后，减少检修时间安排不合理和操作超时导致延时停电，加强对入网施工队伍人员的技能培训，要求施工队伍做好工作前的各项准备工作。建立施工队伍安全及技能资质资料库，对延迟送电的施工队伍进行考核，对有不良记录的施工队伍取消其入网施工的资格。

2. 配电网主设备维护

加强中低压配电网主设备维护，保障配电网主设备安全运行，能够对中低压配电网故障隐患及时排查，提高配电网供电可靠性。首先，供电单位应明确每条配电网线路的设备主人，把运维责任落实到岗到人；然后，加强过程管控，强化设备主人责任到位，对故障停电做到每一起故障都要求设备主人按照"一跳闸一报告"要求进行分析总结，说清楚问题并制定管控措施，建立同类故障处理和隐患排查机制，并将重复故障纳入考核范围，减少重复故障的发生；最后，对中低压配电网主设备开展设备状态及风险评估，完善风险评估库，根据设备风险评估结果开展差异化巡检维护，有针对性开展日常巡维，整合设备管理资源，对特殊区段管理进行细化要求以满足更高供电可靠性的要求。

4.2.3.4 应用实例

基于上述中低压配电网供电可靠性提升策略，从提升配电线路可转供电率、提升配电线路绝缘化率及电缆化率、加装智能故障指示器、加装配电自动化智能开关四个方面，进行试点台区实际应用，验证策略有效性。

1. 提升配电线路可转供电率

在试点台区 10kV 公用线路中，有联络线路 476 回，可转供电线路 364 回，联络率为 69.79%，可转供电率为 53.37%。在此基础上，对中低压配电网试点台区进行升级改造，将不完全转供电线路改造为能进行全负荷转移的线路，将具备联络条件但不可转供电的线路改造为可转供电线路，可转供电率达到 78.9%。试点台区实际应用成果表明，系统平均停电频率将减少 0.0891 次/(户·年)，系统平均停电持续时间将减少 1.1180h/(户·年)，供电可靠率将提升 0.00359%。提升配电线路可转供电率的效果分析见表 4-7。

表 4-7　提升配电线路可转供电率的效果分析

指标	系统平均停电频率 [次/(户·年)]	系统平均停电频率 [h/(户·年)]	平均供电可用率 (%)
提升前	1.9923	4.9942	99.99187
提升后	1.9032	3.8762	99.99546
提升效果	0.0891	1.1180	0.00359

2. 提升配电线路绝缘化率及电缆化率

试点台区配电网线路多以架空裸导线为主，全线绝缘化率和电缆化率分别为 22.86% 和 16.97%。架空线的故障率为 0.068 次/(km·年)，预安排停电故障率为 0.3060 次/(km·年)，远大于电缆的故障率 0.018 次/(km·年) 和预安排停电故障率 0.1639 次/(km·年)。提升试点台区电缆化率及架空线绝缘化率，能够使供电可靠性水平得到极大程度的提升。试点台区实际应用成果表明，系统平均停电频率将减少 0.0270 次/(户·年)，系统平均停电持续时间将减少 0.0746h/(户·年)，供电可靠率将提升 0.00062%。提升配电线路绝缘化率及电缆化率的效果分析见表 4-8。

表 4-8　　　　　　　　　　　　提升配电线路绝缘化率及电缆化率的效果分析

指标	系统平均停电频率 ［次/(户·年)］	系统平均停电频率 ［h/(户·年)］	平均供电可用率 (%)
提升前	1.9923	4.9942	99.99187
提升后	1.9653	4.9196	99.99249
提升效果	0.0270	0.0746	0.00062

3. 配电线路加装智能故障指示器

试点台区配电自动化覆盖率为 78.5%、配电自动化开关覆盖率为 58.4%，而站外开关线路跳闸事件中含配电自动化开关的仅 21.52%，配电自动化成功隔离故障占比仅为 17.98%。试点台区配电自动化开关覆盖率及每回线路的布点远远不能满足实际需求。对试点台区配电网所有线路都装设并实际使用故障指示器，提升配电自动化覆盖率。试点台区实际应用成果表明，系统平均停电频率减少 0.1232 次/(户·年)，系统平均停电持续时间减少 1.0659h/(户·年)，供电可靠率提升 0.00236%。加装配电线路加装智能故障指示器的效果分析见表 4-9。

表 4-9　　　　　　　　　加装配电线路加装智能故障指示器的效果分析

指标	系统平均停电频率 ［次/(户·年)］	系统平均停电频率 ［h/(户·年)］	平均供电可用率 (%)
提升前	1.9923	4.9942	99.99187
提升后	1.8691	3.9283	99.99423
提升效果	0.1232	1.0659	0.00236

4. 使用配电自动化智能开关

试点台区配电自动化覆盖率为 78.5%、配电自动化开关覆盖率为 58.4%，而站外开关线路跳闸事件中含配电自动化开关的仅 21.52%，配电自动化成功隔离故障占比仅为 17.98%。试点台区配电自动化开关覆盖率及每回线路的布点远远不能满足实际需求。将辨识出的 8 条薄弱环节线路均使用智能开关，提升配电自动化开关覆盖率。试点台区实际应用成果表明，系统平均停电频率减少 0.1495 次/(户·年)，系统平均停电持续时间减少 1.8065h/(户·年)，供电可靠率提升 0.00381%。使用配电自动化智能开关的效果分析见表 4-10。

表 4-10　　　　　　　　　　使用配电自动化智能开关的效果分析

指标	系统平均停电频率 ［次/(户·年)］	系统平均停电频率 ［h/(户·年)］	平均供电可用率 (%)
提升前	1.9923	4.9942	99.99187
提升后	1.8428	3.1877	99.99568
提升效果	0.1495	1.8065	0.00381

在中低压配电网中，配电网主设备种类繁多，每种配电网主设备又连接多种物联网传感器装置，这些物联网传感器装置对中低压配电网的平稳运行起到重要作用，因此可以通过构建一套利用这些传感信息的配电网可靠性评估体系，以此基于多源物联信息有

效提高中低压配电网的供电可靠性。

4.3 新型配电网设备可靠性评估技术

4.3.1 基于配电网大数据分析的设备画像可靠性评估及故障预警技术

4.3.1.1 背景需求

在配电网系统运行过程中，首先需要借助位于不同监测设备之上的传感器进行信息传输，并从中采集所需要的设备运行信息，以此为依据，借助有线或无线的形式实现数据传输，将所需的数据传递至设备现场的不同监测终端。由智能监测终端展开对数据的初步处理，在处理完成后，经由电力物联网向云平台之中传输，由云平台实现对数据的处理和诊断。如果未发现系统运行中存在异常情况，则继续运行，后续流程如果出现异常，则需向远程终端进行报警信息的传递。

随着电网建设的推进，变电站逐渐增加，设备也与日俱增，设备管控任务越发艰巨。同时，信息化建设的不断完善和大数据研究技术的迅速发展，使得海量数据不断在不同部门、专业累积和产生，这些都对电网企业在管理创新上提出了新的要求。而通过采集变电站设备信息，结合现有其他系统的数据信息，构建变电站设备画像，可实现设备全方位管控。本部分以变电站设备为对象，基于数据挖掘、数据分析与数据库管理等大数据技术和标签画像技术，构建变电站设备画像。通过构建的设备画像，各部门能清晰、直观地看到变电站所有设备的各种维度特征，有效了解设备特点及状态，并结合具体业务需要，对设备画像进行分析挖掘，将数据转化为价值，对设备运行、检修、退役和采购工作给出有效的指导和建议，从而提升电网可靠性和安全性。

现阶段，由于未能实现对于配电设备系统的智能化感知，导致在电力物联网运行过程中仍然存在许多问题，对供电安全性及稳定性造成了一定程度的影响。由于该系统内不同子系统中所使用的通信方式存在一定差异，受到通信模式兼容性的影响，导致不同子系统之间的接入存在阻碍。同时，未能针对不同系统之间的数据进行统一化处理，构建完善的数据模型，因此难以实现对于电力设备的合理画像，对供电可靠性造成了极大程度的限制。为此，本部分将针对以上述问题展开探究，希望可以推动新型配电网的发展。

在数据仓库的基础上，进行数据分类汇聚，对设备的生产、投运、维修、退役等全生命周期数据和涉及该设备的故障报修、用户投诉等关联数据进行汇总集成，绘制设备画像。

从用户画像中得到启发，对新型配电网中的变压器设备进行设备画像。通过将繁杂、海量、多维的变压器数据进行属性归类并高度精炼成为变压器特征标签，使变压器数据表述更加形象化、具象化、可视化，从而降低电力从业人员学习门槛，提高变压器大数据技术的可操作性。基于变压器大数据的画像技术与应用研究将收集到的各类数据通过信息系统进行结果展示、解释以及转化为易于普通电力从业人员理解的语言，实现分析结果具象化、形象化。通过画像技术将碎片化数据加工形成对生产或决策对象系统全面、直观的认知，确保工作人员实时动态掌握变压器运行状况，对变压器健康度（正常、亚健康、存在隐患缺陷）做出正确判断。这些画像结果通过信息共享实现指导生产实践，提升管理精度，加强业务水平。变压器在日常维护下发生故障的概率很小，但大部分机器学习模型需要在大量样本训练后才能达到较高的诊断准确度，故不适用于变压器故障检测。本部分选取最具代表性的配电变压器和关键用户分别作为设备画像和用户画像的绘制主体，选取设备停运、设备负荷、供电质量、故障报修、用户投诉、业扩报装等关键数据作为供电服务数据地图主体，以自动化分析、智能化提醒作为智能决策的主体，开展对新型配电网价值的深度挖掘，最终实现自动化、智能化。

4.3.1.2　基于 AHP-EW 组合权重的设备画像构建

1. 设备状态指标体系构建

本部分采用数据探索分析的方法来挖掘数据分布特征、内部隐藏的特征和知识，以此为基础，进行如下操作：①数据清洗：统一多业务系统名称、规范化时间字段、规范数据单位、空缺值辨识与校验。②数据特征化：定义、扩展数据特征，统一信息模型搭建。③数据探索：数据特征描述性统计；方差分析（analysis of variance，ANOVA）、Pearson 特征间相关性分析；K-means 聚类离散化特征信息。④规则定义：时间跨度定义、指标阈值定义、特征分层语义描述。

常规统计配电网运行指标在突出配电设备本体属性基础上，并没有进行外界环境、各指标间的关联性分析，且存在新增指标时重新开发部署困难，以及数据类型的指标值不易于评估者理解等问题。采用基于机器学习的设备信息标签化技术，结合设备运行数据和分析出来的特征数据，可以从海量数据中识别和提取出用于描述设备的特征标签，将新型配电网中的设备信息进行具象化展示。一方面对多维信息进行标签化后，方便计算机的识别和处理；另一方面，标签本身具有准确性和非二义性，利于后期的整理、分析和统计。

标签通常是对事物相同属性状态的高度精练的特征标识，是一种把数据形象化的方法。新型配电网设备类标签体系包含各设备类特有的特征标签库和标签库中各标签的定义和算法。

首先，标签库的输入包含新型配电网中的用电信息采集系统的负荷功率曲线类数据、生产管理系统（production management system，PMS）的设备台账和故障/计划停电记录文本数据、配电管理系统（distribution management system，DMS）的断面和告警类结构化数据，以及外部系统的气象、保电活动、节假日安排等结构化数据。

标签库的算法包含通用标签定义体系和数据挖掘技术。标签定义体系定义新型配电网系统中各标签的时间尺度、标签名称、标签的生命周期等；数据挖掘技术集成逻辑计算、自然语言处理（natural language processing，NLP）、描述性统计、关联分析、聚类、分类、回归等算法，实现标签值计算和分层语义描述。集成至营配大数据平台的融合数据，保证标签数据明细信息可高效查询，标签库中语义和数值标签保证数据特征具象化展示。新型配电网系统设备标签画像体系如图 4-21 所示，平台提供的可扩展大数据分布式存储、快速检索、高效处理的数据服务，可支撑上层画像展示与应用。

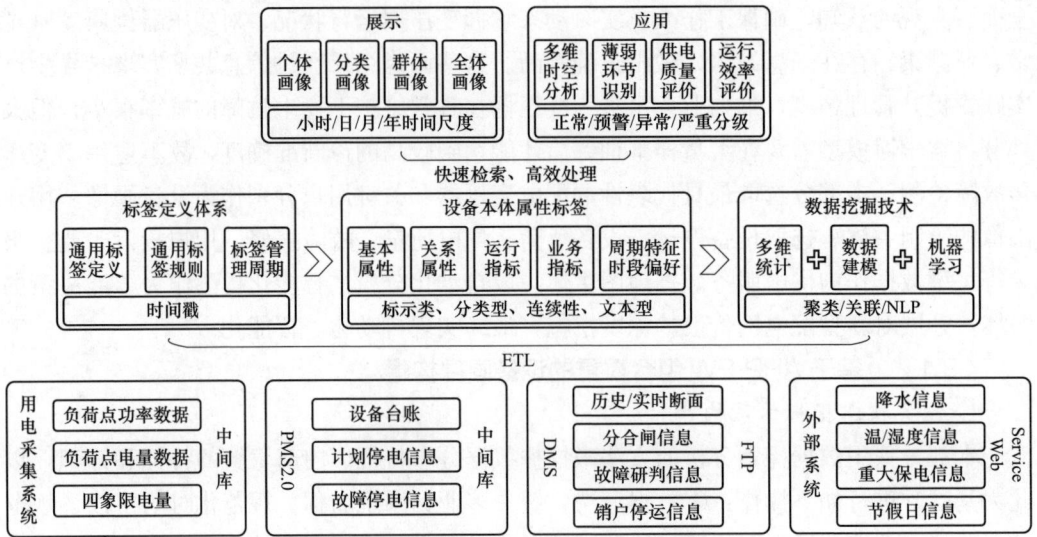

图 4-21 新型配电网系统设备标签画像体系

以新型配电网中的变压器设备为例，随着变压器大数据系统数据的大量涌入，应用不足、处理能力较弱的缺点逐渐暴露，导致该技术成效无法充分发挥；另外，变压器内部结构复杂，涉及数据具有海量化、多维度的特点，需要结合专业知识对数据进行整合处理，单纯数值类的结果展示方式专业性较强，造成了普通电力相关从业人员学习成本投入增加，功能使用门槛提高，影响了技术应用的发展与推广。如何将这些庞大的信息数据转化为通俗易懂的日常生产知识，实现数据信息系统与日常生产实践相互促进的良性互动格局成为目前变压器大数据技术深入开展面临的重要难题，以求更好地提升变压器大数据技术的实用价值。

变压器健康状态涉及因素众多，而且各个因素的影响程度也不尽相同。本部分在遵循指标体系构建原则的基础上，建立能反映变压器健康状态的评估指标体系。

在构建变压器状态画像指标体系时，要严格遵循以下 5 个原则：

（1）有效性原则。评估指标要和变压器的运行状态密切相关，能反映变压器的工作状况。

（2）易获取性原则。评估指标要能简单获取或容易检测，技术上可行，便于操作。

（3）相对独立性原则。应最大限度地去除冗余特征，保证各指标间的相对独立性，避免评估指标之间相互重叠。

（4）一致性原则。指标体系中所有的评估指标都应和评估目标相一致，不应包含和评估目标无关的指标，也不应包含意义相互冲突的指标。

（5）系统性原则。指标体系要能够从整体上反映变压器的运行工况。

综合上述原则，本部分将变压器多维特征进行整合提取能够反映变压器健康状态且容易计算的各个状态量作为评估指标，构建配电变压器健康状态评估指标体系，包含目标层、准则层和指标层。准则层包含电气试验数据、绝缘油特性和油中溶解气体含量，并从各准则层中选取部分状态量作为底层指标，依据现有国家及行业标准进行各项指标的计算，构建的指标体系见表 4-11。

表 4-11　　　　　　　　　　变压器健康状态评估指标体系

目标层	准则层	指标层
配电变压器运行状态评估（A）	电气试验（A_1）	吸收比（A_{11}） 直阻不平衡率（A_{12}） 绕阻介质损耗（A_{13}） 铁芯接地电流（A_{14}）
	绝缘油特性（A_2）	油中微水质量分数（A_{21}） 击穿电压（A_{22}） 油的介质损耗（A_{23}）
	油中溶解气体（A_3）	氢气含量（A_{31}） 乙炔含量（A_{32}） 总烃含量（A_{33}）

2. 组合权重计算

变压器健康状态画像主要包括提取设备特征标签、进行指标权重赋值和画像展示。在指标权重赋值过程中，可以将层次分析法（analytic hierarchy process，AHP）和熵权法（entropy weight method，EW）结合，充分利用它们主、客观赋权的优点，实现变压器状态评估指标的权重计算。

层次分析法（AHP）是一项用来解决多目标、多层次且难以完全用定量的方法去解决的主观赋权法。它首先将复杂目标分解成多个子目标，不同层的目标划分粒度不同，按照目标层、准则层和指标层 3 层结构构建模型，然后计算各项指标权重，最终得出优化的决策。具体的计算步骤如下：

（1）构造判断矩阵。设准则层为 A_1，对应的指标层元素为 A_{11}、A_{12}、…、A_{1n}，由评估者给出在准则 A_1 下 A_{1i} 相对于 A_{1j} 的重要性形成判断矩阵。判断矩阵的构造方法有三标度法和九标度法，此处采用互反性 1～9 标度，即指标 a 相对于指标 b 的相对重要性来度量，取值为 1～9 及其倒数，见表 4-12。

表 4-12　　　　　　　　　　判断矩阵标度取值方法

重要性定义	标度
a 指标和 b 指标同等重要	1
a 指标比 b 指标稍微重要	3
a 指标比 b 指标明显重要	5
a 指标比 b 指标强烈重要	7
a 指标比 b 指标绝对重要	9
a 指标比 b 指标稍微不重要	1/3
a 指标比 b 指标明显不重要	1/5
a 指标比 b 指标强烈不重要	1/7
a 指标比 b 指标绝对不重要	1/9

（2）基于特征根法计算判断矩阵的特征值和特征向量。判断矩阵的最大特征值对应

的特征向量是该层指标的权重值。

（3）一致性检验。在实际评估变压器状态的各个指标时可能会出现评估片面或模糊的情况，为使各指标重要性度量保持一致，需对判断矩阵进行一致性检验。一致性指标 C_1 和一致性比率 C_R 的计算公式为

$$C_1 = \frac{\lambda_{\max} - n}{n - 1} \tag{4-36}$$

$$C_R = \frac{C_1}{R_1} \tag{4-37}$$

式中：$\lambda_{\max}$ 为判断矩阵的最大特征值；n 为矩阵阶数；R_1 为判断矩阵的平均随机一致性指标，其中 R_1 值的规定见表 4-13。

如果 $C_R < 0.1$，则表明检测结果符合要求。

表 4-13 平均随机一致性指标

n	R_1	n	R_1
1	0	6	1.24
2	0	7	1.32
3	0.58	8	1.41
4	0.90	9	1.45
5	1.12	10	1.49

熵权法是基于熵值原理的客观赋权法。通过熵值来判断各项指标的离散程度，其信息熵越小，指标的离散程度越大，该指标的权重就越大，能够解决由于指标差异性引起的权重计算问题，可有效提升评估可信度。利用熵权法计算指标权重的具体过程如下：

（1）构建评估指标矩阵，假设有 m 个评级对象，n 个评估指标，则评估矩阵为

$$X = \begin{bmatrix} x_{11} & x_{12} & \cdots & x_{1n} \\ x_{21} & x_{22} & \cdots & x_{2n} \\ \vdots & \vdots & & \vdots \\ x_{m1} & x_{m2} & \cdots & x_{mn} \end{bmatrix} \tag{4-38}$$

由于各指标单位不尽相同，需要对数据进行归一化处理，归一化公式为

$$y_{ij} = \frac{x_{ij} - \min(x_j)}{\max(x_j) - \min(x_j)} \tag{4-39}$$

（2）对归一化后的各项指标进行比重变换，指标比重计算公式为

$$P_{ij} = \frac{x_{ij}}{\sum_{i=1}^{m} x_{ij}} (1 \leqslant i \leqslant m; 1 \leqslant j \leqslant n) \tag{4-40}$$

（3）计算各项指标的熵值，即

$$e_i = -\frac{1}{\ln m} \sum_{j=1}^{m} P_{ij} \ln P_{ij} (1 \leqslant j \leqslant n) \tag{4-41}$$

（4）计算各项指标的权重，即

$$u_i = -\frac{1-e_i}{\sum\limits_{i=1}^{n}(1-e_i)}(1 \leqslant j \leqslant n) \tag{4-42}$$

考虑到主、客观赋权法在确定指标权重时的优缺点，将层次分析法和熵权法结合，充分利用两种赋权法的优点，同时又弥补了二者的不足，从而更加科学、合理地确定变压器状态评估指标权重，使得最终的画像结果更加真实、可信。设层次分析法计算得到的权重向量为 W，由熵权法得到的权重向量为 V，通过式（4-43）计算综合权重向量。

$$w = \alpha W + (1-\alpha)V \tag{4-43}$$

式中：α 和 $1-\alpha$ 分别为层次分析法和熵权法的权重比例系数，由相关专家根据经验给出。

3. 设备画像构建

本部分采用百分制对变压器状态进行评分，分数越低，表明变压器发生故障的概率越高。根据评分结果，将变压器状态画像的健康程度分为 3 个级别，分别是正常、亚健康和病态。其中得分大于或等于 85 的为"正常"，得分大于或等于 60 分且大于 85 分的为"亚健康"，得分大于 60 的为"病态"。变压器状态画像类别见表 4-14。

表 4-14　　　　　　　　　　变压器状态画像类别

画像类别	含义
正常画像	表示变压器处于稳定期，执行正常的运维策略即可
亚健康画像	表示变压器处于波动期，且有可能转为病态画像。需要重视已有的缺陷，并严格执行巡检流程
病态画像	表示变压器处于危险期，极有可能发生故障。运维人员需要提高变压器的巡检频率和检查范围

以某省某台额定电压为 220kV，型号为 SFPSZ9-120000/220 的油浸式配电变压器为例，整理了该变压器预防性试验数据见表 4-15。

表 4-15　　　　　　　　　　变压器预防性试验数据

指标	参数值
A_{11}	1.60
A_{12}	0.45
A_{13}	0.28
A_{14}	0.019
A_{21}	14.7
A_{22}	46
A_{23}	1.67
A_{31}	49.44
A_{32}	1.15
A_{33}	27.89

从表 4-6 的变压器健康状态评估指标体系可知，准则层对于目标层各指标权重组成的集合为 $W = \{A_1, A_2, A_3\}$，指标层对于准则层各指标权重组成的集合为

$$W_1 = \{A_{11}, A_{12}, A_{13}, A_{14}\}$$
$$W_2 = \{A_{21}, A_{22}, A_{23}\} \tag{4-44}$$
$$W_3 = \{A_{31}, A_{32}, A_{33}\}$$

针对该配电变压器，采用互反性标度取值方法，对准则层各因素两两之间的相对重要程度、不同准则层对应的指标层各因素两两之间的相对重要程度进行打分。以准则层各因素之间的相对重要程度评分为例，得出准则层对于目标层的判断矩阵为

$$A = \begin{bmatrix} 1 & \dfrac{5}{6} & \dfrac{2}{3} \\[2mm] \dfrac{6}{5} & 1 & \dfrac{7}{9} \\[2mm] \dfrac{3}{2} & \dfrac{9}{7} & 1 \end{bmatrix} \tag{4-45}$$

然后通过层次分析法求解权重步骤求出最大特征值和对应的特征向量，得到准则层各因素的权重向量为

$$W = [0.27, 0.32, 0.41] \tag{4-46}$$

一致性比率 $C_R = 0.05 < 0.1$，结果符合要求。利用同样的方法可以求出指标层因素对于各个准则层的相对重要性权重向量为

$$W_1 = [0.30, 0.18, 0.36, 0.16]$$
$$W_2 = [0.41, 0.23, 0.36] \tag{4-47}$$
$$W_3 = [0.40, 0.18, 0.42]$$

基于熵权法计算指标权重的方法，对各项底层指标进行标准化处理，获得各指标的熵权，指标层对于各个准则层的相对重要性权重向量为

$$V_1 = [0.35, 0.20, 0.31, 0.14]$$
$$V_2 = [0.39, 0.18, 0.43] \tag{4-48}$$
$$V_3 = [0.38, 0.25, 0.37]$$

根据专家意见，α 取 0.3 时，可以更加合理地将层次分析法和熵权法进行组合，去除两种方法单独计算时不利因素的影响，最终得到的各指标权重见表 4-16。

表 4-16   **层次分析法-熵权法（AHP-EW）组合权重**

目标层	准则层	准则层组合权重	指标层	指标层组合权重
配电变压器健康状态评估（A）	A_1	0.27	A_{11}	0.34
			A_{12}	0.19
			A_{13}	0.33
			A_{14}	0.14
	A_2	0.32	A_{21}	0.40
			A_{22}	0.20
			A_{23}	0.40
	A_3	0.41	A_{31}	0.39
			A_{32}	0.23
			A_{33}	0.38

利用相关导则定义的指标评分公式，由表 4-16 变压器状态实测数据得到底层单项指标得分，同时结合上面的指标综合权重，逐层向上计算，得到准则层和目标层得分，计算公式为

$$z^{(k+1)} = \sum_{j=1}^{n} z_j^{(k)} w_j^{(k)} \tag{4-49}$$

式中：$z^{(k+1)}$ 为指标体系中第 $k+1$ 层某指标 $A^{(k+1)}$ 的得分；n 为指标 $A^{(k+1)}$ 的第 k 层子指标的个数；$z_j^{(k)}$ 为 $A^{(k+1)}$ 的 k 层子指标 j 的得分；$w_j^{(k)}$ 为 $A^{(k+1)}$ 的 k 层子指标 j 的权重。

利用上述计算方法，得知该变压器处于病态，发生故障的概率较大，且与设备实际状态相符，证明了基于 AHP-EW 组合权重的设备画像构建方法的有效性。

为了使电力运维人员掌握不同状态类别的变压器特征，对于得到的准则层指标进行可视化展示，形成不同变压器的健康状态画像，如图 4-22 所示。

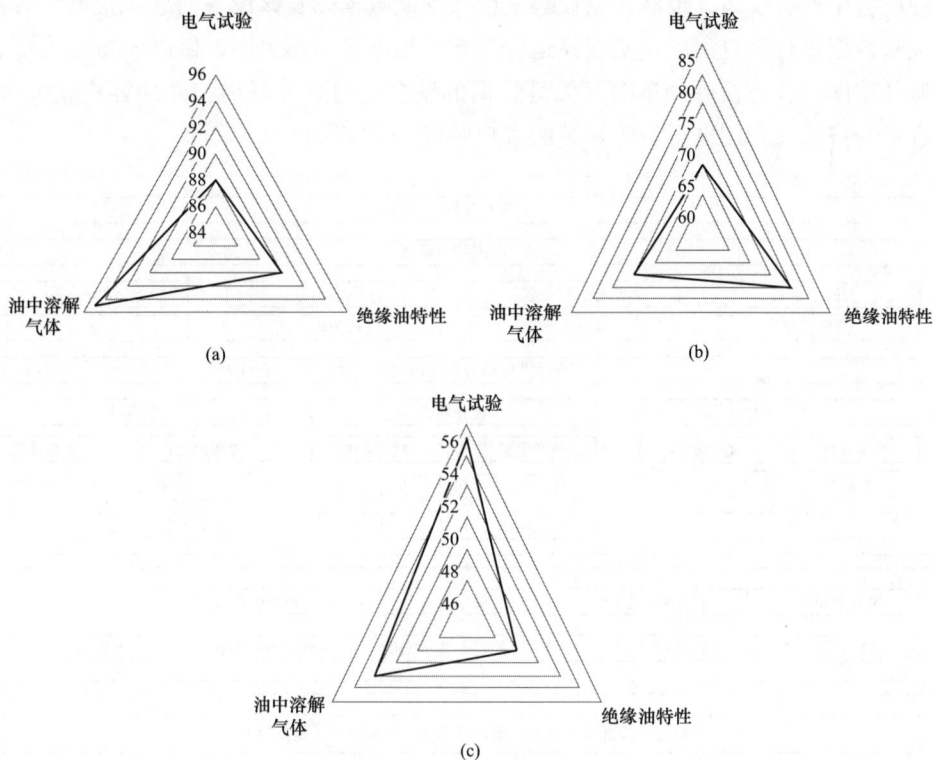

图 4-22　三类变压器画像

(a) 正常画像；(b) 亚健康画像；(c) 病态画像

从图 4-20 的雷达图中可以看出，正常画像中各准则层因素分数较高，亚健康画像和病态画像整体分数较低。若变压器处于亚健康状态，则应特别注意已存在的缺陷，并严格遵循巡检流程。若变压器处于病态，则表示它很有可能发生故障，应提高检查频率，优先安排相应的运维策略。

4.3.1.3 基于配电网大数据分析的设备画像与故障预警系统

基于上述技术基础，新型配电网可对供电服务指挥系统融合的订单管理系统（OMS）、配电网抢修智能决策平台、配电自动化系统、生产 PMS、营销业务系统、用电信息采集系统等数据，进行一体化监测、存储、管理、建模、分析、画像展示及价值创造，采用数据分析技术和智能化技术，构建公司供电服务数据地图，进而探索开展"主动检（抢）修""客户一键报修""工单自动直派""滴滴网格抢修""客户全景画像""私人订制"服务等工作，为营配调服务资源的统一调配和供电服务的精准指挥提供决策支撑，全面提升公司供电可靠性和优质服务水平。通过规范数据获取途径和统计标准，融合 PMS、配电自动化系统、营销业务系统、保修系统等多个系统数据，形成配电大数据仓库，并基于大数据仓库，利用大数据分析及可视化技术构建完整的设备画像、客户画像，结合地理信息系统（GIS）地图搭建各类运检指标可视化的数据地图。

基于配电网大数据分析的设备画像与故障预警系统架构如图 4-23 所示。该系统可对关键设备生产、投运、维修、退役等全生命周期数据以及该设备的故障报修、客户投诉等关联数据进行汇总集成，实现停运分布图、用电负荷热力图、供电质量热力图、故障报修分布图、客户投诉分布图等关键数据的整合，通过关联内、外部客户相关数据，建立客户经济状况、用电行为等标签的客户画像。

图 4-23 基于配电网大数据分析的设备画像与故障预警系统架构

4.3.2 新型配电网主设备分布式状态传感装置可靠性评估技术

配电网作为连接输电与用户的关键环节，其安全可靠运行对电力系统稳定以及用户体验的重要性不言而喻。用分布式状态传感器来实时监测配电网主设备，有利于提高电力系统稳定性和用户体验，但是一旦传感器装置可靠性无法获得保障，则可能会造成电网瘫痪、经济损失等严重后果。因此，研究配电网主设备分布式状态传感器可靠性评估技术具有重要意义。本章节提出一种配电网主设备分布式状态传感器可靠性评估方法：基于自注意力机制的时空图卷积神经网络（SASTGCN）。首先，构建了主设备状态传感器可靠性评估体系；然后，将自注意力机制加入基于注意力机制的时空图卷积神经网络（ASTGCN）中，提出一种新的可靠性评估模型；最后，通过实验验证了所提模型的正确性和有效性。

4.3.2.1　配电网主设备分布式状态传感器可靠性评估指标体系

一个完整、科学的可靠性评估指标体系直接影响评估模型能否准确描述传感器可靠性的各种影响因素，对评估时间也起着决定性作用。目前，针对传感器装置的性能指标并没有统一标准，为了全面评估配电网主设备分布式状态传感器的可靠性，本小节从评估指标的多样性出发，基于含义清楚、完整、易于量化的原则，参考相关研究对配电网主设备分布式状态传感器可靠性评估指标体系进行构建，可靠性评估指标体系见表 4-17。

表 4-17　　　　配电网主设备分布式状态传感器可靠性评估指标体系

配电网主设备分布式状态传感器可靠性评估指标体系	技术评估指标	节点冗余度
		信道冗余度
		采样频率
		源节点链路可靠性
		中继节点链路可靠性
		信号传输性能
		电源供给稳定性
		产品工作时间
		数据测试时间
		平均电压偏差率
		流量效益
		故障统计范围
		元器件响应时间
		质量量化
		设备占空比
		最大重传次数
	装置能效评估指标	发送数据包能耗
		接收数据包能耗
		功率因数
		负荷系数
		绕组温升
		导线温升
		空载励磁电流百分数
		节能金具占比
		总谐波畸变率
		三相负荷不平衡率
		额定空载损耗
		额定负荷损耗
		链路能量可用性
		配线长度超标率
		配线截面积超标率

续表

	装置能效评估指标	配置与变更
		介质管理
	安全性评估指标	漂移偏差故障
		精度下降故障
		固定偏差故障
		完全失效故障
		本地信息安全性
		补丁安全
		信息泄露概率
		拒绝服务的影响
配电网主设备分布式状态		网络攻击频率
传感器可靠性评估指标体系		通信网络干扰率
		信道丢包率
		安全机制完善度
		信号传输中断概率
		数据传输安全性
		等级权限完备性
		加密传输
	装置运行情况评估指标	传感器精度
		协议距离适用性
		端到端延时
		实时接收数据量
		业务成功率
		节点能量可用性
		平均无故障时间
		任务剖面周期
		节点连通概率
		节点容量
		链路容量
		链路路径流量
		任务传输稳定性
		路由信令开销

如表 4-17 所示，配电网主设备分布式状态传感器可靠性评估指标体系包含了 4 个一级指标，63 个二级指标。将所选取的性能指标分为两类，第一类为性能指标值越大，传感器越可靠，将该类指标称为正相关指标，如源节点链路可靠性、信号传输性能、电源供给稳定性、链路能量可用性、平均无故障时间等；第二类为性能指标值越大，传感器越不可靠，将该类指标称为负相关指标，如信息泄露概率、信道丢包率、信号传输中断概率等。传感器可靠性评估分为 4 个等级，分别为优、良、中、差，每个等级对应的取值见表 4-18。对于每个等级，各性能指标也有不同的标准值。首先，根据专家建议和对传感器参数分析得到配电网主设备分布式状态传感器评估的标准值矩阵。然后对标准值矩阵进行有限次内插生成样本数据对评估模型进行训练。

表 4-18 可 靠 性 等 级 划 分

标签	可靠性等级	取值
1	差	0～0.2
2	中	0.2～0.5

标签	可靠性等级	取值
3	良	0.5～0.85
4	优	0.85～1.0

4.3.2.2　配电网主设备分布式状态传感器可靠性评估模型

1. 基于自注意力机制的时空图卷积网络

基于自注意力机制的时空图卷积神经网络（SASTGCN）模型总体框架如图 4-24 所示。模型由多个时空块和一个全连接层组成。在每个时空块中又包括时空自注意力模块和时空卷积模块。最后用一个全连接层，生成最终的评估结果。

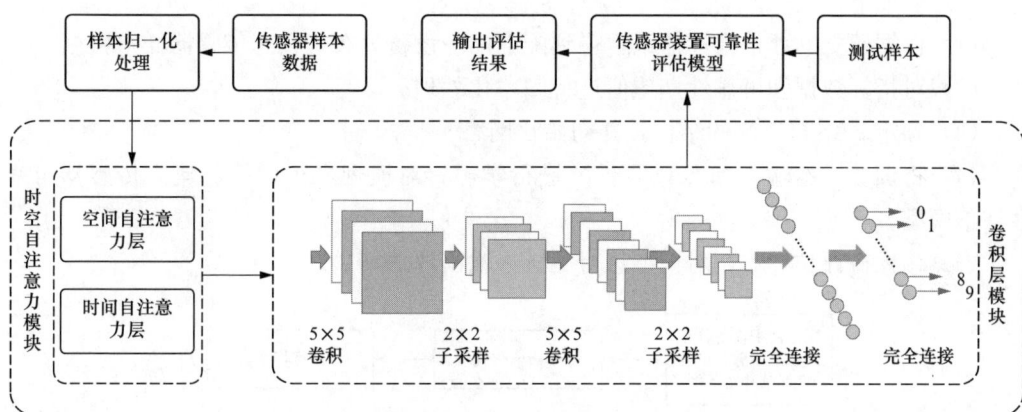

图 4-24　SASTGCN 模型总体框架

时空自注意力模块可以有效捕捉可靠性评估指标数据中的动态时空关联，主要分为空间自注意力机制和时间自注意力机制两部分。在空间维度上，由于评估指标相互影响，相互制约，每一个评估指标对可靠性影响程度不同，因此使用自注意力机制自适应地捕捉空间维度中节点之间的关联性，使网络将注意力集中在更有价值的输入信息上，提高评估准确性。在时间维度上，由于传感器装置运行时不同时间段的可靠性情况之间存在相关性，不同情况下的相关性也不同，因此使用自注意力机制来自适应地赋予数据不同的权重。

时空卷积模块由空间维度上的图卷积和时间维度上的标准卷积组成，可以同时使用图卷积来捕捉指标数据中的空间特征和标准卷积来描述时间特征。通过空间维度上的图卷积对数据的空间特征进行建模之后，再用标准 2 维卷积捕获时间维特征。经过一层时间维卷积之后，节点的信息被该节点相邻时间片信息更新，而节点及其相邻时间片信息在经过图卷积操作后已包含其相邻节点同时刻的信息。因此，通过一层时空卷积操作之后，就会捕获到数据的时间维和空间维度特征以及时空相关性。

2. 基于 SASTGCN 的配电网主设备分布式状态传感器可靠性评估模型

将可靠性评估指标体系定义为无向图 $G=(V,\ E,\ A)$，其中，V 为 $|V|=N$ 个节点的集合；E 是一组边，表示节点之间的连通性；$A\in R^{N\times N}$ 表示图 G 的邻接矩阵。设

在图 G 上的每个节点都会检测到 F 个采样频率一致的时间序列数据，即每个节点在每个时间戳都会产生一个长度为 F 的特征向量。本节利用采集到的过去 T 个时间节点的数据对模型进行训练，建立指标数据与可靠值的非线性关系。输入为 $X \in R^{NFT}$，输出为 $Y \in R^{T}$，其中 N 为节点个数，F 为节点的特征向量的长度，T 为输入的 T 个时间步，Y 为输出的可靠值。

该模型不需事先准确地知道可靠值与其指标间的关联，可以通过对可靠性评估的训练样本进行学习，建立配电网主设备分布式状态传感器可靠值与其指标之间的非线性关系，可以很好地模拟不同指标和可靠值间的复杂映射。

基于 SASTGCN 的配电网主设备分布式状态传感器可靠性评估模型如图 4-25 所示，其工作过程如下：

（1）根据建立的评估指标体系，得到配电网主设备分布式状态传感器样本数据。

（2）对指标数据和可靠性期望值进行归一化处理。

（3）确定 SASTGCN 的结构，并初始化网络。

（4）将训练样本输入到 SASTGCN 进行学习，对模型进行训练，建立传感器可靠性评估模型。

（5）输入待评估样本，对模型进行测试，输出评估结果。

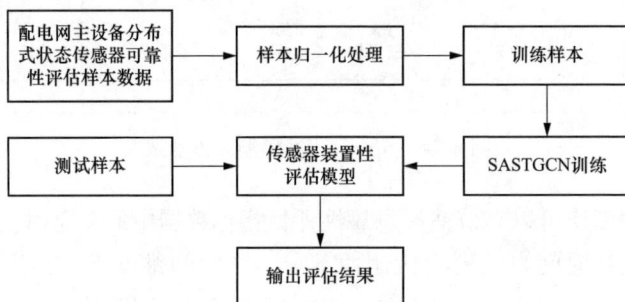

图 4-25　基于 SASTGCN 的配电网主设备分布式状态传感器可靠性评估模型

4.3.2.3　实验及性能分析

基于 Pytorch 框架实现了 SASTGCN 模型。考虑到计算效率和评估性能，令 $K = 3$，即卷积核沿时间轴大小为 3。图卷积使用 64 个相同大小的卷积核。时间维卷积同样使用 64 个相同大小的卷积核，通过控制步长调整时间维长度。均方误差（MSE）是反映估计量与被估计量之间差异程度的一种度量，因此，本节采用该度量指标作为损失函数，通过反向传播使其最小化。在训练阶段，批量大小为 64，学习率为 0.0001。

为了评估所提出的可靠性评估模型的效果，首先采用 SASTGCN 对利用内插生成的 3000 个训练样本进行建模，构建基于 SASTGCN 的配电网主设备分布式状态传感器可靠性评估模型，然后对 1000 个测试样本进行评估。设 4 个可靠性等级优、良、中、差分别用数字 4、3、2、1 表示。随机选取了 50 个测试样本，这 50 个样本的评估测试结果如图 4-26 所示。

从图 4-26 可以看出，SASTGCN 可以准确反映传感器可靠性变化趋势，期望值与评估值之间的误差小，评估正确率达到96％以上，在实际应用中可通过采集大量配电网主设备分布式状态传感器指标数据，训练本节所建立的可靠性模型，可以大幅提高该网络的评估正确率。

为了分析 SASTGCN 的优越性，选择马尔可夫模型、贝叶斯网络、模糊神经网络等可靠性评估模型进行了对比实验。本节采用均方根误差（root mean square error，RMSE）和平均绝对误差（mean absolute error，MAE）作为评估指标，具体结果如表 4-19 和图 4-27 所示。

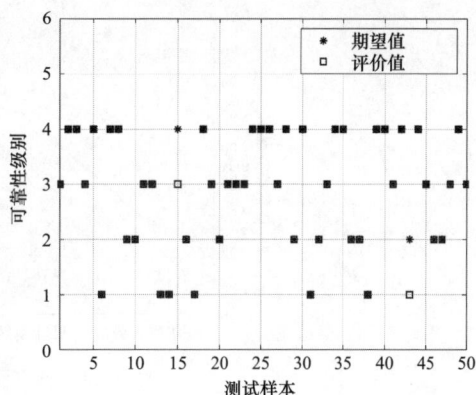

图 4-26　评估测试结果

表 4-19　　　　　　　不同可靠性评估方法的 RMSE 和 MAE 对比

模型	RMSE	MAE
马尔可夫模型	0.071	0.032
贝叶斯网络	0.043	0.011
模糊神经网络	0.026	0.008
SASTGCN	0.015	0.003

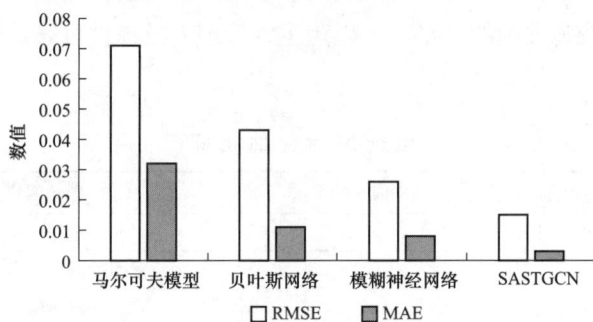

图 4-27　不同方法的 RMSE 和 MAE 对比

从表 4-19 和图 4-27 可以看出，本节所提的模型在两种评估指标中均达到最佳性能，并且还可以观察到，其他的可靠性评估方法评估结果并不理想。基于深度学习的方法获得了比传统方法更好的评估结果。

各个方法的评估正确率如表 4-20 和图 4-28 所示。

表 4-20　　　　　　　SASTGCN 与其他模型性能对比

模型	评估正确率（％）
马尔可夫模型	85.43
贝叶斯网络	92.08
模糊神经网络	94.26
SASTGCN	96.21

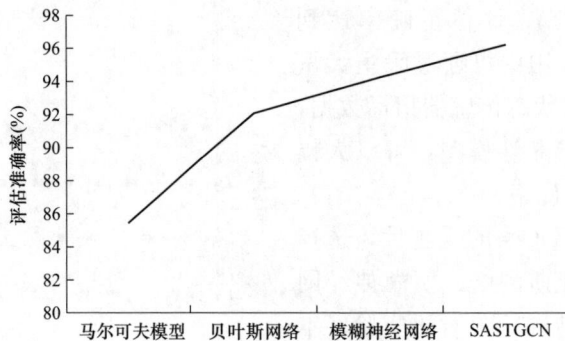

图 4-28　各方法评估正确率对比

从图 4-28 和表 4-20 可以看出，本节所提模型的评估正确率优于其他模型，表明了所提模型能够有效地进行新型配电网传感装置的可靠性评估。

4.4　新型配电网运行风险评估技术

4.4.1　配电网运行风险评估指标体系

4.4.1.1　运行风险评估指标

通过设置风险评估指标，可以对配电网事故的严重度进行具象表示，并在配电网遭受停电损失时进行较为准确的度量，可以为运维管理人员提供可靠易懂的指导。具体配电网运行风险评估指标见表 4-21。

表 4-21　　　　　　　　　运行风险评估指标

指标	影响因素
线路电压越限风险	电压幅值
负荷点停电风险	因故障引发的系统负荷切除情况
线路潮流过负荷风险	线路传输功率
配电网运行综合风险	上述三个风险指标的综合影响

1. 线路电压越限风险

根据现有的研究，电压越限概率可以被定义为超过该节点当前电压等级下允许的电压偏移范围的概率。电压越限概率 $P_r(V_i)$ 与节点 i 的电压幅值 V_i、电压幅值概率分布函数 $F(V_i)$ 和电压偏移范围上下限 $V_{i,\max}$、$V_{i,\min}$ 有关，具体数学表达式为

$$P_r(V_i) = P_r(V_i > V_{i,\max}) + P_r(V_i < V_{i,\min}) = 1 - F(V_{i,\max}) + F(V_{i,\min}) \quad (4-50)$$

根据配电网的电压等级不同，电压的允许偏移范围也不尽相同。在电压等级大于或等于 35kV 时，$V_{i,\max}$ 与 $V_{i,\min}$ 分别为 +5% 与 -5%；在电压等级小于或等于 10kV 时，$V_{i,\max}$ 与 $V_{i,\min}$ 分别为 +7% 与 -10%。

在实际配电网系统运行过程中，当出现电压越限情况时，电网中的保护装置会迅速动作，切掉部分负荷或者全部负荷，如果电压越限的情况过于严重，会出现电压崩溃甚

至整个电力系统网络瘫痪。根据 Q/GDW 1903—2013《输变电设备风险评估导则》中的定义，电压越限的严重程度可分为

$$S_{VR} = \begin{cases} 1.5 & VR \leqslant 0.85 \\ 10(1-VR) & 0.85 < VR \leqslant 0.95 \\ 0 & 0.95 < VR \leqslant 1.05 \\ 10(VR-1) & 1.05 < VR \leqslant 1.15 \\ 1.5 & VR > 1.15 \end{cases} \tag{4-51}$$

式中：VR 为实际电压与基准电压的比值。

因此，结合式（4-51），线路电压越限风险 $Risk\ (V_i)$ 可以被定义为

$$Risk(V_i) = S_{VR} P_r(V_i) \tag{4-52}$$

2. 电压越限严重度函数

电压越限严重度反映的是当电压偏离允许值时，其对系统和设备所造成的严重程度。本节借鉴经济学中的效用偏好指数型函数来定义节点电压越限的严重度函数。

$$S_e[\theta(V_i)] = \left(\frac{e^{k\theta(V_i)} - 1}{e - 1}\right) \tag{4-53}$$

式中：k 为风险因子，值越大其对风险越敏感；$\theta\ (V_i)$ 为电压偏移指标。

$\theta(V_i)$ 定义为

$$\theta(V_i) = \begin{cases} \dfrac{V_{\min} - V_i}{U_B} & V_i < V_{\min} \\ 0 & V_{\min} < V_i < V_{\max} \\ \dfrac{V_i - V_{\max}}{U_B} & V_i > V_{\max} \end{cases} \tag{4-54}$$

式中：U_B 为电网基准电压。

因此，结合式（4-54），线路电压越限严重度风险可以被定义为

$$Risk[\theta(V_i)] = \int_{-\infty}^{V_{\min}} f(V_i) \cdot S_e[\theta(V_i)] dV_i + \int_{V_{\max}}^{+\infty} f(V_i) \cdot S_e[\theta(V_i)] dV_i \tag{4-55}$$

3. 负荷点停电风险

负荷点停电风险被定义为由于故障引发系统内负荷受到切除的概率以及产生的影响，可以用 $S_{LT}\left(\dfrac{C}{E}\right)$ 表示其严重度函数。在本节中，假设当负荷点不存在切除停电时 $S_{LT}\left(\dfrac{C}{E}\right) = 0$，且负荷点停电风险的严重度与配电网中负荷切除的数量大小成正比关系。

负荷 k 停电严重度函数为

$$S_{LT}\left(\frac{C}{E}\right) = e^{cl_k/l_0} - 1 \tag{4-56}$$

式中：cl_k 为在出现故障后需要切除的负荷量；l_0 为负荷节点的原有负荷量。

因此，负荷点停电风险指标可被定义为

$$Risk(PT_k) = \sum_{c=1}^{NF_c} S_{LT}\left(\frac{C}{E}\right) \cdot PT_k \tag{4-57}$$

式中：PT_k 为第 k 个故障状态的概率；NF_c 为由预想事故中 E 及其所对应的转供方案所引起的所有切除负荷的总数；c 为负荷编号。

4. 线路潮流过负荷风险

线路潮流过负荷风险为超过某条线路最大传输功率的概率，其主要由线路 l 上传输功率的分布函数 $F(P_l)$ 决定，即

$$P_r(P_l) = P_r(P_l > P_{l\max}) = 1 - F(P_{l\max}) \tag{4-58}$$

当电网的线路长期运行在高负荷或者超负荷的情况时，电缆的使用寿命会急剧缩短，甚至出现故障导致大面积停电。同样的，根据 Q/GDW 1903—2013《输变电设备风险评估导则》中的定义，线路潮流过负荷的严重程度可分为

$$S_{PR} = \begin{cases} 0 & PR < 0.8 \\ 5(PR - 0.8) & 0.8 \leqslant PR < 1.3 \\ 2.5 & PR \geqslant 1.3 \end{cases} \tag{4-59}$$

式中：PR 为实际线路上传输的功率与最大功率之比。

因此线路潮流过负荷的风险指标可被定义为

$$Risk(P_l) = S_{PR} \cdot P_r(P_l) \tag{4-60}$$

5. 配电网运行综合风险

通过对配电网中的线路电压越限风险、负荷点停电风险和线路潮流过负荷风险进行分析与计算，可以反映出配电网的整体运行综合风险水平 RD，其定义为

$$RD = \alpha \cdot \frac{\sum\limits_{i=1}^{N} Risk(V_i)}{N} + \beta \cdot \frac{\sum\limits_{i=1}^{N} Risk[\theta(V_i)]}{N} + \gamma \cdot \frac{\sum\limits_{k=1}^{J} Risk(PT_k)}{J} + \delta \cdot \frac{\sum\limits_{l=1}^{M} Risk(P_l)}{M} \tag{4-61}$$

式中：α、β、γ 和 δ 分别为上述四种风险指标的权重参数；N 为整个配电网系统的节点数；J 为配电网中因故障而切除的负荷总数；M 为线路条数。

4.4.1.2 基于层次分析法的配电网风险评估

（1）明确评估目的并建立评估体系与层次结构。依据隶属关系对配电网风险因素进行分层分类，最高层为配电网风险评估指标体系；中间层为供电能力、网架结构、可靠性和电能质量；最底层为中间层元素所对应的评估指标。

（2）通过 1～9 标度方法构造判断矩阵。根据配电自动化系统对配电网进行评估，得到指标的统计值与得分。表 4-22 所示为判断矩阵的一般形式，通过 1～9 标度互反性标度理论进行设定的评估因素之间相对重要性两两比较的结果为矩阵中元素的值。1～9 标度方法见表 4-23。

表 4-22　　　　　　　　　判断矩阵的一般形式

A	A_1	A_2	A_3	$\cdots$	A_n
A_1	a_{11}	a_{12}	a_{13}	$\cdots$	a_{1n}
A_2	a_{21}	a_{22}	a_{23}	$\cdots$	a_{2n}
$\cdots$					
A_n	a_{n1}	a_{n2}	a_{n3}	$\cdots$	a_{nn}

表 4-23 　　　　　　　　　　　　　　　　1～9 标度方法

标度 a_{ij}	含义
1	元素 i 与元素 j 相比，重要性相同
3	元素 i 比元素 j 稍重要
5	元素 i 比元素 j 明显重要
7	元素 i 比元素 j 强烈重要
9	元素 i 比元素 j 极端重要
2、4、6、8	元素 i 与元素 j 相比，重要性在上述两者之间
倒数	$a_{ji}=1/a_{ij}$

（3）计算层次权重以及判断矩阵的一致性校验。根据层次分析法进行权重计算，并进行归一化。各层元素对于其上一层直属元素的重要度即为元素的层次权重。通过判断矩阵 $\boldsymbol{A}$，求解其特征根（$\boldsymbol{AX}=\lambda\boldsymbol{A}$），得到最大特征值 λ 及其对应特征向量 $\boldsymbol{X}$，归一化后得到层次权重。为避免主观判断出现不一致的矛盾，确立判断矩阵后，需对其进行一致性校验，若不具备满意一致性，则需不断调整矩阵元素，直到其具备满意一致性。矩阵 $\boldsymbol{A}$ 具备一致性的条件为

$$A_i=\frac{A_{ik}}{A_{jk}},i、j、k=1,2,3,\cdots,n \tag{4-62}$$

当式（4-62）成立时，矩阵 $\boldsymbol{A}$ 的最大特征根 $\lambda_{\max}=n$，余下的特征根全部为零。实际应用中，判断矩阵常因精度等问题无法严格地满足一致性，而在判断矩阵具有满意一致性时，$\lambda_{\max}$ 稍大于 n，余下的特征根近似为零。

根据矩阵中对特征根的定义可知，若矩阵 $\boldsymbol{B}$ 的特征根是 λ_1，λ_2，$\cdots$，λ_n，可得 $\boldsymbol{B}\lambda=\lambda x$，并且若 $B_{ii}=1$，有 $\sum_{i=1}^{n}\lambda_i=n$。因此，当判断矩阵中各元素满足条件时，有 $\lambda_1=\lambda_{\max}=n$，$\lambda_2=\cdots=\lambda_n=0$，反之，则有

$$\lambda_1=\lambda_{\max}>n \tag{4-63}$$

因此，一致性的变化将导致特征根跟随其变化。通过一致性指标 CI 来判断矩阵偏离一致性情况可应用于层次分析法中，即

$$CI=\frac{\lambda_{\max}-n}{n-1} \tag{4-64}$$

为了解决判断矩阵的计算误差随着阶数的增高而变大的问题，以及准确判断当判断矩阵的阶数不同时，对满意一致性的影响，引入 RI（平均随机一致性指标），表 4-24 为对应于 1～9 判断矩阵的 RI 取值。

表 4-24 　　　　　　　　　　　　　　　平均随机一致性指标

n	1	2	3	4	5	6	7	8	9
RI	0.00	0.00	0.58	0.90	1.12	1.24	1.32	1.41	1.45

由表 4-24 可知，1、2 阶判断矩阵 RI 值为 0，具有完全一致性。当 $n\geqslant3$ 时，以 CR 作为"随机一致性比例"指标，有

$$CR = \frac{CI}{RI} \qquad (4\text{-}65)$$

当 $CR \leqslant 0.1$ 时，则具备满意一致性；反之，则不具备；层次权重的确定取决于判断矩阵具备满意一致性，权重的取值为归一化的最大特征值所对应的特征向量。

（4）系统运行状态的综合评分。根据指标得分和权重，计算得到各准则层风险指标的得分，并结合对应的权重最终求得系统运行状态的综合评分。采用 $1 \sim 9$ 标度法确定各项指标的权重，由基于 AHP 得到的配电网评估综合得分为

$$S = \sum_{i=1}^{n} S_i \omega_i \qquad (4\text{-}66)$$

式中：n 为指标个数；S_i 为指标 i 的得分；ω_i 为指标 i 的权重。

根据专家经验，当 $S \geqslant 85$ 时，综合评分可视为优；当 $75 \leqslant S < 85$ 时，综合评分可视为良；当 $60 \leqslant S < 75$ 时，综合评分可视为中；当 $35 \leqslant S < 60$ 时，综合评分可视为较差；当 $S < 35$ 时，综合评分可视为差。

4.4.2 高比例分布式光伏接入新型配电网的电压风险评估

新型配电网中分布式光伏等新能源接入的比例大幅上升，因此准确评估其接入配电网后的电压风险具有重要意义。本节在考虑光伏发电的随机性及负荷波动性的前提下，提出基于最大熵原理求解含高比例分布式光伏新型配电网的概率潮流，并结合效用偏好指数型函数表征越限严重度，构建起电压越限风险综合评估模型。

4.4.2.1 结合半不变量法的新型配电网概率潮流计算

概率潮流计算是进行高比例新能源接入新型配电网电压风险评估的基础，由于节点注入功率具有一定的随机性，从而引起电压、电流等状态变量也在一定范围内波动。通过解析法进行新型配电网概率潮流计算，结合半不变量简化随机变量的卷积运算，能快速得到新型配电网节点电压概率分布情况，具有快速性的优点。

1. 考虑光伏接入的配电网概率模型

光伏发电具有较强的随机性与不确定性，概率潮流计算在确定性潮流的基础上引入概率统计的方法，使得潮流计算的结果能更好地表征实际情况。一段时间内光伏出力可以用贝塔分布来进行描述，即

$$f(P_{PV}) = \frac{\Gamma(\alpha+\beta)}{\Gamma(\alpha)\Gamma(\beta)} \left(\frac{P_{PV}}{P_{max}}\right)^{\alpha-1} \left(1 - \frac{P_{PV}}{P_{max}}\right)^{\beta-1} \qquad (4\text{-}67)$$

式中：α 和 β 为贝塔分布的形状参数；P_{max} 为统计时间段内光伏出力的最大值。

2. 考虑半不变量简化新型配电网概率潮流计算

当光伏出力及负荷的功率波动引起节点功率为一波动的随机变量时，导致配电网的节点电压也在以某种概率形式波动。为了获取节点电压的概率分布情况，首先要对光伏出力及负荷功率进行随机变量各阶矩求解。随机变量 X 的 r 阶原点矩计算公式为

$$\alpha^{(r)} = E(X^r) = \int_R x^r f(x) \mathrm{d}x \qquad (4\text{-}68)$$

式中：(r) 为矩的阶数；X 包括光伏出力 P_{VX} 和 Q_{VX}、负荷有功功率 P_L 和无功功率 Q_L。

为简化计算可将输入功率的各阶原点矩转化成各阶半不变量，进而利用半不变量特有的可加性和齐次性，避免复杂的卷积积分运算，从而提高计算效率。原点矩与半不变量转换可表示为

$$\begin{cases} \gamma^{(1)} = \alpha^{(1)} \\ \gamma^{(r+1)} = \alpha^{(r+1)} - \sum_{i=1}^{r} C_r^i \cdot \alpha^{(i)} \cdot \gamma^{(r+1-i)} \\ \alpha^{(r+1)} = \gamma^{(r+1)} + \sum_{i=1}^{r} C_r^i \cdot \alpha^{(i)} \cdot \gamma^{(r+1-i)} \end{cases} \tag{4-69}$$

通过半不变量方法计算输入功率的随机变量之和：$\Delta S^{(r)} = \Delta S_{PV}^{(r)} + \Delta S_L^{(r)}$，进而可得到输出状态变量 X 的各阶半不变量为

$$\Delta X^{(r)} = (W_0)^r S^{(r)} \tag{4-70}$$

式中：W_0 为灵敏度矩阵。

在得到新型配电网节点电压的各阶半不变量后，利用式（4-68）转换回各阶矩，用于下一步应用最大熵原理拟合概率密度函数。

4.4.2.2　基于最大熵原理的电压概率密度函数求取

在概率潮流中，输出的节点电压作为随机变量，可通过最大熵来拟合其概率分布情况。随机变量 X 的最大熵原理的数学模型为

$$\begin{cases} \max H(x) = -\int_R f(x) \ln f(x) \mathrm{d}x \\ \mathrm{s.\,t.} \int_R f(x) = 1 \\ \int_R g_i(x) f(x) \mathrm{d}x = \alpha^{(i)}, i = 1, 2, \cdots, m \end{cases} \tag{4-71}$$

式中：$H(x)$ 为随机变量的信息熵；$f(x)$ 为所求变量的概率密度函数。

由 4.4.2.1 所求出的节点电压各阶矩信息，构造节点电压的最大熵模型，进一步构造拉格朗日函数进行求解，当满足极值条件时，可得到概率密度函数为

$$f(x) = \exp\left[\lambda_0 + \sum_{i=1}^{m} \lambda_i \cdot g_i(x)\right] \tag{4-72}$$

将其带入节点电压的最大熵模型，可通过牛顿法等数值迭代的方法求解，从而得到所有拉格朗日乘子的值，最终求得新型配电网各节点电压概率密度函数。

4.4.2.3　新型配电网电压风险评估流程

基于最大熵原理进行配电网系统风险评估的流程图如图 4-29 所示。

根据图 4-29 所示的流程图，即可完成高比例分布式光伏接入的新型配电网的电压越限风险评估，反映出整个新型配电网系统的稳定性及存在的薄弱环节，为新型配电网运行决策人员提供参考。

4.4.2.4　实例分析

配电网本节进行实例分析的拓扑如图 4-30 所示，在该配电网系统的基础上，节点

18 处接入分布式光伏，光伏出力模型以贝塔分布描述，最大光伏出力为 $P_{\max}=500\text{kW}$，$\alpha=0.8333$，$\beta=2.5000$，负荷波动服从正态分布，以标准节点负荷作为均值，标准差取均值的 20%。

考虑高比例分布式光伏接入配电网系统，改变负荷的波动值，波动量分别取为均值的 20%、35% 和 50%，所得结果见表 4-25。

由表 4-25 可以看出，新型配电网由于光伏出力的波动性和不确定性存在着电压越限的风险。随着负荷波动的加剧，系统的越限概率及越限综合指标都呈上升趋势，且波动越大，其越限概率越大，越限风险综合指标增加也越快。

在负荷波动均取 20% 的前提下，改变光伏接入的最大容量，分别假设光伏接入的最大容量为 300、500kW 和 800kW，所得结果见表 4-26

当接入容量从 300kW 增加到 800kW 时，整个新型配电网的越限风险从 0.0973 下降到了 0.0398，极大地降低

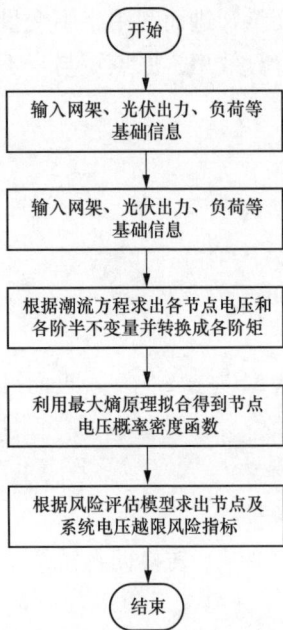

图 4-29 基于最大熵原理新型配电网电压越限风险评估流程图

了配电网运行风险。这是因为当配电网本身存在着低压越限的风险时，在电压越下限节点处接入分布式光伏，能起到一定的功率支撑作用。在合理的光伏并网容量范围内，其容量越大，提高系统运行稳定性的作用也越明显。

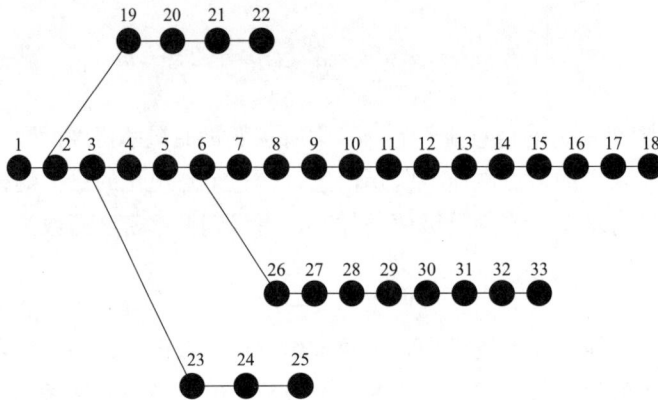

图 4-30 含高比例分布式光伏接入的新型配电网拓扑图

表 4-25 负荷波动时电压越限概率及风险指标

负荷波动量（%）	越限概率（%）	综合风险指标
20	17.48	0.2614
35	19.29	0.3784
50	20.64	0.5697

表 4-26　　　　　　　　不同光伏接入容量电压越限概率及风险指标

光伏接入最大容量（kW）	越限概率（%）	综合风险指标
300	8.93	0.0973
500	6.21	0.0702
800	3.98	0.0398

选择不同的光伏接入点也会影响新型配电网的电压越限风险。令光伏接入容量为 300kW，负荷波动仍取 20%，分别考虑在不同位置接入并分析接入后的风险，获得结果见表 4-27。

表 4-27　　　　　　　　不同光伏接入点各电压越限概率及风险指标

光伏接入点	越限概率（%）	综合风险指标
3	14.23	0.1911
10	9.38	0.1133
18	7.12	0.0869
33	10.89	0.1321

由表 4-27 可以看出，在同等光伏接入容量下，接入点与配电网长线路末端 18 节点对配电网安全运行提升最明显。接入线路中段（节点 10）或另一长线路末端（节点 33）也能在一定程度上降低其越限风险。但当光伏接入配电网首端（节点 3）时，其改善效果不明显。由此可见，光伏并网在新型配电网电压偏低的节点处能有效降低其越限风险，提高新型配电网薄弱环节抵抗风险的能力，从而改善整个高比例分布式光伏接入的新型配电网系统的运行风险。

第 5 章 新型配电网数字化技术

5.1 新型配电网电力物联安全认证接入与数据传输技术

物联网、互联网等新一代信息技术与智能电网的有效融合，使新型配电网实现能源资源的大范围、高效率配置。现有配电网统一通过中心服务器对电力终端设备进行身份认证以保障配电网的有效运行，往往会遇到海量的电力终端设备带来的身份认证申请或数据传输，导致中心服务器回复所需要的运算量巨大，进而导致配电终端无法高效完成身份认证。因此，本节提出一种基于区块链的新型配电网安全认证设备和数据传输方法。

5.1.1 基于区块链的新型配电网安全认证设备

5.1.1.1 新型配电网安全认证设备结构

新型配电网包括一个或多个配电区，任一配电区包括至少一个安全认证设备和多个电力终端设备，安全认证设备硬件架构如图 5-1 所示，包括接收模块、身份生成模块、

图 5-1 安全认证设备
硬件架构

加密模块、发送模块以及验证模块。接收模块用于接收所述电力终端设备发送的设备信息、预设口令以及认证信息；身份生成模块基于设备信息和预设口令对电力终端进行注册；加密模块用于基于设备信息和预设口令生成第一加密密文和第二加密密文，并利用第一加密密文和第二加密密文生成目标密文组合；发送模块用于将目标密文组合在区块链上链，区块链以所述安全认证设备作为区块链主节点；验证模块基于认证信息和从区块链提取的数字摘要对所述电力终端设备进行安全认证。在这种情况下，可以通过边缘网关对电力终端设备进行身份认证，由此能够更加高效地完成电力终端设备的身份认证。

5.1.1.2 新型配电网安全认证方法

1. 新型配电网安全认证场景

新型配电网安全认证场景如图 5-2 所示。根据边缘网关的通信区域，新型配电网可以包括一个或多个配电区，配电区包括一个或多个边缘网关。

图 5-3 描述一个配电区的场景，包括边缘网关和若干个电力终端设备，例如第一电力终端设备 D1 和第二电力终端设备 D2。

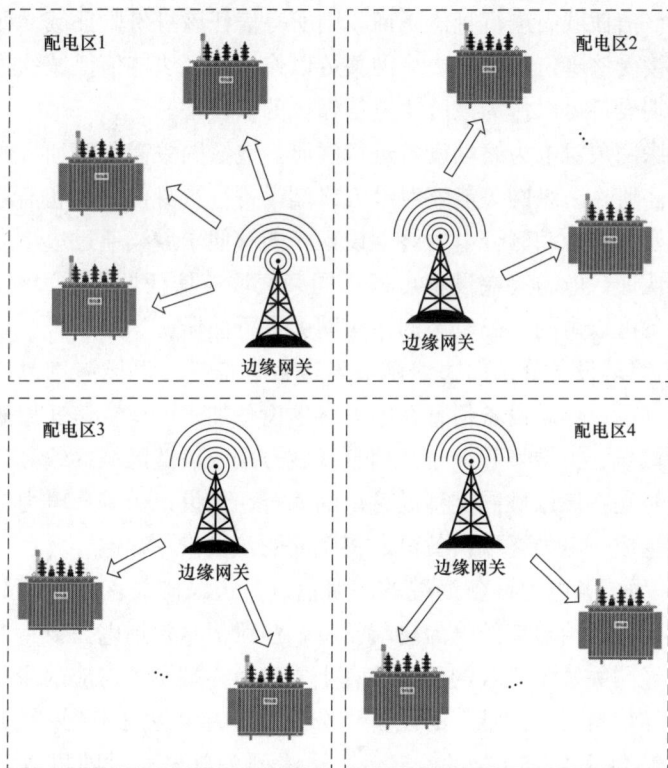

图 5-2　新型配电网安全认证场景

2. 基于区块链的新型配电网安全认证方法

基于区块链的新型配电网安全认证方法的流程如图 5-4 所示，包括通过边缘网关进行区块链初始化、通过边缘网关对电力终端设备进行注册、通过边缘网关对电力终端设备进行身份认证 3 个部分。

图 5-3　配电区安全认证场景图

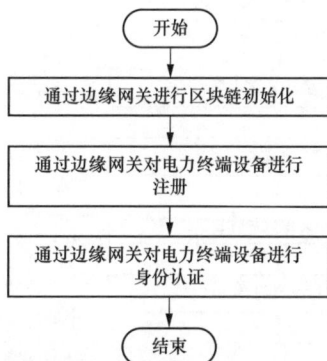

图 5-4　基于区块链的新型配电网的安全认证方法的流程图

（1）通过边缘网关进行区块链初始化。分别将各个配电区对应的边缘网关作为区块链主节点以构建区块链，边缘网关通信区域内的电力终端设备即作为区块链的子节点。各个边缘网关可以构建一个区块链信任域（以下简称"信任域"）。在这种情况下，若电力终端设备在该信任域内进行身份认证，则所有信任该身份验证域（即信任域）的电力终端设备可以接受该身份认证。边缘网关可以作为该区块链信任域的主设备，同一配电区内的电力终端设备可以作为该区块链信任域的从设备。

（2）通过边缘网关对电力终端设备进行注册。边缘网关需要对加入同一配电区的电力终端设备进行注册。边缘网关能够对电力终端设备进行身份标识和信息登记，由此能够使边缘网关更好地识别和区分电力终端设备，能够便于后续通过边缘网关实现对电力终端设备的身份认证。电力终端设备可以由同一区块链信任域内的边缘网关进行注册。或者电力终端设备可以由同一配电区的边缘网关进行注册。

1）各个电力终端设备分别向边缘网关发送目标信息。目标信息包括该电力终端设备的设备信息和预设口令。设备信息在电力终端设备加入区块链信任域时生成，包括电力终端设备的区域号、类型号和编号。信息区域号是区块链区域的编号，类型号是设备类型的编号，编号是在该区域同类型设备里的编号。预设口令基于电力终端设备内置的伪随机数生成器生成，电力终端设备可以将生成的预设口令存储。

2）边缘网关生成各电力设备终端的注册信息。边缘网关基于接收的目标信息生成注册信息，并可以发送给对应的电力终端设备，注册信息包括电力设备终端的身份标识和目标口令。边缘网关基于接收的设备信息生成电力终端设备对应的身份标识，身份标识可以为电力终端设备对应的唯一的设备身份标识。边缘网关基于随机数和接收的预设口令生成该电力终端设备对应的目标口令，边缘网关首先通过随机数生成器产生随机数，然后通过对随机数和预设口令进行异或运算获得目标口令。边缘网关将生成的注册信息存储，并发送给对应的电力终端设备。在生成注册信息后，边缘网关将注册信息和预设口令发送给对应的电力终端设备，通过比对接收的预设口令和自身生成的预设口令来确认该电力终端设备与注册信息对应。此外，边缘网关生成该电力终端设备的密钥对，身份标识可以作为电力终端设备的公钥，目标口令作为电力终端设备的私钥，或者目标口令和预设口令可以作为电力终端设备的私钥对。

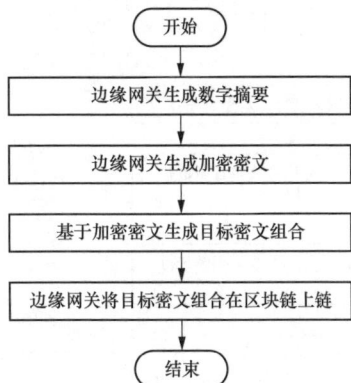

图 5-5 电力终端设备的目标信息写入区块链流程图

（3）通过边缘网关对电力终端设备进行身份认证。

1）将电力终端设备目标信息写入区块链中。电力终端设备的目标信息写入区块链的流程如图 5-5 所示。

电力终端设备的目标信息写入区块链中的流程如图 5-5 所示。边缘网关基于电力终端设备注册信息中的身份标识和第一加密算法生成第一数字摘要，边缘网关基于电力终端设备的身份标识和设备信息及第二加密算法生成第二数字摘要；边缘网关基于第一数字摘要和边缘网关标识生成第一字符串组合并基于第三加密算法生成第一加密密文，边缘网关基于第二数字摘要和边缘网关标识生成第二字符串组合并基于第四加密算法生成第二加密密文；边缘网关基于第一加密密文和第二加密密文生成目标密文组合；边缘网关将目标密文组合在区块链上链。

2）通过边缘网关和区块链对电力终端设备进行身份认证。通过边缘网关和区块链对电力终端设备进行身份认证流程如图 5-6 所示。电力终端设备可以向边缘网关发送认证信息；边缘网关基于认证信息和从区块链获得的加密设备信息，实现电力终端设备的认证；认证成功后，电力终端设备向边缘网关发送请求内容以实现边缘网关对电力终端设备的安全认证。

5.1.2　基于区块链的新型配电网数据传输方法

本节提出一种配电物联网的安全认证数据传输方法。新型配电网基于软件定义网络（software defined network，SDN）的边缘控制技术，将电力终端设备的安全认证任务（或身份认证任务）分配给边缘设备。通过利用边缘设备来实现电力终端设备的身份认证，能够有效缓解大量的电力终端设备对中心服务器带来的巨大负担，从而较为高效地完成电力终端设备的身份认证。电力终端设备数据传输流程如图 5-7 所示。

1. 生成传输数据密文

发送端基于网络通信协议依据目标传输数据生成目标数据包。目标传输数据包括发送端想要传递给接收端的数据信息。目标数据包包括发送端的身份标识、设备信息等信息。由此，能够有利于后续边缘网关进行验证。目标数据包还可以包含发送端想要传输数据的电力终端设备的相关身份信息，例如身份标识、设备信息等。发送端可以采用第五加密算法对目标数据包进行加密获得传输数据的数字摘要。第五加密算法可以是 SHA-2 加密算法，发送端采用其私钥对传输数据的数字摘要进行签名，得到传输数据密文。

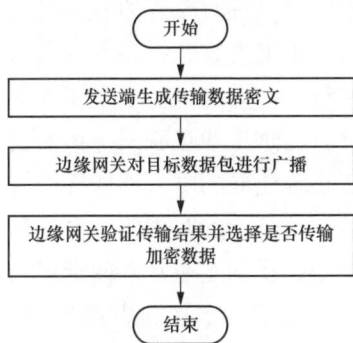

图 5-6　通过边缘网关和区块链对电力终端设备进行身份认证流程图

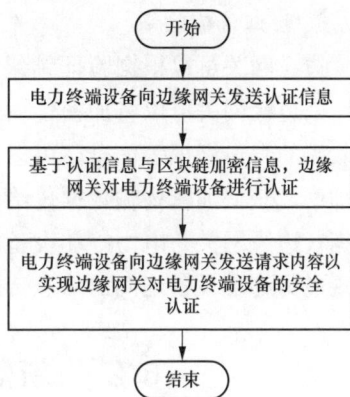

图 5-7　电力终端设备数据传输流程图

2. 发送目标数据包

边缘网关将接收到的目标数据包、签名后的传输数据密文以及数据生成时间戳等信息广播给新型配电网中的其他边缘网关。新型配电网中的任一边缘网关可以对发送端发送的目标数据包、签名后的传输数据密文以及数据生成时间戳等信息进行签名验证。由此，能够有效地提高验证的效率。签名验证指边缘网关基于发送端的公钥对签名后的传输数据密文进行解密并得到传输数据的第三数字摘要，与边缘网关对目标数据包使用第五加密算法计算得到传输数据的第四数字摘要进行比较，如果两者相等，则表明该数据未被篡改。若某一边缘网关获得签名验证的验证结果，则该边缘网关可以将获得的验证结果广播至新型配电网中的其他边缘网关。其他边缘网关可以获得验证结果。

3. 验证传输结果

边缘网关可以根据验证结果来确认是否将加密传输数据传输给接收端。若验证通过，则边缘网关可以将加密传输数据传输给接收端。边缘网关可以从目标数据包里获得接收端的身份标识等信息。可以由与接收端位于同一配电区的边缘网关将目标数据包进行加密，获得加密传输数据传给接收端，接收端可以对加密传输数据解密获得目标传输数据。边缘网关与电力终端设备的加密与解密是基于二者协商的会话密钥。由此，能够实现电力终端设备之间的信息传输。

5.2 新型配电网电力物联终端辨识技术

当前配电网电力物联终端智能管控只能覆盖至边设备，终端感知辨识能力薄弱，而新型配电网电力物联网应在边缘侧实现对电力物联终端静态信息与动态信息的高效辨识，提高电力物联终端智能辨识的准确性，支撑终端设备的精细化管控，使数字经济与实体经济深度融合。

5.2.1 面向电力物联终端辨识的工业互联网标识关键技术

本部分提出面向新型配电网电力物联网终端辨识的工业互联网标识关键技术。首先，为提升新型配电网电力物联网终端的智能标识辨识和高效资产管理水平，研究面向电力物联终端报文格式、信息语义等内容的深度解析技术，并且针对现有的特征提取缺乏业务形态流量，缺乏动态性，无法满足新型电力系统背景下电力物联终端设备需求等问题，提出电力物联终端业务形态、流量等动态特征提取技术；其次，基于上述语义通信及动态特征等技术构建电力物联终端本地化标识模型库，促进工业互联网标识及设备实物、设备出厂编码等传统标识的融会贯通；最后，基于云边协同的电力物联终端轻量级可信标识构建技术，提出基于发布订阅模式的主动标识载体可信交互规约，采用优化的调度策略和消息传递机制，解决新型配电网电力物联终端标识和工业互联网标识的标识映射转换。面向电力物联网终端辨识的工业互联网标识关键技术实施方案如图 5-8 所示。

5.2.1.1 面向电力物联终端报文格式、信息语义等内容的深度解析技术

随着新型电力系统广泛建设，电力系统设备大量接入异构、异源系统外设备，海量多模态电力物联终端多模态数据间缺少联系。基于上述问题，首先，研究面向电力物联终端报文格式、信息语义等内容的深度解析技术，对传输内容的语义信息进行编码，去除冗余数据，并进行语义解码与特征提取，构建语义模型；其次，通过数据清洗等技术进行解释预处理，并分析输入内容语义信息进行语义解析，加入信道编解码层、信道层与量化层，搭建端到端的深度神经网络；最后，利用基于业务知识图谱的语义深度解析技术研究电力物联终端的报文深度解析技术、动态特征提取技术，建立广义的特征标识模型库，支撑主动标识载体构建与传统存量终端的智能辨识。电力物联终端报文格式、信息语义的深度解析技术方案如图 5-9 所示。

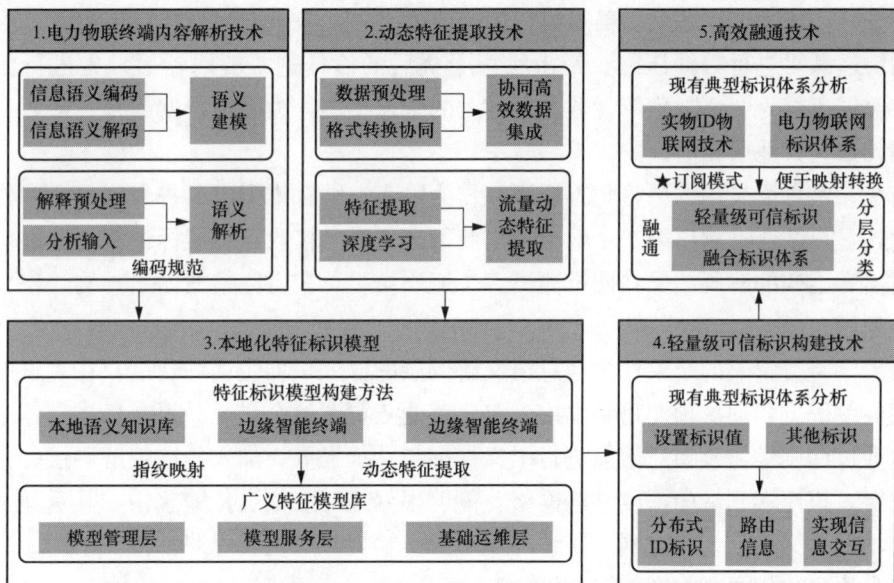

图 5-8 面向电力物联网终端辨识的工业互联网标识关键技术实施方案图

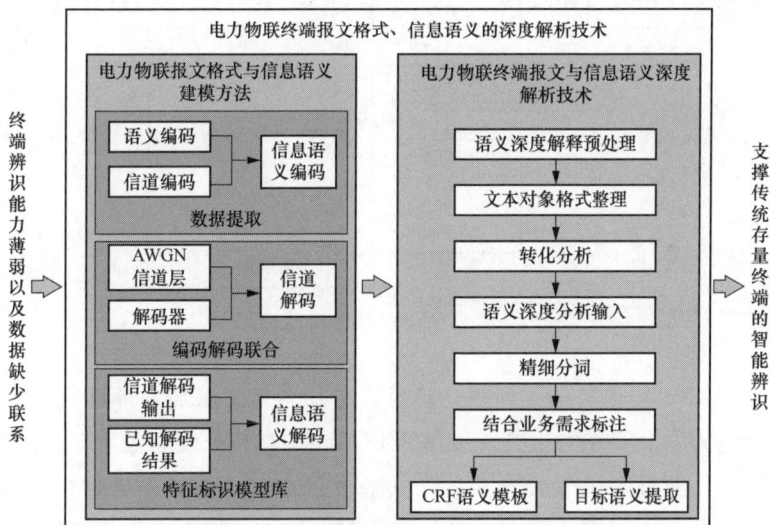

图 5-9 电力物联终端报文格式、信息语义的深度解析技术方案图

1. 电力物联终端跨业务资源的全局统一报文格式与信息语义建模方法

当前电力物联终端辨识技术大多仅保证每个传输比特的正确接收,而并不关注信息中承载含义,以增加冗余度为代价换取传输有效性,造成不必要的资源耗费。为了实现全局电力物联终端系统联通,需花费大量的精力对数据报文格式进行转换。通过信息语义引入语义层次的信息,关注信息内容而非编码符号,基于全局统一的报文格式与信息语义建模可以更迎合电力物联终端智能辨识的特性需求,符合电力物联的发展需要,并且可以满足不同业务资源,以此可以达到更高的电力物联网智能辨识水平。

首先,利用基于自注意力机制的深度学习模型,对电力物联网的终端传输内容的语义进行编码，减少数据冗余。信道编码由两个隐藏单元数不同的全连接层组成，隐藏单元数逐层递减以进行数据压缩。经由噪声干扰后的信号进入解码器后，先进行信道解码。信道解码层为两个隐藏单元数逐渐增大的全连接层，为确保维度一致，最后一层的隐藏单元数与其他层相同。

其次，信息语义解码层将句首标识符作为输入，结合推测出第一个输出合并作为第二次输入，再结合推测出第二个输出，以此循环，直到接收到句尾标识符。通过信道解码的输出和已知的解码结果共同推测下一个解码结果，获得完整的输出，构建广义特征标识模型库。

最后，将待解码的结果作为信息语义解码层的输入，加快训练速度，在测试时，采用上述的解码方式逐次预测得到输出。基于跨业务资源的全局统一报文格式与信息语义建模，通过深度学习模型对信息进行语义挖掘与特征提取，加入信道编解码层、信道层与量化层，搭建端到端的深度神经网络，能够很好地对抗信道传输差错，其重建文本与原始文本的含义一致，为电网高辨识与高可靠传输提供解决新思路。

信息语义建模原理如图 5-10 所示。

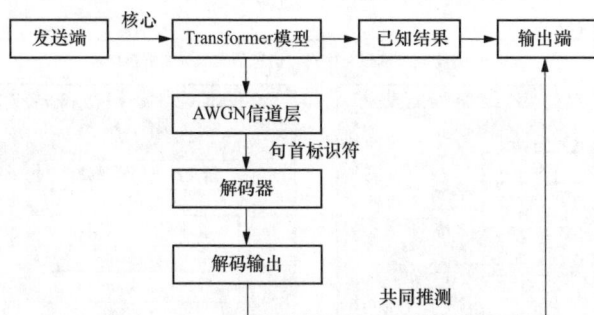

图 5-10　信息语义建模原理图

2. 基于业务知识图谱的电力物联终端报文与信息语义深度解析技术

通过研究电力物联终端的报文深度解析技术和动态特征提取技术，结合语义深度解析方法，利用基于业务知识图谱的语义深度解析技术对这些文本进行精确的中文分词、实体识别、语义解析，提取文本中重要的设备等信息，可以加强电力物联终端辨识，其中知识图谱基本原理如图 5-11 所示。

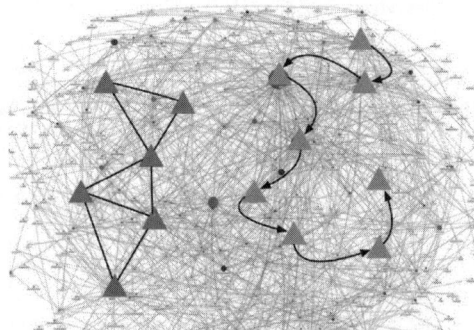

图 5-11　知识图谱基本原理图

首先，对电力物联终端数据库存储的文本进行预处理，利用信息语义深度解析技术对文本对象进行格式整理、全角半角转换转化等处理，输出相对规范的文本对象；其次，预处理后按照业务类型结合领域词典进行精细分词，并结合组合词词典按实际业务需求进行完整物理含义语义单元的整合，最终形成具有电力物联终端领域行业需求的可用分词结果；然后，分词后进行词性、物理环境含义等的标注，作为进一步信息语义深度分析的输入；最后，以上述分词标注结果为基础，进行电力物联终端领域文本语义分析，结合事件类型模型及事件语义标注结果进行文本事件类型的分类、识别，并基于事件类型结合训练生成的条件随机场（CRF）语义格式进行文本语义解析，通过语义解析的结果编程实现目标语义成分提取，用程序将提取出的结果转化成可用的格式，对大量的模型化后的数据进行抽取、分析与融合，最终生成电力物联终端报文与信息语义图谱，实现融合工业互联网标识的轻量级可信标识编码规范，以供下一步的电力物联终端标识与辨识使用。

5.2.1.2 电力物联终端业务形态、流量等动态特征提取技术

在新型电力系统广泛建设背景下，现有工业互联网标识体系和电力物联终端辨识技术难以适配海量多元化电力业务终端接入应用场景，无法满足新型配电网数字化建设、资产数字化管理需求，使得面向电力物联终端的工业互联网标识映射转换存在困难。针对电力终端辨识时缺乏业务形态流量和动态性的问题，结合涵盖资源、资产、量测、拓扑、图形等类型的配用电及新能源数据广域分布、类型异质的特点，首先，提出以数据清洗技术为预处理方式、数据通路设计为结构基础、虚拟集成为核心手段的协同高效数据集成技术；其次，提出基于深度神经网络的电力物联终端业务形态及流量动态特征提取技术，便于将电力终端标识特征映射转换，能有效提高电力物联终端智能辨识准确性，加强电力终端设备的精细化管控。电力物联终端业务形态、流量等动态特征提取技术实施方案如图 5-12 所示。

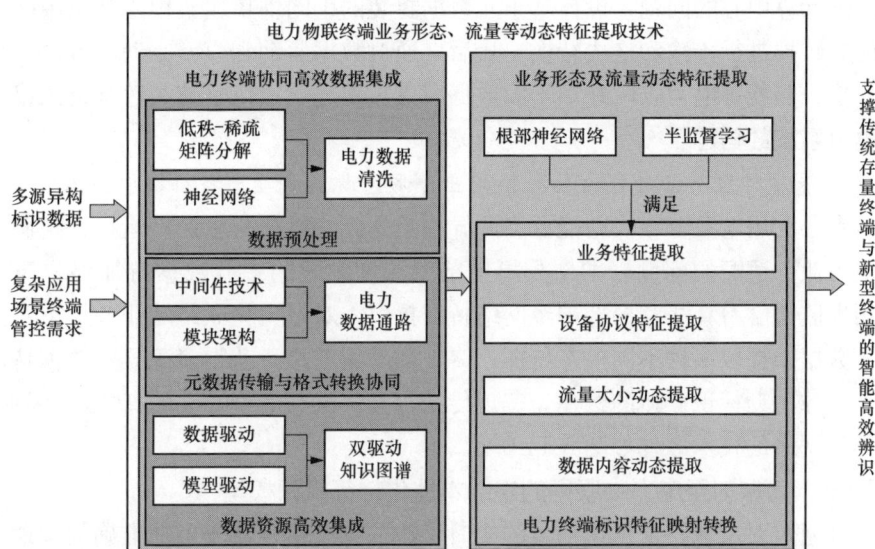

图 5-12　电力物联终端业务形态、流量等动态特征提取技术实施方案

1. 融合分布式光伏、储能等电力物联终端的协同高效数据集成技术

针对来自配用电及分布式新能源多源异构数据无法直接与生产、运行、控制、计量等多种电力业务适配的问题，本部分提出基于深度学习的多源数据特征提取与训练方

法，利用半监督学习算法和根部神经网络特征提取，对电力物联终端业务形态及流量动态从原始数据中提取多种不同模态特征，突破数据间壁垒，获得多源异构数据特征的统一表达，支撑主动标识载体的构建，实现传统存量终端与新型终端的智能高效辨识。跨业务系统的数据虚拟集成原理如图 5-13 所示。

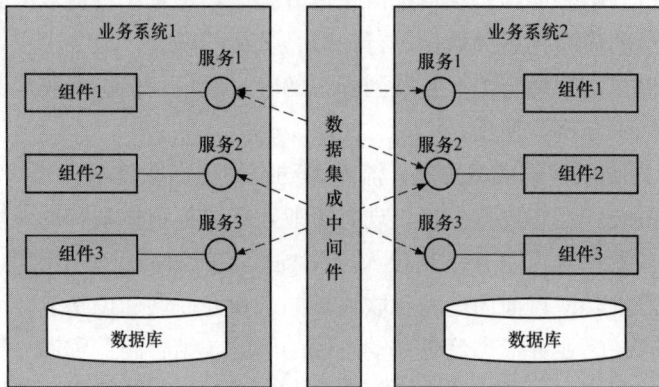

图 5-13　跨业务系统的数据虚拟集成原理

　　首先，针对分布式光伏、储能等电力物联终端数据中存在误码、冗余等问题，设计基于深度神经网络的数据清洗技术，通过低秩-稀疏矩阵分解模型和深度神经网络对数据溯源、故障定位、分布式光伏监控、储能运维业务数据进行审查和校验。其次，当分布式光伏、储能等电力物联终端数据源节点发生改变时，针对海量多源异构数据无法实时上传至云计算中心的问题，设计基于元数据封装的中间件集成架构，利用中间件技术将封装的元数据进行传输和格式转换。最后，通过数据驱动和模型驱动的方法，将融合分布式光伏、储能等电力物联终端不同数据库虚拟集成，提供足够的数据资源以支撑电网新型电力系统的构建。

　　2. 基于深度神经网络的电力物联终端业务形态及流量动态特征提取技术

　　针对来自配用电及分布式新能源多源异构数据无法直接与生产、运行、控制、计量等多种电力业务适配的问题，本部分提出基于深度学习的多源数据特征提取与训练方法，利用半监督学习算法和根部神经网络特征提取，对电力物联终端业务形态及流量动态从原始数据中提取多种不同模态特征，突破数据间壁垒，获得多源异构数据特征的统一表达，支撑主动标识载体的构建，实现传统存量终端与新型终端的智能高效辨识。基于深度神经网络的技术原理如图 5-14 所示。

5.2.1.3　可映射至电力物联网的终端本地化特征标识模型

　　本部分通过对本地特征标识信息的实时动态信息采集，建立更加准确的本地化特征标识模型。

　　1. 基于动态特征提取的本地化特征标识模型构建方法

　　分布式光伏、储能等电力物联终端具有很强的波动性，导致其所采集的信息的特征不是永恒不变的，往往会伴随着本地即边缘侧的时间、环境等因素发生相应的变化。传统方式下的静态特征提取方法，判定因素变化较小，无法准确收集分析工业互联网终端

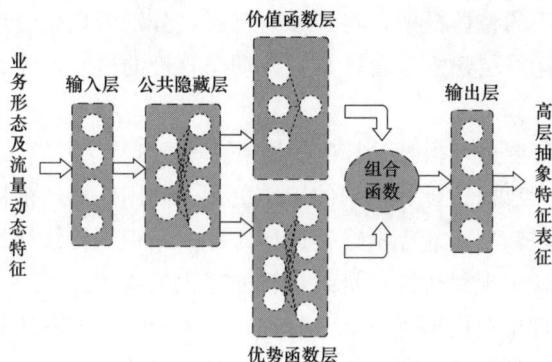

图 5-14　基于深度神经网络的技术原理

环境潜在的变化，因此无法深入了解海量接入的终端设备的实际情况。通过提取动态特征参数，能更好地构建本地化特征标识模型，以更加准确、更加实时地反映终端新特征。

首先，在智能终端传感器与边缘智能终端各设立本地语义知识库，本地语义知识库采用指纹映射技术建立，将不同的信息通过单向散列函数生成对应的指纹并按照一定的规则映射至本地指纹库以生成本地语义知识库，从而确保语义与指纹的一一映射关系，以便采集器与边缘智能终端可以将消息与指纹互相转换。

其次，在传感器与边缘智能终端之间采用语义通信，其本质为指纹的传输，由于指纹的内容信息量较低且大小相同，可以实现大量信息的准确与快速传递，经过传感器的本地编码与边缘智能终端的本地解码，可以大大提高信息传输速率，并有望打破传感器与终端之间的香农极限，可以更加准确、更加快速地传递实时采集信息。

然后，边缘智能终端从采集信息中提取动态特征，以保证数据的实时性与有效性，动态特征是工业互联网终端多样性的一部分，它不同于平稳的随机过程，具有时间相关性，工业互联网终端的动态特征即为从连续的采集信息中提取的特征参数，能够有效反映出终端特征的波动性与实时变化，从细节上将不同的终端通过动态特征明显区分。

最后，采用特征扩展算法生成本地数据特征向量空间并将其作为边缘智能终端的本地化特征标识模型，通过计算特征的权值和对模型的准确分类，可加强对特征模型的管理，提高特征处理速度。

2. 支撑传统存量终端智能辨识的广义特征标识模型库构建技术

当前存量终端大多是传统终端，其运行、控制和管理模式都是被动的，没有智能辨识的功能，并没有融合到工业互联网中，特征标识的提取不如新型智能终端多样化，生成的特征向量空间不够完善，且当前的标识库不够广义，与存量终端的特征标识契合度不高，无法支持存量终端的海量接入。通过建立广义特征标识模型库，以确保对各个标识模型进行有效的管理和高效的使用，并且通过建立广义特征标识模型库，生成电网拓扑，可以将传统存量终端接入至工业互联网体系中，并通过模型库实现对终端智能辨识的支撑。

支撑传统存量终端智能辨识的广义特征标识模型库是有组织的、可共享的模型的集合。

首先，建立模型库的整体框架，将其分为三层，分别为模型管理层、模型服务层和基础运维层，在基础运维层建立一套计算资源动态管理的机制，便于根据传统存量设备终端的动态特征执行计算。

其次，在模型服务层进行模型计算的封装和部署管理，并结合运维层，以多模型计算的形式应对并发和大数据量计算带来的工作负荷，利用广义特征标识模型中的逻辑关联性对传统存量终端与新型智能存量终端进行对比，来识别传统终端的类型和位置，并将其映射至模型库内，实现对传统存量终端智能辨识的支撑。

最后，在模型管理层对模型进行统一管理，深入挖掘电网各终端的运行数据与电网拓扑结构的关联关系，利用最小绝对值收敛模型计算各终端的关联系数矩阵，并利用补充判据修正该矩阵，通过准确的关联系数矩阵生成电网拓扑，将标识模型与对应终端相匹配，以反映终端之间的关系，并为未来接入终端留出扩展空间，电网拓扑图如图 5-15 所示。

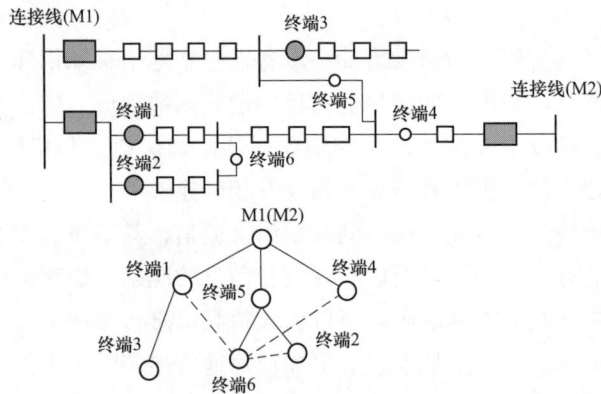

图 5-15　电网拓扑图

电网拓扑可以实现特征表示模型数据可视化，能够直接清晰地获得终端在电力物联网中的位置以实现精准定位，并结合终端之间的联系以接受大规模传统存量终端的接入，为大规模广义特征标识的主动标识载体可信交互规约打下基础。

5.2.1.4　基于云边协同的工业互联网轻量级可信标识构建技术

本部分针对当前电力物联网智能管控只能覆盖至边设备而终端感知辨识能力薄弱等问题，结合新型电力系统中分布式光伏、储能等电力物联终端海量接入、终端设备实时管控及不同体系标识映射转换等需求，研究基于区块链的轻量级可信标识编码技术；在此基础上，借鉴工业物联网现有的标识技术，并结合电力物联网本身的特点，提出基于"云边"协同的轻量级可信标识构建技术，在边缘侧实现对电力物联终端静态信息与动态信息的高效辨识，实现主动标识载体可信交互，保障电网资产安全。

1. 基于区块链的轻量级可信标识编码技术

新型配电网将越来越多的物联网装置部署到电力网络中用于数据的采集、处理、存储。物联网主要采用注册服务器，集中管理物联网装置的标识。但是这种方式存在单点故障、用户隐私易于泄露、处理效率低等问题，不利于分布式光伏、储能等新型电力物联终端海量接入及对终端设备实时管控的发展需求，本部分基于区块链技术将电力设备进行标识编码，以更准确、更实时地反映电力终端的状态，来保证对电力物联终端业务标识实时的可信发布和可信管理。

区块链是由多个区块按时间顺序串联起来的链式结构，而区块则由区块头和区块体构成，如图 5-16 所示。区块头包含版本号、区块高度、前一个区块的哈希值（父哈希）、当前区块的哈希值（目标哈希）、时间戳、默克尔（Merkle）根和随机数。其中，随机数是用于工作量证明（PoW）算法的计数器，它是选填项，由采用的共识算法而定。区块链摒弃了传统的中心化交易模式，不再依赖于可信第三方对交易进行监管，而是通过密码学原理构建用户体系中的信任机制。区块链利用非对称加密算法和哈希算法的特征，使分布式账本系统具有数据一致、难以篡改、用户匿名等优势。

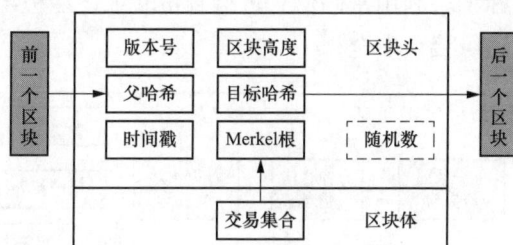

图 5-16　区块链的数据结构

具体步骤为：

首先，对标识编码特征进行分析。电力物联网统一标识编码需满足①规范性：编码的编制标准和数据格式要规范统一；②可操作性：编码本身可以更正、扩充、分类、添加、删除等操作；③适用性：编码符合数量、类型等使用需求和数据处理要求。

其次，制定相应编码，对于电力物联终端标识，主要身份属性编码包括设备序列号、设备编码体系标识码和设备对应的认证码。其中，设备序列号使用 5 位十进制数字编码，标识码规定了标识对象编码所采用的认证体系，除了可兼容通用的编码外，也应设计兼容行业相关标准的编码。

最后，确定电力物联网标识编码基本格式，参考国家物联网标识体系（GB/T 37032—2018《物联网标识体系总则》），将电力物联网标识编码的基本结构设计为必选编码段和可选编码段两个部分，必选编码段包括第三方平台码、标识分类码和主要身份属性编码。第三方平台码使用 9 位字母数字编码，编码内容为我国依法注册、登记的组织机构代码，编码结构按照国家标准编制。标识分类码定义了标识码剩余字段的结构和长度，包括可选编码段编码的结构和长度。标识的主要身份属性编码与现有的工业物联网编码兼容，其长度和格式根据相关物联网编码标准制定。可选编码段显示标识对象的附加属性。

上述方法能充分发挥标识编码技术在电力物联网中的优势，将新型分布式光伏、储能等电力物联终端与标识搭建桥梁，通过对分布式光伏、储能等电力物联终端进行标识编码，可减少数据的传输量，实现轻量化管理。在大型业务级别场景中，包含多个业务模块，多个业务模块接入的消息过多时，利用区块链技术可解决消息堵塞等问题，提高其工作效率、安全可信度和网络性能。该方法弥补了电力物联网终端感知辨识能力薄弱等短板和不足，在边缘侧实现对电力物联终端静态信息与动态信息的高效辨识，保证了对电力物联终端业务标识的可信发布和可信管理，支撑终端设备的精细化管控。

2. 基于"云边"协同的轻量级可信标识构建技术

随着物联网与通信技术的发展，电力系统中分布式光伏、储能等电力物联终端海量接入，电力物联网数据呈现海量异构的特点。针对当前电力物联网智能管控只能覆盖至边设备而终端感知辨识能力薄弱、数据多源异构、冗余度高等问题，本部分基于"云边"协同技术，借鉴工业物联网现有的标识技术，并结合电力物联网本身的特点，提出一种新型接入管控方案，实现接入网与核心网的分离，具体原理如图 5-17 所示。通过引入电力物联终端唯一标识，利用密码信息进行身份验证，在边缘控制节点上设计了双向数据验证机制，保障边缘接入安全。

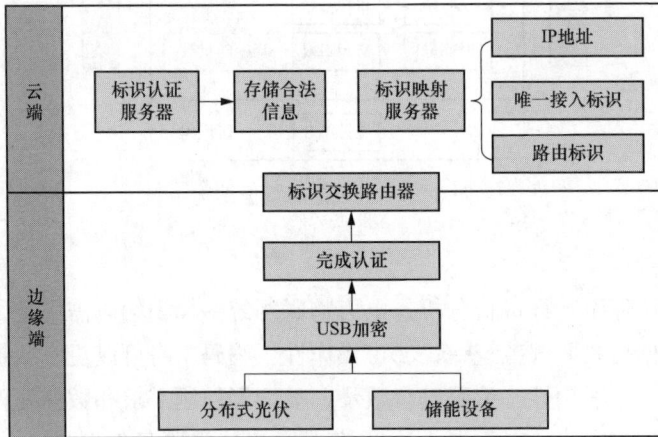

图 5-17　新型接入管控方案原理

首先，设置接入分布式光伏、储能等电力物联终端的设备，包含电力物联终端入网认证时所需的相关信息，同时对应唯一接入标识。采用加密 USB 模拟终端加密过程，将数字证书与唯一接入标识存储在加密 USB 设备中，实现对信息的加密处理。在认证相关的加密过程中，将数字证书和唯一接入标识信息提取出来，对电力物联终端、密码和唯一接入标识进行签名用于身份认证。接入终端作为访问网络的实体设备，包括登录接口和注册接口。该终端类别多种多样，如分布式光伏、储能、充电桩等。

其次，标识映射服务器用于存储边缘侧到核心云端过渡的映射条目，包括 IP 地址、唯一接入标识、路由标识、权限等信息，用于双方的正常通信。唯一接入标识用于在电力物联网边缘侧的定位，路由标识用于在云端动态传输电力物联终端的信息，实现接入与核心部分的分离，通过将一部分的计算部署在边缘侧服务器降低通信网络的压力。通信一方通过标识映射服务器端查找对方的路由标识，从而实现消息的正常转发。

然后，利用标识交换路由器提供映射服务功能，标识交换路由器位于云端与电力物联网边缘侧的分界处，将边缘侧的接入标识映射为云端中的路由标识进行路由。同时，标识交换路由器用于认证信息的转发、电力物联终端路由标识的发放以及映射条目的生成，并在此部署所提出的双向控制机制。

最后是标识认证服务器，位于云端的标识认证服务器是本方案的核心部分之一，该服务器用于存储合法电力物联终端的正常信息条目，包括电力物联终端的基本信息、唯一接入标识信息、权限等。网络通过访问标识认证服务器，实现对电力物联终端的身份认证和判别。

上述方案中分布式光伏、储能等电力物联终端位于电力物联网的边缘侧，标识认证服务器和标识映射服务器位于云端，标识交换路由器是电力物联终端实体空间和网络空间之间的切换点，实现了接入标识和路由标识之间的独立映射。电力物联终端接入网络后，可以在边缘侧实现对电力物联终端静态信息与动态信息的高效辨识，保证网络运行的安全性和可靠性，支撑新型配电网终端设备的精细化管控。

5.2.1.5　基于分层分类对比法的工业互联网标识与典型标识体系的高效融通技术

本节分析现有典型标识体系并实现工业互联网轻量级可信标识与其高效通融。将工业互联网标识映射至现有标识体系，形成标识体系的高效融合，利用发布订阅模式的可扩展性以支撑海量电力物联网终端的即插即用和高效资产管理，实现主动标识载体可信交互规约。

1. 现有典型标识体系的分析

随着电力企业业务范围不断扩大，现介绍实物 ID 物联网技术和电力物联网标识体系两种广泛应用于电网系统的现有典型标识体系，电网实物 ID 管理体系流程如图 5-18 所示。

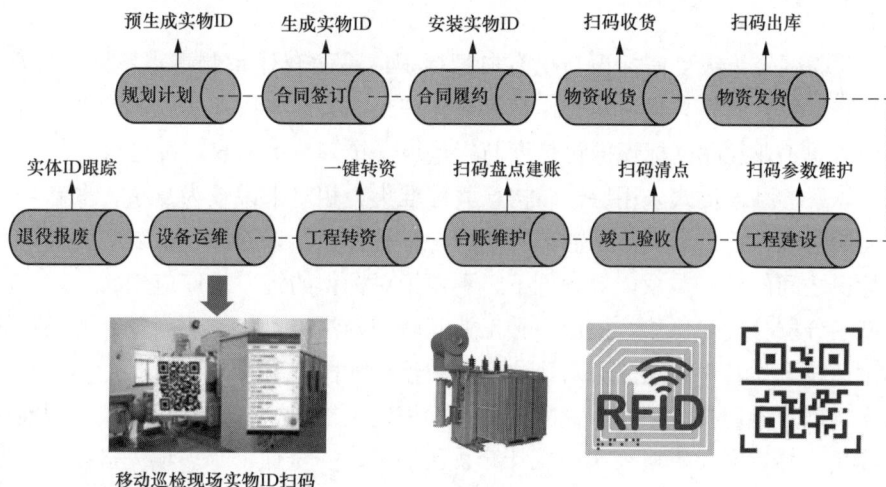

图 5-18　电网实物 ID 管理体系流程图

实物 ID 物联网技术是电力企业为了实现资产管理过程中项目编码、工作结构分解（WBS）编码、物料编码、设备编码和资产编码等多码联动和信息贯通，提升电网资产全寿命周期管理水平，而引入的资产实物标识编码，成了电网资产的终身唯一身份编码。实物 ID 物联网技术根据协议，通过射频识别（RFID）技术、激光扫描仪、红外传感器、全球定位系统等信息传感设备，将商品与互联网连接起来进行信息交换和通信。电网资产实物 ID 就像是给每个电网设备发放一个身份证编码。在设备拥有这个唯一编码后，通过手持移动终端扫描，可以获取该设备全寿命周期内的各项数据信息。同时，根据电网资产不同的物理特性、安装环境等因素，实物 ID 标签选用二维码、无线射频识别标签作为载体，运用 PMS 系统，即生产管理系统，通过建设以设备管理、资产管理和地理信息系统为核心的企业级设备运维精益管理系统，实现全公司统一平台、全业务上线和全流程固化。

电力物联网标识体系由标识编码、采集与识别、信息服务三部分组成。首先，标识编码指通过赋予电力物联网中物理对象实体或虚拟对象实体全局唯一的代码，对现有系统提供建立全局唯一编码的兼容方案，电力物联网标识编码可深入到柜体、装备内部，为每一个独立构成设备或部件进行标识，电力物联网标识编码兼容资产实物 ID 编码及电能计量器具条码，具备扩展能力，覆盖其他电力物联网对象，电力物联网标识编码对象包括但不限于如下实体或虚拟实体：现场采集部件、边缘物联代理及智能业务终端、电能计量设备、电网实物资产、应用程序、信息系统。其次，采集与识别是按照数据协议将编码存入标识载体，通过读写设备对标识载体进行自动识别，读取编码信息并提取给信息服务进行处理的过程。最后，信息服务包括标识解析服务、信息发现服务和接口服务，标识解析服务提供编码对应实体的静态信息查询，信息发现服务提供实体在流通过程中对应的各个环节的动态信息查询，接口服务为公司对内业务和对外业务提供接入服务。

2. 基于分层分类对比法的工业互联网轻量级可信标识与现有典型标识体系的高效融通技术

工业互联网轻量级可信标识与现有典型标识体系两套体系侧重点不同，各自独立，又有交叉和重叠，如果只是将两套标识叠加在一起，会造成操作实施的诸多不便。所以需要充分考虑工业互联网标识的可信度与轻量级，统筹考虑信息标准融合后的标识体系一体化。体系的结构形式采用层次结构，其标准集合相对来说较为复杂、多态，简单的堆砌不能够明确界定出标识体系涵盖的范围，容易存在标识缺漏、重复等问题，且难以表达出标识之间的相互关系，效率低下，不便于对标识的统一推广应用。

现基于分层分类对比法，提出一种工业互联网轻量级可信标识与现有典型标识体系的高效融通技术。基于分层分类对比法的映射流程如图 5-19 所示。

首先，确定融通技术架构，此架构包括标识网关模块、标识管理模块、智能标识模块三个模块。标识网关模块采用边缘计算、区块链、安全加密等多项先进技术，实现工业互联网标识的轻量级化与可信化，并可将工业互联网轻量级可信标识根据典型标识体系转化为适应现有标识体系的标识；智能标识模块则可实现标识跟踪、智能标识评估、智能标识分析、智能标识纳入等功能，通过对标识的智能识别实现高效融通；标识管理模块基于公共技术能力，并采用深度学习实现电力物联网终端设备标识的注册、接入、报废等生命周期的管理等功能，确保标识的可信度。

其次，基于分层分类对比法建立标识体系域参考模型。通过将模型纳入至智能标识

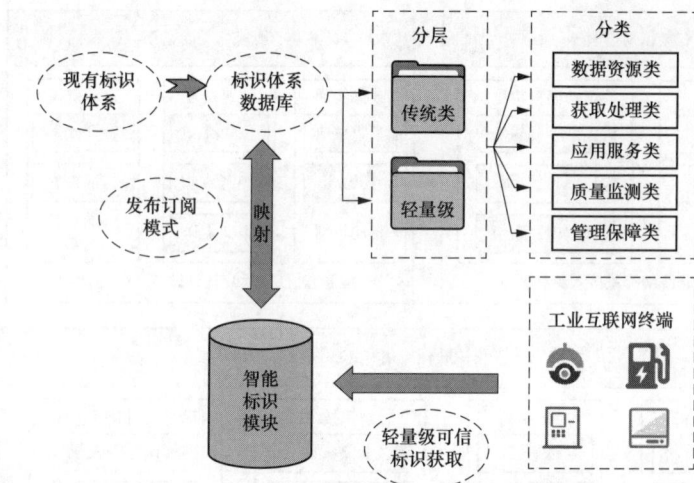

图 5-19　基于分层分类对比法的映射流程图

模块的数据库中在建立的参考模型上确定标识的从属关系，分成传统类和轻量级类两个层次，对比分析两套标识体系的总体框架结构和相互对应关系，根据传统类和轻量级类两个层次，融合重塑标识体系框架，重新划分分类。

然后，根据划分出的类别，基于发布订阅模式，将工业互联网轻量级可信标识优先发送至智能标识模块，再由智能标识模块对标识的类别进行分析，当标识的内容符合划分类别定义的条件时，智能模块便会将其映射至相应的类别中，从而高效地将轻量级可信标识纳入重新划分出的分类中。

最后，利用标识管理模块对各分类的范围及关系进行分析、描述和核检，将重复部分剔除，并在过程中加深深度学习，可以高效实现智能融合终端直接接入电力物联网，将工业互联网轻量级可信标识与现有典型标识体系高效融合起来，以支撑海量电力物联网终端的即插即用和高效资产管理。

5.2.2　融合工业互联网标识的电力物联终端边缘智能辨识技术

随着新型电力系统建设不断推进，边缘侧电力物联终端网络拓扑及设备运行状态动态多变，同时应用于工业互联网的云边端协同标识体系日趋复杂，现有工业互联网标识体系难以满足海量多元化电力业务终端的轻量化接入需求。针对此难点，本节利用不同报文流量特征对设备进行标识，并统一数据协议将编码存入标识载体，边缘侧读取编码信息并提取给信息服务进行处理，继而通过三个方向构建电力物联网标识体系与辨识方案。首先，提出基于设备流量、报文特征等信息的电力物联终端的智能识别模型；其次，提出基于轻量级可信标识的端侧电子载体交互技术与自动辨识技术，支撑电力物联终端标识轻量级、可信快速交互；最后，使用基于容器化的边缘侧设备辨识软件应用，将设备配置、属性模块进行关联，提出基于语音激活代理（VAA）编码的标识编码、转换、解析服务器对接架构，采用基于机器学习的边缘侧设备识别与电网资产辨识技术，方案如图 5-20 所示。

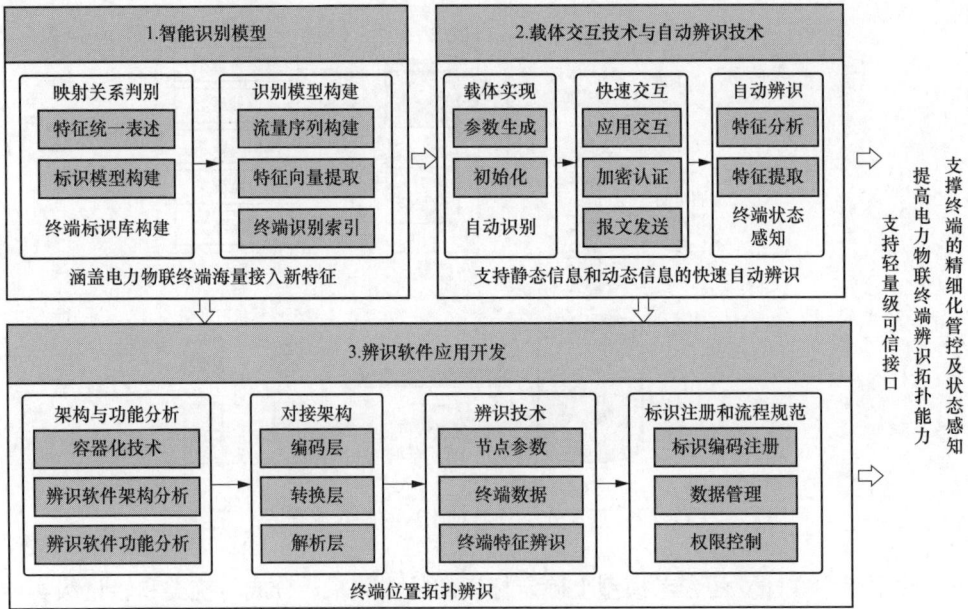

图 5-20 融合工业互联网标识的电力物联终端边缘智能辨识技术方案图

5.2.2.1 基于设备流量、报文特征等实现电力物联终端的智能识别模型

1. 基于连通密度测度的设备流量、报文特征与电力物联终端的映射关系判别技术

针对边缘侧电力物联终端标识模型智能性差、标识接口安全性不足的问题，新型配电网可使用轻量化可信标识接口，同时针对网络拓扑动态变化、设备运行状态获取不及时等问题，考虑现有的工业互联网标识智能辨识技术无法满足电力物联网业务需求，再加上现存设备与新型终端辨识规范不统一，易产生标识信息重复、错误、泄露等问题，使用基于连通密度测度的设备流量、报文特征与电力物联终端的映射关系判别技术，从而提高电力物联终端智能辨识的准确性，为电力物联整体安全态势感知与安全体系的构建奠定基础。

首先，利用基于深度学习的多源数据特征提取与训练方法，利用半监督学习算法和根部神经网络特征提取技术，从设备流量中提取多种不同模态特征，获得多源异构数据特征的统一表达，如图 5-21 所示。

其次，通过构建基于动态特征提取的本地化特征标识模型，获取终端的动态信息，可更加准确地建立实时模型。

最后，构建广义特征标识模型库，将电力物联终端不同的报文特征与之对照，从而映射相应终端，以支撑传统存量终端智能辨识，利于快速分析并定位故障，同时可以有效地提升构建模型的泛化能力。上述方法能够应用于智能光伏、储能运维等各场景下的电力物联终端智能辨识，从而避免非法终端侵入系统，利于构建电力物联整体安全防御体系。

2. 基于分布式智能的人工智能识别模型构建

传统应用于工业互联网的云边端协同标识体系日趋复杂，边缘侧电力物联终端网络拓扑动态变化、设备运行状态获取不及时，导致现有识别模型存在性能低下、智能性不

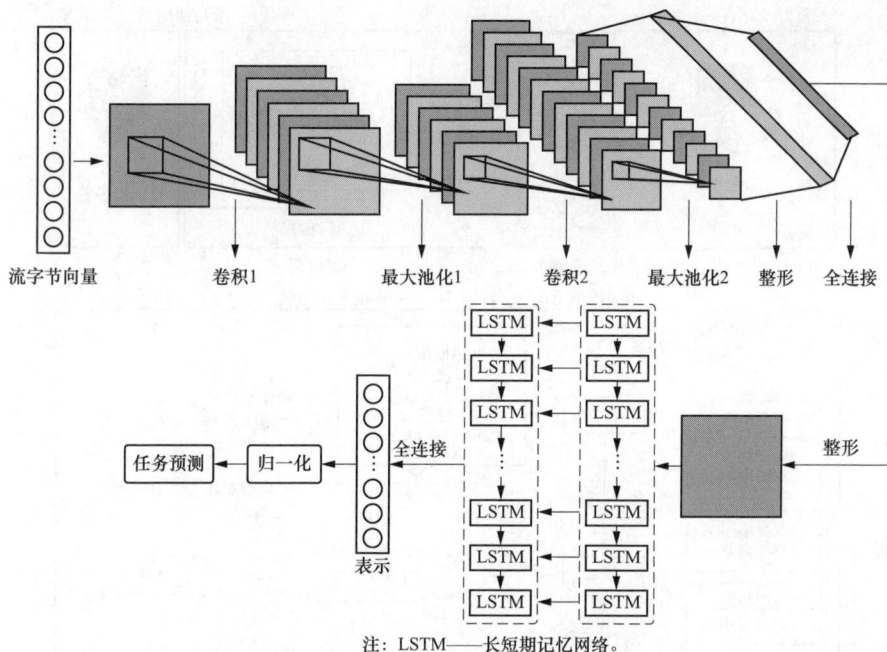

注：LSTM——长短期记忆网络。

图 5-21　基于深度学习的多源数据特征提取与训练

足等问题。分布式智能识别方法具有时间效率高、可扩展性强等优点，能够实现边缘侧对电力物联终端信息的高效辨识。基于云边端协同的分布式智能模型如图 5-22 所示，通过构建基于分布式智能的人工智能识别模型，能够解决电力物联网智能管控只能覆盖至边设备而终端感知辨识能力薄弱的问题，支撑边缘侧终端设备的精细化智能管控。

　　基于分布式智能的人工智能识别模型构建方法通过生成考虑设备流量、报文特征的会话约束，为分布式光伏、储能等电力物联终端智能识别提供数据支持，主要包括构建设备流量会话序列、提取会话报文特征向量、分时智能识别索引等步骤。首先，根据在一定时间内收集的分布式光伏、储能等电力物联终端设备报文数据，基于非自然时间的超时机制，维护阈值时间内的缓存并触发生成会话，同时相同的报文在阈值时间构成设备流量会话序列。其次，收集相同的电力物联终端设备会话后，统计并提取设备标识特征，并且根据电力物联终端的设备类型、设备厂家等静态信息，以及电气量、自身运行状态等动态信息进行动态适配调整。最后，基于内存会话生成算法，考虑设备静态和动态信息，将接收到的设备特征报文存放到指定流量集合中，将当前时间和初始时间对比，移除超过设定的阈值时间的特征报文，建立边缘侧终端设备的分时智能识别索引。上述方法能够完成对分布式光伏、储能等电力物联终端设备的高效轻量化人工智能识别，适用于新型电力系统智能光伏、储能运维等业务场景，对终端设备静态信息和动态信息进行自动辨识，同时可以高效对接工业互联网标识解析服务器，涵盖边缘侧光伏逆变器、末端感知单元等典型电力物联网感知终端设备，实现电力设备精细化状态和位置感知以及网络拓扑动态识别功能，继而实现电力物联网边缘侧终端感知辨识能力的快速提升。

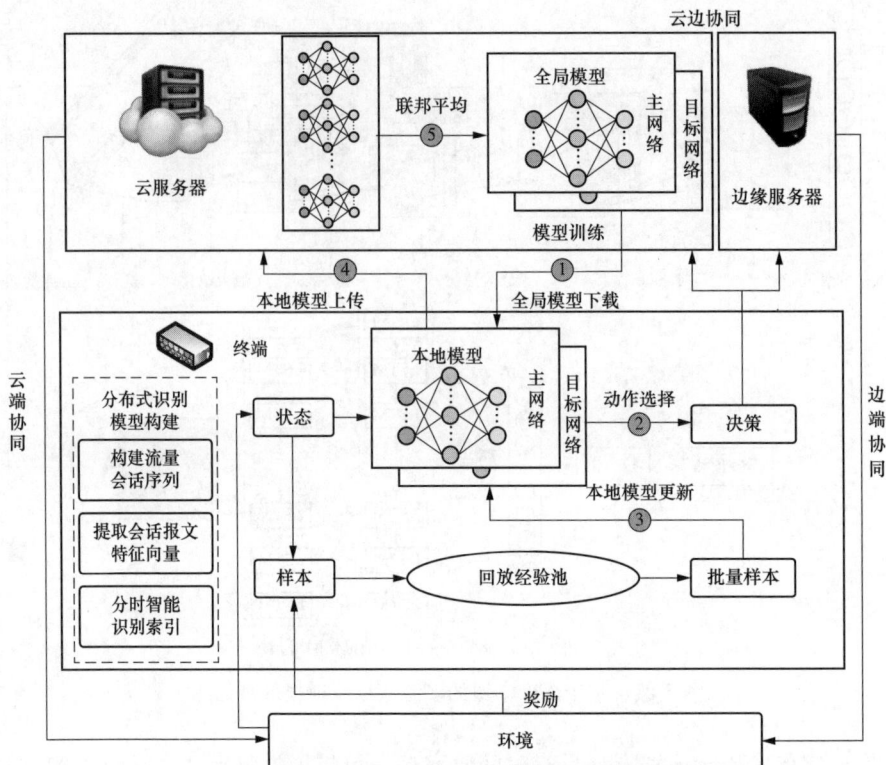

图 5-22 基于云边端协同的分布式智能模型

5.2.2.2 基于轻量级可信标识的端侧电子载体交互技术与自动辨识技术

1. 适应新型电力物联终端的自动纳管、识别的电子载体实现技术

适应新型电力物联终端的自动纳管、识别的电子载体实现技术的步骤包括电子载体接入自动识别、配置参数自动生成、设备配置初始化以及自动纳入网管。

首先，新型电力物联终端根据分布式光伏并网、储能电池监控等电力业务生成承载该终端标识信息的电子载体，电子载体通过特定扫描设备进行识别，判断电力物联终端的设备类型、设备厂家等静态信息，对电力物联终端设备信息进行解析并读取，自动扫描信息对应的终端，提取设备静态信息并导入数据库，自动发现搭载该电子载体的接入设备拓扑，实现对电力物联终端设备的高精度、自动识别。同时，网管系统建立该电力物联终端与静态信息中设备的对应关系。其次，接入设备配置参数自动生成，网管系统基于电子载体自动识别的结果，生成对应电力物联终端初始化配置所需的所有参数，包括电气量、自身运行状态等动态信息，以此生成设备纳管所需其他配置参数。然后，接入设备配置初始化，先是运行配置文件，根据电子载体蕴含的业务信息，进入可被网管系统完整管理、可自动注册业务，并符合网络方案要求的各类配置规范的状态。最后，网管系统建立电力物联终端的属性信息，并采集电力物联终端静态、动态的数据。同时，网管系统可对电子载体进行完整管理，完成接入设备自动纳管全部流程，适应新型电力物联终端的自动纳管、识别，提高与电子载体的交互速度，提升终端设备自动注册和管理效率。

2. 基于轻量级可信标识的快速交互技术

随着电网规模不断扩大，数据溯源、故障定位、分布式光伏监控、储能运维等电力

业务数据交互频次及数量急剧增加，电力物联终端受限于自身资源、处理能力和传输带宽，无法满足资产类型多样、数据规模庞大的电力业务数据及标识信息快速辨识需求，亟须轻量级快速交互技术，实现标识信息的高效、可靠交互。本部分针对网络拓扑动态变化、设备运行状态获取不及时等问题，提出轻量化可信标识接口，实现"发布/订阅"的应用交互。此外，考虑电网供能、用能及其附属资产隶属关系复杂的特点，传统电力标识交互方法面临多样化、频繁的网络攻击威胁，需在轻量级快速交互的基础上，使用标识可信交互方法，提高安全性、识别效率及识别速度。基于轻量级可信标识的快速交互技术如图 5-23所示。

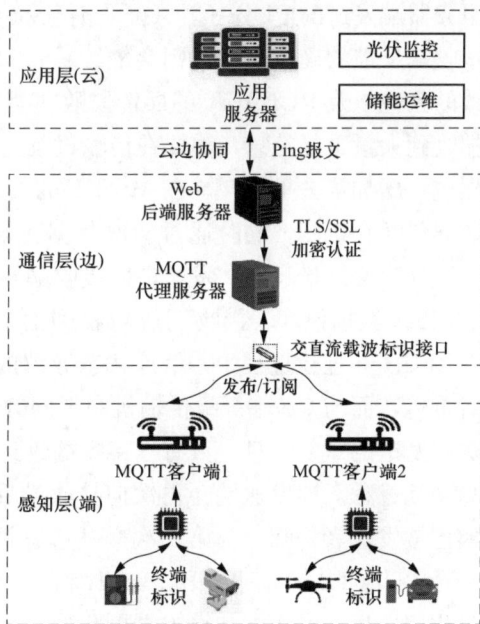

图 5-23　基于轻量级可信标识的快速交互技术

首先，基于轻量级 MQTT 协议支撑光伏逆变器、末端感知单元等典型电力物联网感知终端的快速交互，通过交直流载波标识接口，利用"发布/订阅"的应用交互方式代替传统架构中链式交互方式，将集中于 API 网关的交互决策资源分散到智能光伏监控、储能运维等多个应用上，实现轻量级、自发式的标识交互。

其中 MQTT 协议是 1999 年由 IBM 制定的 ISO 标准（ISO/IEC PRF 20922）下的一种"轻量级"通信协议，该协议构建于 TCP/IP 协议上，是为硬件性能低下的远程设备以及网络状况糟糕的情况下而设计的发布/订阅型消息协议。MQTT 协议是轻量、简单、开放和易于实现的，其最大优点在于可以以极少的代码和有限的带宽，为连接远程设备提供实时可靠的消息服务。作为一种低开销、低带宽占用的即时通信协议，其在物联网、小型设备、移动应用等方面有较广泛的应用。MQTT 数据包结构如图 5-24所示。

图 5-24　MQTT 数据包结构

为了保证消息正确地发布，MQTT 协议提供了三种不同的 QoS 机制，定义为 QoS0、QoS1 和 QoS2，分别具有不同的可靠性保障。QoS0 机制下的消息发送十分依赖于底层网络的能力，消息接收方不会对接收到的消息发送响应，消息发送也不会因为消息可能没有发送成功而进行重试，对此等级的应用消息不需要回应确认，没有重传机

制，可能导致消息丢失。使用 MQTT 协议 QoS1 机制传输消息时，发送端会向接收端发送一个带有数据的 PUBLISH 数据包，并在本地保存这个 PUBLISH 数据包，直至收到服务器端发送的 PUBACK（确认消息），即数据包成功到达服务器端；若发送端未收到接收端反馈的确认消息，则会继续重传直至成功接收到 PUBACK。其中，信道状态导致的丢包以及 PUBACK 的回传失败均会导致发送端重复发送相同的消息，造成了接收端收到大量重复消息，需要在传输过程完成后进行"去重"动作，即自行删除重复的数据包，增加了去重能耗。在 MQTT 的 QoS2 等级传输机制中，发送端和接收端都设有数据包暂存机制，同时通过两次数据交互过程来保证接收端成功且不重复地收到消息。第一次交互过程中，发送端向接收端发送一个 PUBLISH 数据包，并在本地保存该 PUBLISH 数据包。若接收端成功收到消息，则第一时间暂存此消息并向发布者发送 PUBREC。在上述过程中，信道状态导致的丢包以及 PUBREC 的回传失败都会导致发布者重传，而与 QoS1 等级传输机制不同的是，由于暂存了消息标识，因此并不会接受发送端发送的重复消息。只有当接收端收到 PUBREC 消息，QoS2 机制才会启动第二次消息交互过程，即发送端会再次向接收端反馈一个 PUBREL 消息，以确定消息收到的事实已被发送者得知。与第一次交互过程类似，接收端收到 PUBREL 消息后会再次发送一个 PUBCOMP 信息，PUBREL 和 PUBCOMP 消息的发送失败均会导致重传。传输过程完成后，发送端和接收端删除暂存的消息标识。综上所述，QoS0 机制不存在重传与回传过程，不含有去重能耗；QoS1 机制存在重传与回传过程，但回传过程仅成功一次即可，含有去重能耗；QoS2 机制下，每个数据包存在至少两次回传，不含有去重能耗。三种 QoS 级别的 MQTT 协议数据传输过程如图 5-25 所示。

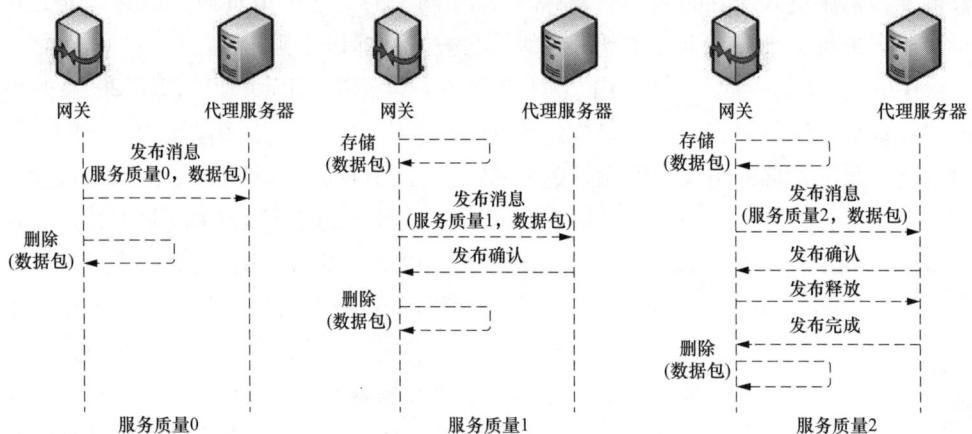

图 5-25　三种 QoS 级别的 MQTT 协议数据传输过程

同时，电力物联终端标识通过服务器转发，避免由终端寻址而导致的数据存储过多问题，有效提高带宽利用率，适配规模化、不确定性的分布式电源、充电负荷接入下的复杂电网环境，实现电力物联终端静态信息及动态信息的快速交互。

然后，考虑电力物联终端标识可信度、机密性和完整性问题，基于 TLS/SSL 加密认证方案保证电力业务数据及标识信息在传输、存储和检索中始终以密文形式存在，避免电力物联终端设备类型、设备厂家、电气量、自身运行状态等信息及设备编码和资产编码等标识数据泄露，提高标识交互安全性。

最后，针对电力物联终端有限的能量资源，通过间断性地发送 PING 报文维持终端与服务器之间的连接，以达到降低功耗的目的，实现电力终端间电力标识数据的快速交互，支撑高并发实时数据流处理，为电力物联终端的智能、精准、快速辨识提供通信传输支撑。上述基于轻量级可信标识的快速交互技术通过消息触发主动执行标识传输，无须生成额外的报文信息，满足电力物联网的轻量级通信需求，并基于 TLS/SSL 加密认证方案保障标识可信安全交互，为开发基于容器化的边缘侧设备识别与资产辨识应用提供技术支撑。

3. 面向多特征信息提取的自动辨识技术

考虑传统存量终端及新型电力物联终端的差异化接入特点，提出面向多特征信息提取的自动辨识技术，如图 5-26 所示。

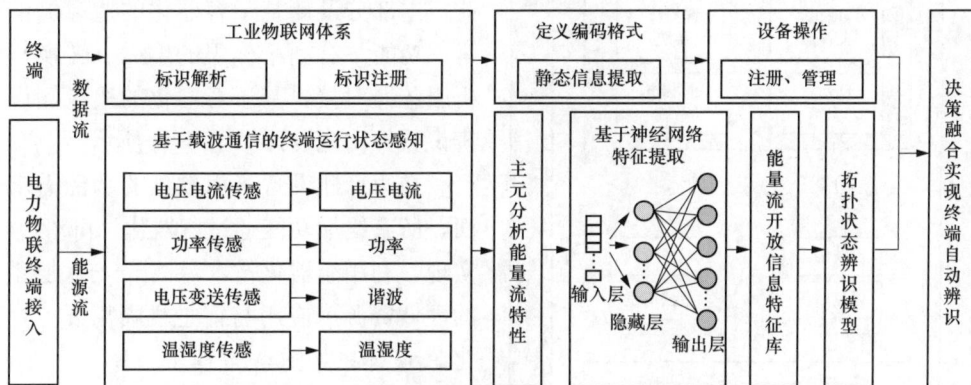

图 5-26 面向多特征信息提取的自动辨识技术

首先，利用工业互联网标识体系中的标识方案、标识分配机制、注册机制、解析机制、数据管理机制与安全防护方案等关键技术，通过定义编码格式对并实现唯一、无歧义命名，经标识分配、注册、解析、管理等一系列操作，在数据流层面支撑电力物联终端自动辨识，实现数字身份认证、数据安全连接以及底层标识数据采集和信息系统间数据共享。

其次，考虑新型电力系统内分布式光伏、储能、负荷等多种新型电力物联终端的大规模并网，基于交直流电力线载波技术实现能量流数据信息采集，并基于能量流特征频谱分析电力物联终端接入特性，结合主元分析法提取不同电力物联终端接入的能量流特性参量，包括电压、电流、功率、谐波、瞬时有功功率/无功功率等电气参量以及设备自身运行状态。在此基础上，基于深度学习技术提取电力物联终端接入关键频谱特征，如图 5-27 所示，建立能量流开放性信息特征库，在能量流层面支撑电力物联终端自动辨识。

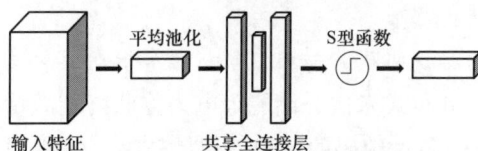

图 5-27 基于深度学习的电力物联终端关键频谱特征识别

最后，基于决策融合方法，综合数据流、能量流多维判别依据及多特征信息，实现电力物联终端的智能、精准、自动辨识，提高终端设备自动注册和管理效率。上述方法利用工业互联网标识体系，基于能量流特征频谱分析提取电力物联终端多特征信息，实现对电力物联终端的设备类型、设备厂家等静态信息，以及电气量、自身运行状态等动态信息的自动辨识。

5.2.2.3 基于容器化的边缘侧设备辨识应用软件

1. 基于容器化的边缘侧设备辨识软件功能设计

随着异构异源设备的大量接入，现有设备辨识软件功能难以适配不同环境下的海量异构数据传输，系统的兼容性问题导致设备辨识信息无法及时获取，无法满足电力物联设备智能辨识与精细化管控需求。为此，本部分设计基于容器化的边缘侧设备辨识功能，有利于标识的编码、转换与解析服务器对接，基于容器化的边缘侧设备辨识软件功能设计如图 5-28 所示。

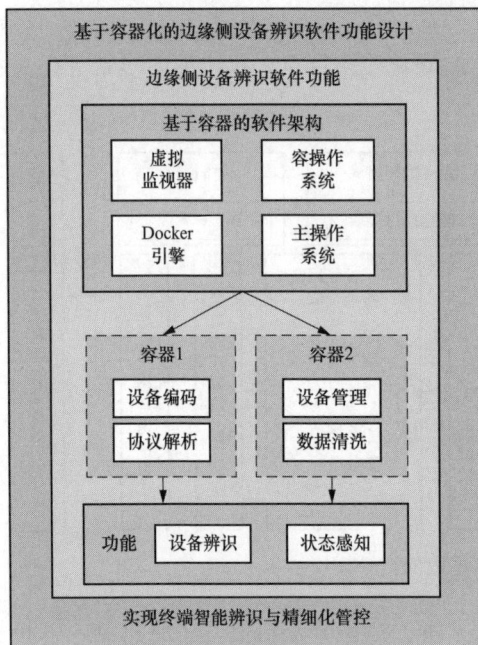

图 5-28 基于容器化的边缘侧设备辨识功能设计

在边缘侧设备辨识软件的功能需求方面，所有终端功能通过容器化 App 的方式实现，利用容器化技术对 App 与底层系统的硬件资源、应用与宿主机隔离开。容器化 App 体系如图 5-29 所示。

边缘侧设备辨识软件可实现电力物联网终端设备的编码、解析等功能，具备良好的适应性和可拓展性。终端通过附加末端感知单元等典型电力物联网感知模块，对设备类型、设备厂家等静态信息，以及电气参量、自身运行状态等动态信息进行自动辨识。

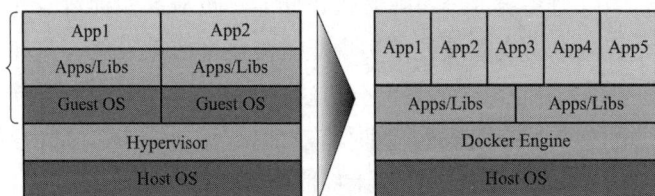

图 5-29 容器化 App 体系

2. 基于 VAA 编码的标识编码、转换、解析服务器对接架构

针对新型电力系统中分布式光伏、储能等电力物联终端海量接入带来的精准终端辨识难题，本部分提出基于 VAA 编码的标识编码、转换、解析服务器对接架构，实现对电力物联终端的设备类型、设备厂家等静态信息，电气量、自身运行状态等动态信息的唯一精准标识。基于 VAA 编码的标识编码、转换、解析服务器对接架构自下而上分别为标识编码层、标识转换层、标识解析层。基于 VAA 编码的标识编码、转换、解析服务器对接流程如图 5-30 所示。

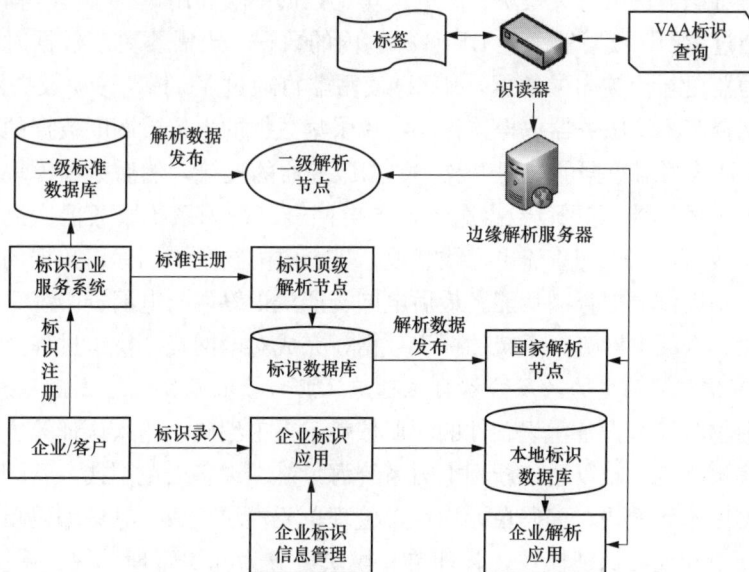

图 5-30　基于 VAA 编码的标识编码、转换、解析服务器对接流程

通过为每一个对象赋予一个唯一的身份标识，搭建标识编码层，进行命名空间规划、标识编码申请、标识编码分配、标识编码赋予、标识载体管理、标识编码读写、读写设备管理、标识编码回收等业务，为新型电力系统中电力物联终端进行数字化标识的技术手段和相关管理规范。以便电力物联终端标识数据能够在目标模式下准确表示和应用，标识转换层将在标识编码层下构建的标识数据转换为在目标模式下可应用的标识数据。标识解析层通过边缘解析服务器和企业节点、二级节点、国家顶级节点进行对接，完成标识对象精准、安全地寻址、定位以及查询，包括标识注册、标识解析、标识查询、标识搜索和标识认证。

3. 基于机器学习的边缘侧设备识别与电网资产辨识功能模块

电网资产涉及范围尺度广，类型数量庞大，涉及种类繁多，既包含变压器、配电房、电塔、电杆等传统存量设备，还包含分布式/集中式储能站、分布式光伏、充电桩等新型电力系统源网荷储资源，传统基于中心式的电网资产辨识技术存在效率低下、适应性差等问题，难以适应新型电力系统中分布式光伏、储能等电力物联终端海量接入新特征及终端设备辨识管控需求，因此本部分从构建边缘侧设备模型和构建电网资产辨识模型实现轻量容器化的软件，提升电网设备与资产管控水平。

基于机器学习的边缘侧设备模型分为云中心层模块、边缘层模块和现场层模块，现场层模块由电力设备或传感器组成。其开发过程是现场层模块负责标识数据的采集和预处理，并完成对原始数据库中的缺失数据的补全和数据的筛选，边缘层模块向下支持现场层设备的接入，对接收的数据进行实时检测和类型识别，边缘层模块向上接入云中心层，将处理完成后的数据传入云中心层模块，等待云中心层模块进行进一步的处理，云中心层模块汇集边缘层的数据，根据数据之间的关联性，对数据做最终的辨识。

电网资产辨识模块由采集模块、服务模块、数据模块和用户终端模块构成，其开发过程是：先通过 RFID 读写器采集 RFID 标签内的数据，当需要更改数据时，授权用户可以使用读写器更新标签内的数据，RFID 读写器再通过 Wi-Fi、移动数据网络或 USB 等方式与电网资产系统服务器取得连接，实现采集数据的上传或调度数据的下载，服务模块负责 RFID 读写器数据的处理以及与数据服务器的连接，然后数据模块需要设置独立的 RFID 数据服务器，RFID 数据服务器与电网资产辨识系统服务器连接，并采用轻量化可信标识接口，基于交直流电力线载波，进行电力物联终端标识数据的轻量级、可信快速交互，并提供数据查阅功能。最后电网资产辨识终端与电网资产统一身份编码系统服务器连接，查阅电网资产系统的标识数据，完成对电网资产辨识过程。

4. 基于可信编码的电力物联终端自主标识注册和管理流程规范功能模块

传统电力物联终端设备辨识软件的注册依赖于人工编码、输入认证等方式，自主性低、管理流程不规范，难以适应新型电力系统海量终端设备大范围接入管理趋势。该软件模块由数据库单元模块、编码单元模块、管理单元模块构成，其中编码单元模块可分为编码规则模块和编码识别模块，管理单元模块可分为标识管理模块、系统安全模块。首先，通过设备清单表、初始化表、协议表、用户表等创建编码数据库，再由编码规则模块依据初始化表和协议表中的信息，约束编码按照编码方案生成设备标识码，再上传至数据中心的设备标识码，经过物联网中间件——基于局部过滤器和全局过滤器的数据清洗机制和基于复杂事件处理 RFID 数据处理模型来滤除不可靠性数据、冗余数据，确保数据准确、精简和富有时序性。然后，标识管理模块根据生成的设备标识码，对输变电设备进行主动编码识别和管理，如判断设备是否重复编码、进行代码审核、更正错误代码，完成与已有其他类型的设备编码映射关联，具有新建、查询、更新、删除等功能，而系统安全模块可以根据需求对用户注册、修改密码、权限分配、数据库的维护、代码查询等业务进行管控，针对不同的用户分配不同的权限，保证编码系统的安全。最后，对登录用户采取权限设定，并及时更新设定，设定之后，登录系统采取相关认证机制，对已绑定用户和设备进行标识解绑，支持对自身的标识编码元数据、标识注册信息、标识分配信息、标识解析日志等数据进行管理，提高终端设备自动注册和管理效率，实现网络拓扑变化频繁背景下的设备运行状态感知，进一步为面向电力物联终端智能辨识的边缘智能设备研发提供软件支撑。

5.3　新型配电网多模态通信架构及异构融合组网技术

5.3.1　支撑新型配电网园区低碳运行的多模态通信架构

在国家大力推进"双碳"目标的背景下，随着新型配电网园区内海量新型主体的接入，园区对延时、能耗和可靠性等通信指标和碳排放指标的要求逐渐增高，原有的单一媒介通信方式已经难以满足新型配电网园区的低碳运行需求。因此，本小节考虑新型配电网园区地域特点、新能源供电方式和低碳业务需求，对支撑新型配电网园区低碳运行的多模态通信架构进行了研究，架构示意图如图 5-31 所示。该架构与物联网的云、管、边、端架构相对应，涵盖终端层、网关层、平台层，包括融合多种媒介接入的通信终端、多模态通信边缘计算网关、适配园区低碳运行的通信管理演示平台，与传统的物联网架构相比，在多媒介接入融合、支撑社会资产接入、内生安全方面具有创新性。

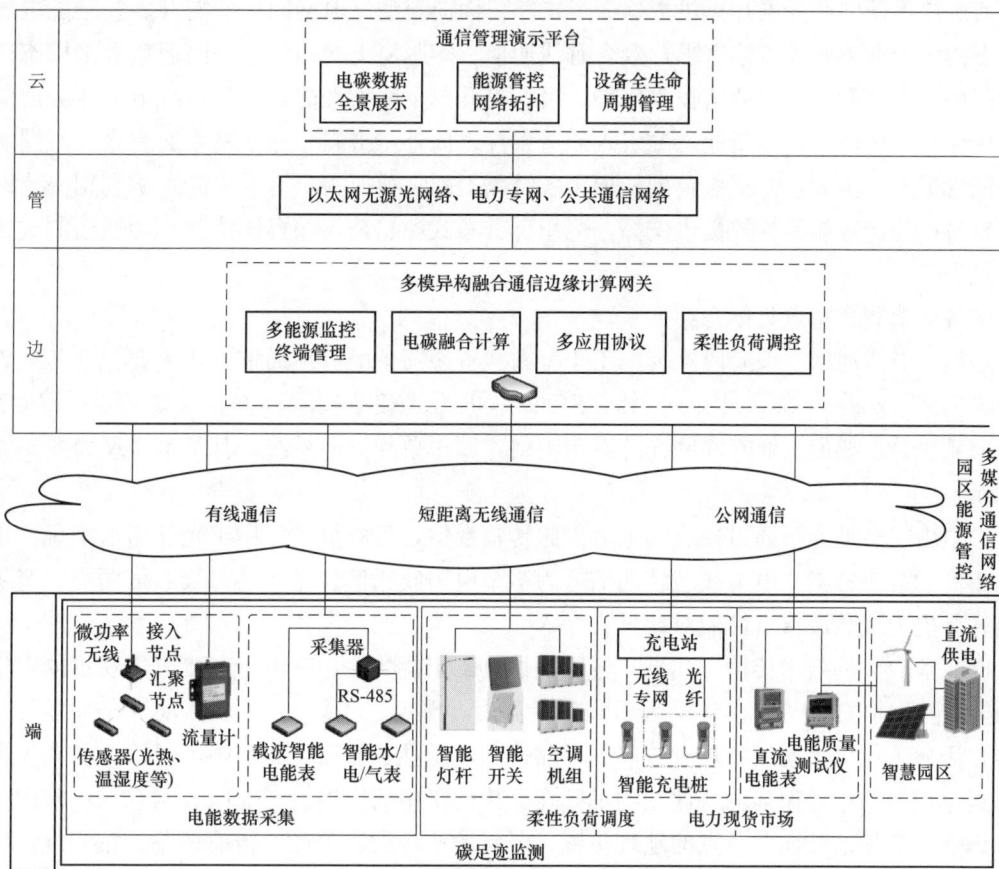

图 5-31　支撑新型配电网园区低碳运行的多模态通信架构示意图

支撑新型配电网园区低碳运行的多模态通信架构中各层的功能如下所述：

1. 端层

端层包含各种传感器、流量/电能表计，被安装于智能电器、电动汽车充电桩、分布式光伏等各类设备上，并持续采集设备运行数据，通过多种类型的通信方式将数据传输至边，为电能数据采集、柔性负荷调度、电力现货市场、碳足迹监测等多种业务的实现提供数据支撑。传统新型配电网园区通信网络多铺设光纤进行传输，对于海量分布式设备接入的园区成本较高且建设困难，因此可通过加装微功率无线、无线局域网（WLAN）、4G/5G 模块实现数据的无线传输。对于网络环境复杂、遮挡物较多区域，无线通信难度较大，可利用连接终端设备自身的电力线实现数据传输。此外，考虑各种新型配电网园区用电装置的技术发展方向趋于由交流驱动转为直流驱动，部分智能电器与分布式电源还可采用直流载波通信进行数据传输，因此，园区通信网络应当适配新能源供电方式。同时，为保障新型配电网园区通信网络安全，避免非授权终端的非法接入，终端设备还应支持自动安全登录、身份认证和确认。

2. 多媒介通信网络

新型配电网园区能源管控多媒介通信网络连接端层与边层，为电碳融合计算、柔性负荷调控等低碳业务展开提供数据通道支撑。面向新型配电网园区新能源、复杂配电场景下的多种低碳业务传输需求，融合有线通信、短距离无线通信、公网通信等多模态通信网络，充分利用多种通信技术优势，极大提升单个网络性能，支持传统电力业务的同时，为柔性负荷调控等新业态的引入创造条件。此外，多媒介通信网络通过聚合不同网络闲置资源，扩大总体覆盖范围，均衡各链路上的负荷压力，有效提高资源利用率及网络容量，为园区能源管控提供支撑。适用于分布式源、荷、储资源协同互动通信制式比较见表 5-1。

各通信制式特点具体介绍如下。

（1）有线通信。现阶段广泛应用于分布式资源通信的有线通信方式主要包含各类无源光网络（passive optical network，PON）、电力线载波技术、工业以太网等。EPON专网系统是主要的工业互联网光纤专用网络，属于单纤双向系统，其基本原理如图 5-32 所示。

电力线载波通信通过现有的电力设施传输数据，可以提供相比于光纤通信来说性价比更高的解决方案。电力线载波通信分为窄带电力线通信和宽带电力线通信两类。窄带与宽带电力线载波技术性能对比见表 5-2。

工业以太网技术传输方式具有较好的抗电磁干扰特性。又由于工业应用现场的电气（包括电源和电磁干扰）、环境因素（包括温度、湿度、尘埃）、机械振动等条件非常恶劣，因此工业以太网设备具有较高的可靠性和安全性。然而，其布网不灵活、前期投资和运维成本均中等偏高的特性制约了其在异构网络中的发展。工业以太网在设计时主要考虑业务数据的流向、节点的地理位置、节点的业务隶属关系、传输链路充裕程度、网络的收敛性能和弹性要求等。

RS-485 总线是通用异步收发技术的一种，速率最高只能达到 115200bit/s，且受制于布网不灵活等缺点。但其技术成熟度高，且具有较高的传输可靠性和安全性，投资成本和运维成本均较低，能够广泛用于电网的离散数据采集中，比如综合自动化系统、动环监控数据量的采集。

（2）短距离无线通信。短距离无线通信方式主要包含高速射频（highspeed radio frequency，HRF）技术、Wi-Fi 通信技术、Lora 通信技术和 Zigbee 通信技术。

HRF 通信又称高速无线通信技术，具有较好的抗电磁干扰特性，采用自定义低延时协议，且组网灵活，建设、运维成本低。然而，其可靠性和安全性不足以支撑分布式资源业务高效传输。目前的 HRF 多工作于 470MHz 或 2.4GHz，可有效地与 HPLC 技术进行互补，能够双通道自动融合组网，组网更加灵活。

表 5-1　适用于分布式源、荷、储资源协同互动通信制式比较

项目		有线通信				短距离无线通信				公网通信	
		xPON	HPLC	以太网	RS-485	HRF	Wi-Fi	Lora	Zigbee	4G	5G
技术指标	带宽（bit/s）	1.25G	10~100k	10M/100M/1000M	0.3~115k	2.4M	2M	300k	250k	100M	>1G
	实时性	高	中	高	中	中	高	高	高	中	高
	抖动	微秒级	微秒级	微秒级	微秒级	50~100ms	50~100ms	50~100ms	50~100ms	30~40ms	<1μs
	QoS	高	中	高	中	高	高	低	低	高	高
传输距离（km）		小于 80	2~20	小于 80	小于 1.2	>0.1	0.1	8~15	0.2~0.75	1~3	0.1~0.3
环境影响		不受影响	电网结构	不受影响	不受影响	不受影响	易受影响	不受影响	易受影响	天气地形	天气地形
电磁兼容		不受影响	受影响	不受影响	受影响	受影响	受影响	受影响	不受影响	受影响	受影响
标准		ITU-TG.957	DL/T790	IEEE 802.3/802.3u	RS-232、RS-485	自定义低延时协议	IEEE 802.11ah	LoraWAN	IEEE 802.15.4	完备	完备
技术成熟度		成熟	成熟	成熟	成熟	成熟	成熟	成熟	成熟	成熟	不成熟
组网灵活性		较灵活	不灵活	不灵活	不灵活	灵活	灵活	灵活	灵活	灵活	灵活
可靠性		高	中	高	高	中	中	中	高	低	高
安全性		高	中	高	高	中	中	中	低	低	高
运维成本		中	较高	中	低	低	高	低	中	低	低
投资成本		高	低	中	低	低	高	高	中	低	低

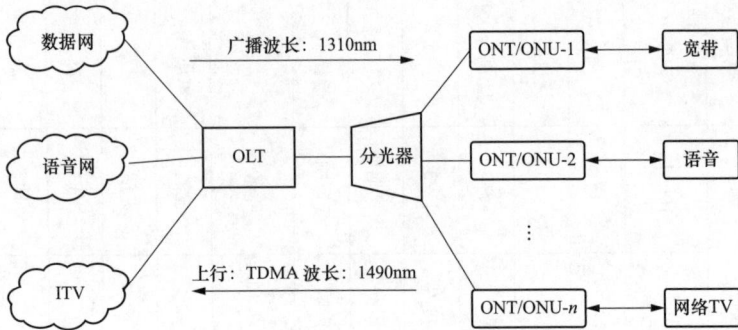

图 5-32　EPON 网络组成及技术原理图

表 5-2　　　　　　　　　　　窄带与宽带电力线载波技术性能对比

名称	窄带电力线通信	宽带电力线通信
工作频带	3～500kHz	2～12MHz
发送功率	5W	小于 1W
通信速率	2～24kbit/s	1Mbit/s 以上
功率预算	约 80dB	约 80dB
网络延时	大于 100ms	约 10ms
单跳距离	电缆 5km，架空线 10km	小于 2km

　　Wi-Fi 通信是一种短距离无线通信技术，通过射频技术进行数据传输，其优点是部署灵活、可扩展，但在可靠性和安全性方面性能一般，前期投资和后期运维成本均较高。Wi-Fi 利用简单存取构架来实现远距离大范围的网络连接，因此只需在 Wi-Fi 电磁波覆盖的有效范围内，就可以利用 Wi-Fi 进行网络连接，使得海量工业互联网终端设备能够以无线方式连接在一起，为工业互联网以及分布式源、荷、储资源协同互动提供了无线网络技术支持，其组网架构示意图如图 5-33 所示。

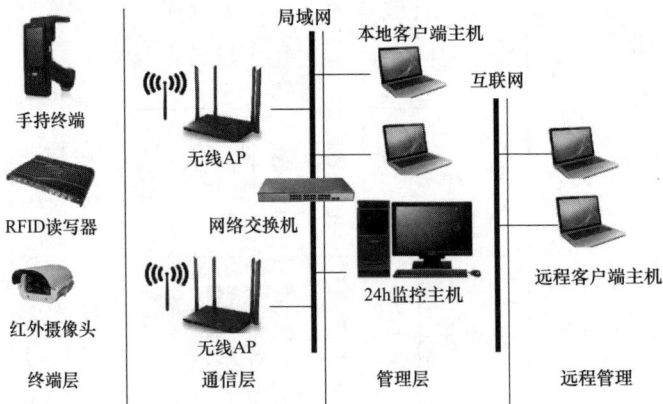

图 5-33　Wi-Fi 组网架构示意图

　　Lora 通信是低功率广域网络通信技术中的一种远距离低功耗通信技术，具有组网灵活，具备远距离、低功耗、多节点、低成本、易于部署和标准化等优点，但通信可靠性、安全性、前期投资方面性能一般。Lora 技术帮助终端用户提供远距离、长寿命、大容量的系统，扩展传感网络，适用于工业互联网复杂场景下海量终端设备长期工作以及组网需求，可支持数据双向传输。

　　Zigbee 通信是一种应用于短距离和低速率下的无线通信技术，可嵌入到各类控制装置、传感器、消费性电子设备中，支持小范围短距离内基于无线通信的控制和自动化。同时，Zigbee 技术还具备自组网功能，为终端设备的统一管理提供了技术支持。根据应用场景的需要，Zigbee 网络可以组成星形网络、网状网络和簇状网络三种拓扑结构，具体如图 5-34 所示。

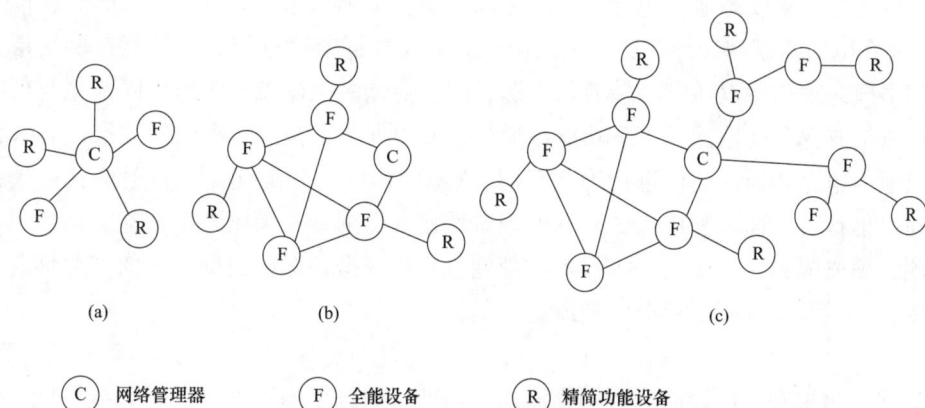

图 5-34　Zigbee 网络拓扑结构
(a) 星形网络；(b) 网状网络；(c) 簇状网络

　　(3) 公网通信技术。适配新型配电网的公网通信技术主要有 4G、5G 技术。第四代移动通信技术 4G 基站信号覆盖范围为 1～3km，占用宽带约为 100MHz，抖动为 30～40ms，传输具备信号传播能力强、传输速度快、智能化水平高、通信方式灵活、兼容性好等优点，但易受天气、地形等环境因素影响，抗电磁干扰特性较弱。4G 广泛应用于配电网自动化、电力线路巡查监控、智能变电站站内通信、风力场发电等场景，分为 TD-LTE 和 FDD-LTE 两种类型，主要包括正交频分复用、调制与编码技术、智能天线技术、多进多出（multiple input multiple output，MIMO）技术、软件无线电技术、多用户检测技术等核心技术。

　　第五代移动通信技术 5G 指具有高速率、低延时和大连接特点的新一代宽带移动通信技术。5G 基站信号覆盖范围为 0.1～0.3km，占用宽带大于 1GHz，抖动小于 $1\mu s$，具有较高的实时性，易受天气、地形等环境因素影响，但抗电磁干扰能力强于 4G 通信技术。5G 采用全新的服务化架构，支持差异化业务场景和模块化网络功能；支持按需调用，实现功能重构；支持灵活部署，基于网络功能虚拟化/软件定义网络，实现硬件和软件解耦、控制和转发分离；采用通用数据中心的云化组网，网络功能部署灵活，资源调度高效；支持边缘计算，云计算平台下沉到网络边缘，支持基于应用的网关灵活选择和边缘分流，通过网络切片满足差异化通信需求。国际电信联盟定义了 5G 的三大应用场景，即增强移动宽带（enhanced mobile broadband，eMBB）、超高可靠低延时通信（ultra-reliable & low-latency communication，uRLLC）和海量机器类通信（massive machine type of communication，mMTC）。

3. 边层

边层考虑新型配电网园区碳足迹监测、电力现货市场、柔性负荷调控等低碳业务种类丰富、业务终端分布广、通信汇聚媒介复杂、通信协议多样以及接入设备资产属性复杂的特点，边应该支持海量异构通信设备接入，并具备网元管理、可信计算、多应用协议功能，可以实现底层多模态传输方式的动态流量适配与转换，并将处理后的业务数据上传至应用层。多模态通信边缘计算网关层在支持的协议方面，应包括 DDS、MQTT、CoAP 等在电力物联网领域广泛采用的协议，并实现涵盖物理层、链路层、网络层、应用层的多模态通信协议适配与转换，为源、网、荷储多主体接入电网协同互动与低碳运行提供通信支撑。通信网元管理功能可通过控制单元下发控制指令到网关层内各通信单元完成通信电路切换，还可进行通信/计算资源的调度与分配优化、自适应路由选择控制。在可信计算方面，利用边缘计算处理海量接入数据，并采用人工智能、白名单、入侵检测、横向隔离、纵向认证等技术实现网络内生安全，保证数据接入的安全性与隐私性，支撑新型配电网园区社会资产海量可信接入。

4. 管层

管层是边层和云层之间的数据传输通道，业务数据可通过 EPON、无线专网、运营商网络等方式上传至云，实现网络资源综合管理与灵活调度，提升园区通信网络服务质量，满足新型配电网园区低碳业务灵活、高效、可靠的多样性需求。

5. 云层

云层针对智慧园区中广泛接入数据的全景展示需求，设计支持智慧园区低碳运行通信管理演示功能的云平台，为电能数据采集、柔性负荷调度、电力现货市场、碳足迹监测等多种业务展现提供平台支撑。云对边上传数据进行信息处理，实现接入数据的全面可视化和通信网络拓扑的全方位展示，支持各节点业务数据采集情况、碳排放量等的量化分析，便于园区能量流、信息流、业务流的统筹管理。在此基础上，通过对园区内通信设备全生命周期建立档案，在生产、安装、运行、运维直到报废的全生命周期内进行登记、监测、统计，实现设备全生命周期管理。

5.3.2 支撑新型配电网园区低碳运行的多模态异构融合组网关键技术

本小节研究支撑新型配电网园区低碳运行的多模态异构融合组网关键技术。首先，针对海量终端接入场景下支撑碳足迹监测等多业务的多模态异构组网技术进行研究；在此基础上，研究多模态通信协议适配与转换技术实现机理，保障新型配电网园区低碳业务的差异化通信需求。

5.3.2.1 支撑海量接入背景下碳足迹监测等多业务的多模态异构组网技术研究

面向新型配电网园区范围内大量终端及海量传感接入背景，针对园区新能源、复杂配电场景低碳多业务对多种传输媒介的传输需求问题，融合交/直流载波、光纤、5G、

WLAN、微功率无线、蓝牙等多种通信方式，研究多模态异构组网关键技术。首先提出基于信号时频特征的网络发现技术；在此基础上，研究基于神经网络的信道选择技术；最后，基于李雅普诺夫研究流量适配技术，为后续多层多模态通信协议适配与转换研究提供技术支撑。其研究思路如图 5-35 所示。

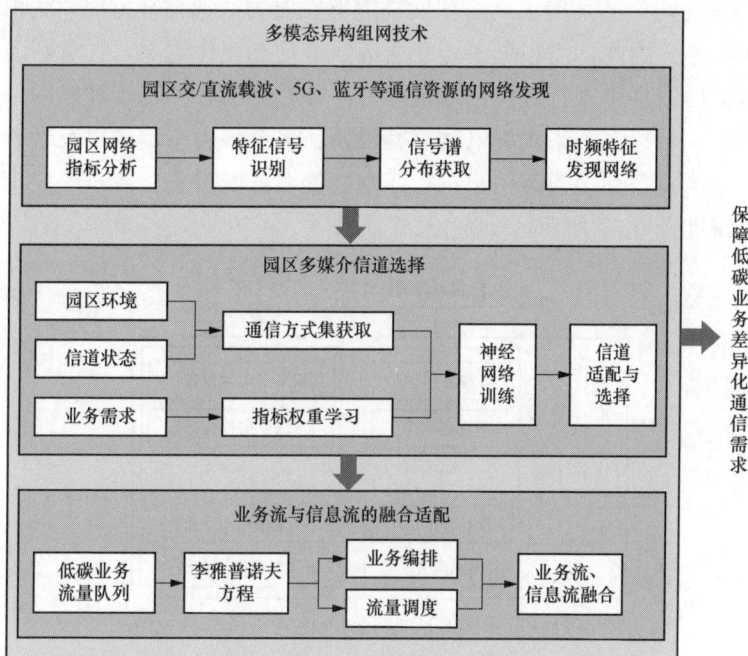

图 5-35　新型配电网园区多模态异构组网技术研究思路

1. 基于信号时频特征的网络发现技术研究

首先，针对新型配电网园区内交/直流载波、光纤、5G、WLAN、微功率无线、蓝牙等多种通信网络共存情况，提取园区中多模态异构组网网络的特征信息，综合分析各网络性能指标；其次，当多模态终端检测到园区新能源、复杂配电网环境下可用的通信网络信号时，须通过能量检测算法识别对应的网络特征信号，确定多模态异构组网网络的传输模式；最后，利用小波阈值去噪和多周期特性加权循环平稳特征检测算法获得信号循环相关谱分布。小波阈值去噪过程如图 5-36 所示。

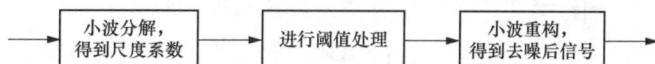

图 5-36　小波阈值去噪过程

去噪后分析信号循环相关谱的谱峰位置与形状，识别多模态异构组网信号时频特征，根据得到的时频特征判断网络信息，实现支撑新型配电网园区碳足迹监测、电力现货市场、柔性负荷调控等多业务的网络发现。

2. 基于神经网络的信道选择技术研究

新型配电网园区内通信环境复杂多变，对于变频器、调光开关等电气设备分布密集的区域，电磁干扰较强，利用终端设备连接的电力线进行监测数据传输更为可行；对于居民楼宇、树木等遮挡物较多的区域，无线通信难度大，可利用光纤等有线通信方式保障电力数据的可靠传输。此外，当新能源设备投切导致信号波动和浪涌冲击时，宜选用光纤或 5G 实现毫秒级精准负荷控制，促进新能源消纳。广泛覆盖新型配电网园区的 WLAN、微功率无线、蓝牙等无线通信网络能够在电力线通信异常时，为海量终端设备提供可靠接入服务。因此，需根据多媒介通信信道动态变化情况，针对新型配电网园区大量终端接入的通信环境进行最优信道选择。本部分提出一种基于神经网络的新型配电网信道选择系统，包括多个未来配电物联网设备、多个多模态信道以及带有神经网络的用于将新型配电网设备和多模态信道进行匹配的资源分配设备。基于偏好值的新型配电网信道选择系统如图 5-37 所示。

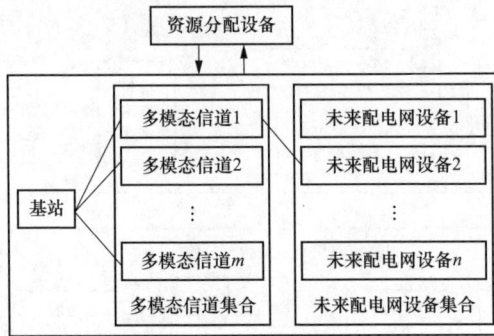

图 5-37　基于偏好值的新型配电网信道选择系统

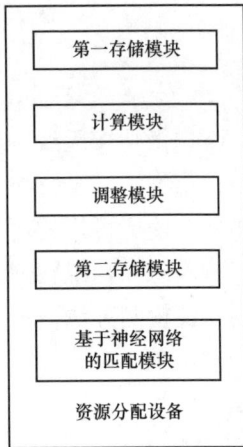

图 5-38　资源分配设备结构示意图

其中资源分配设备又包括第一存储模块、计算模块、调整模块、第二存储模块以及匹配模块，如图 5-38 所示。

首先，第一存储模块获取并存放各个多模态信道的信息和新型配电网设备的信息。

其次，基于神经网络的匹配模块接收第一存储模块中的多模态信道信息和新型配电网设备的信息并获得新型配电网设备对于各个多模态信道的偏好值，基于偏好值获得虚拟匹配结果，原理如图 5-39 所示。

然后，调整模块用于输入虚拟价格以调整偏好值。接着，第二存储模块存放所述虚拟匹配结果。

最后，匹配模块根据虚拟匹配结果对子信道和配电物联网设备进行匹配。基于神经网络的信道选择流程如图 5-40 所示。

若多模态信道收到多于一个配电物联网设备的匹配请求，将该信道加入匹配冲突的信道集合。当匹配冲突的信道集合中的信道仅收到一个新型配电网设备的匹配请求，则可以将该子信道与该配电物联网设备匹配并将该子信道移出匹配冲突的子信道集合。具体而言，多模态信道被移动至匹配冲突的子信道集合后，可以利用虚拟价格调整该信道的偏好值，并且更新该信道在喜爱列表的位置。发送模块可以基于更新后的喜爱列表向偏好值最高的信道发送匹配请求，当匹配冲突的子信道集合中

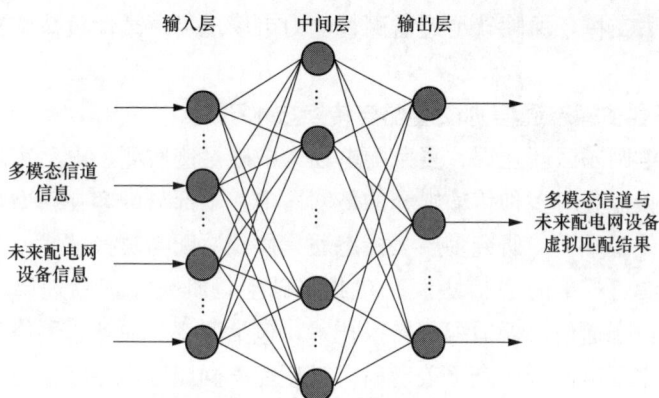

图 5-39　基于神经网络的多模态信道选择示意图

的子信道仅收到一个配电物联网设备的匹配请求，资源分配设备可以将该信道与该新型配电网设备匹配并将该子信道移出匹配冲突的子信道集合。在这种情况下，能够移出匹配冲突的信道集合中的不具有匹配冲突的信道，并降低匹配冲突的子信道集合中的子信道的数量，进而能够降低因匹配冲突对新型配电网造成的影响，实现新型配电网整体长期吞吐量最大化。

　　3. 基于李雅普诺夫的流量适配技术研究

　　碳足迹监测、柔性负荷调控等低碳业务流量特点各不相同。其中，碳足迹监测业务覆盖区域广，涵盖了配电网运行的各个环节，其流量大、持续时间长。柔性负荷调控引导空调、电动汽车海量分散分布的负荷侧资源与电网进行协同互动，其数据流量大、分布广、响应特性

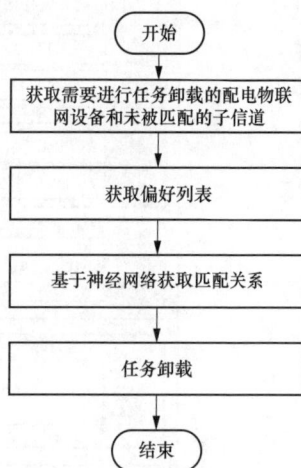

图 5-40　基于神经网络的信道选择流程图

各异，对实时性要求较高。因此，需根据当前数据队列积压以及数据输入输出速率构建适配低碳业务的流量队列模型。为了避免数据队列积压超过数据缓存区大小：①设置有关长期平均队列积压稳定性的约束；②构建李雅普诺夫方程，计算李雅普诺夫漂移。李雅普诺夫方程是对当前时隙内所有任务队列的一个标量的、非负的描述，具体如式（5-1）所示。

$$L[\theta(t)] \triangleq \frac{1}{2}\sum_{i=1}^{N}Q_i(t)^2 \tag{5-1}$$

式中：$L[\theta(t)]$ 为终端设备的任务队列积压状态；Q_i 为第 i 个终端设备在 t 时刻的任务队列积压。

　　为维持总体平均任务队列积压大小，可以用李雅普诺夫漂移表示从时隙 t 到时隙 $t+1$ 所有终端设备的任务队列增长量，即

$$\Delta[\theta(t)] \triangleq L[\theta(t+1)] - L[\theta(t)] \tag{5-2}$$

其中，数据准入控制问题根据当前数据队列积压情况，利用拉格朗日对偶分解及 KKT 条件优化准入数据量，同时通过优化流量调度方案最小化长期平均排队延时，为多模态

异构组网提供有力支撑，保障碳足迹监测、电力市场现货、柔性负荷调控等多业务数据的可靠传输。

5.3.2.2　多层多模态通信协议适配与转换技术研究

针对新型配电网园区新能源、复杂配电场景中碳足迹监测、电力市场现货交易、柔性负荷调控等低碳业务对多种传输媒介的传输需求，本部分内容在新型配电网园区多模态异构组网技术的基础上，研究多层多模态通信协议适配与转换技术。分析支撑上述低碳业务运行的能源管控电力通信协议；在此基础上，研究涵盖物理层、链路层、网络层、应用层的多模态通信协议适配与转换技术，包括速率、业务、网络环境等领域的适配技术，支持新型配电网园区全覆盖通信。新型配电网园区多层多模态通信协议适配与转换技术方案图如图 5-41 所示。

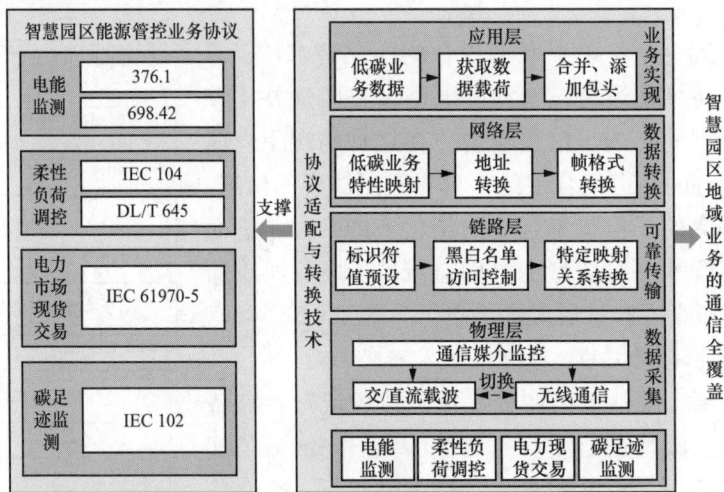

图 5-41　新型配电网园区多层多模态通信协议适配与转换技术方案图

面向新型配电网园区中的新能源、复杂配电场景中碳足迹监测、电力市场现货交易、柔性负荷调控、电能监测等低碳业务，通过不同协议对园区低碳业务制定各自的规则，实现园区网络的统一管理。例如，碳足迹监测利用 IEC 102 协议为园区内海量终端提供联网监控传输功能，实现园区用电信息及碳足迹的汇聚、传输、交互；电力市场现货交易应用 IEC 61970-5 协议为园区内电能量交易、调频服务和备用服务等提供高速率、高可靠的通信服务；柔性负荷调控可利用 IEC 104 协议实现采集数据和控制数据的自由传输与交互；电能监测方面，工业、建筑、园区等领域的能源管理利用 DL/T 645 规约制定电能表通信的统一规则，为能源表记提供高效便捷的通信管理，利用 376.1 协议为用电信息采集系统主站和采集终端建立数据传输格式标准，应用 698.42 协议为园区内的电能数据采集业务提供安全可靠的数据传输通路。新型配电网园区中各类低碳业务可应用 TASE.2、IEC 61968、IEC 62351、MQTT、CoAP、DDS 等多种电力协议，从低碳业务对速率、可靠性、经济性、安全性等服务性能需求维度，对低碳业务与应用层通信协议进行适配分析。

基于上述分析，新型配电网园区内各类低碳业务通过不同电力协议实现信息可靠交互。因此，为支撑多能源终端协调互动，需从物理层、链路层、网络层、应用层等多层进行多模态通信协议适配研究，充分保障园区低碳业务在速率、业务、网络环境等领域的精准适配。其中，物理层考虑不同低碳业务终端采用的异构化通信方式，例如WLAN、交/直流载波方式等，支撑负荷监控终端、智慧路灯、智能充电桩等多种电气、新能源设备的接入，在新型配电网园区供电直流化、分布式能源渗透、社会资产互动、海量终端动态接入环境下，确保数据在各种通信媒介上高效传输。链路层兼容各类链路层数据帧结构，将源自物理层智能电能表、流量计等用能监控装置的数据可靠传输至网络层。网络层完成数据寻址、地址解析、路由转发等操作，支持新型配电网园区碳足迹监测数据精准定位与实时传输，并将安全机制及证书管理、资源管理、应用管理等功能进行内置。应用层支持新型配电网园区通信单元中运行碳足迹监测、电力现货市场、柔性负荷调控等各类低碳业务实现。

物理层通过硬切换技术实现 WLAN 和交/直流载波方式切换，同时需要兼容传统电能采集常用的 UART、SPI、GPIO、IIC、ADC、RS-485 等通信接口。来源于新型配电网园区各类电能监测、数据传感终端的业务数据到达硬切换模块后，交/直流载波模块与无线通信模块中额外包含一个监控模块监控电力线的工作状态，当电力线工作正常时，无线通信模块保持休眠状态。考虑到新型配电网园区电气设备投切、高比例新能源并网等情况极易导致电力线通信异常，影响信号传输的稳定性及可靠性，需激活无线通信模块，以无线方式发送"建立无线连接请求"消息给相邻的无线传感器节点，相邻无线传感器节点接收到此消息后，会发送"建立无线连接确认"的消息给无线通信接口，建立无线通信链路，完成交/直流载波与无线通信的切换，为新型配电网园区电能量采集装置、配电终端、同步相量测量装置等电气、新能源设备提供可靠的物理连接。

链路层通过标识符实现链路层多模态通信协议转换。新型配电网园区内碳足迹监测、电力现货市场、柔性负荷调控等低碳业务对延时敏感程度差异性较大，CAN 标识符值可为园区低碳业务数据帧设置传输优先级，并采用黑/白名单技术对入口 CAN 帧进行访问控制，优先传输延时敏感业务数据，保障电力市场价格信息及时响应。此外，CAN 标识符值能够根据特定映射关系实现 CAN 帧和以太网帧的协议转换，为链路层提供透明、可靠的数据传输服务。

网络层通过业务特性映射技术实现网络层多模态通信协议转换。凭借 IPv6 对端到端及多媒体业务的强大支撑能力，能够实现新型配电网园区远程实时电力数据监测。该协议通过帧格式转换单元，实现 Profinet 报文格式与 IPv6 数据包格式的转换，支持寻址和路由方案兼容，支持新型配电网园区碳足迹监测数据精准定位与实时传输，为新型配电网园区开展多能协同、梯级利用等综合能源服务提供支撑，推动园区低碳转型。

应用层通过数据包处理技术实现应用层多模态通信协议转换。从低碳业务对速率、可靠性、经济性、安全性等服务性能需求维度，对低碳业务与应用层通信协议进行适配分析。MQTT 与 CoAP 支持设备自描述功能且安全性高，满足新型配电网园区终端即插即用，支撑柔性负荷调控业务低碳运行。DDS 和 MQTT 采用以数据为中心的发布/订阅通信模型，具备高速率、高可靠性特征，支持分布式系统的实时通信，满足园区内高比例分布式新能源接入需求，支撑碳足迹监测业务低碳运行。针对园区智能抄表、智能配电、多样化储能、分布式光伏等复杂应用场景，基于数据包处理技术，将接收到的 CoAP 数据包进行解包操作，去掉数据包头，获得数据载荷，进一步对数据载荷的大小进行合并阈值判断，经合并、添加 HTTP 包头处理后，实现 CoAP 协议至 HTTP 协议转化，进而将设备数据信息上送到边缘计算平台，为用户进行电气安全评估、隐患分析、能效管理及整体用能情况提供数据支撑，最终实现碳足迹监测、柔性负荷调控、电力现货市场的新型配电网园区低碳运行业务。

5.4　新型配电网云边端协同技术

5.4.1　基于分层规划的新型配电网云边端通信计算存储配置方法

配电网作为电力系统与分散用户直接相连的重要组成部分，在维护电网正常运行中承担着重要作用，也是构建能源互联网的重要基础。然而，随着配电网终端爆发式增长，终端数据处理及存储需求越发提高，而配电网云边端通信计算存储资源配置需要整合配电网各层资源配置情况，容易导致资源配置不足或资源浪费，难以满足配电网云边端大规模数据交互需求，使配电网终端数据不能及时处理，造成数据积压提升，影响配电网正常运行。因此，迫切需要设计配电网云边端通信计算存储配置方法，根据上层资源配置信息优化下层资源配置，并可根据下层数据处理结果反馈调节上层资源配置，提高配电网数据处理水平，保障配电网正常运行。传统的资源配置方法通常未考虑各层间资源配置的相互耦合影响，在面向配电网云边端资源配置时面临两个挑战：一方面，云边端各层通信计算存储资源配置通过数据处理相互耦合，即单独一层的资源配置改变，会影响其他层数据处理性能，导致资源配置优化效率下降；另一方面，云边端资源整体配置优化空间大，复杂度过高，现有配置算法难以适用。

针对上述问题，本节提出一种基于分层规划的配电网云边端通信计算存储配置方法，通过对配电网云边端多层规划，并基于数据积压、各层资源情况进行资源配置，提高配电网多业务运行效率，架构图如图 5-42 所示。本节所提方法主要包含云层通信计

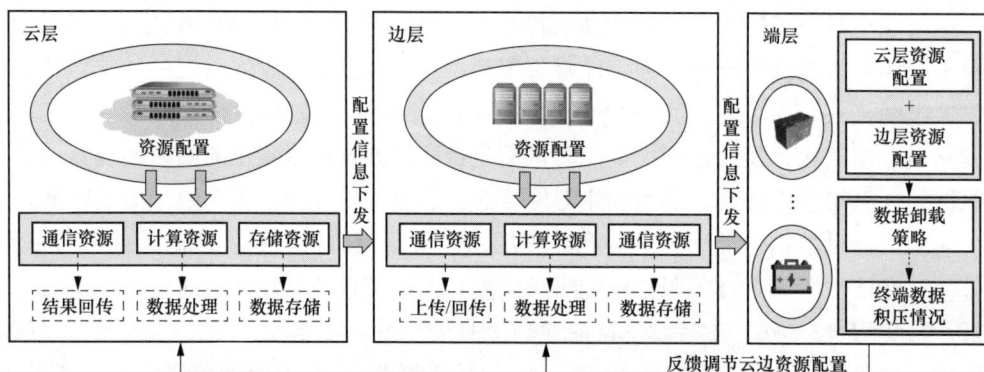

图 5-42　基于分层规划的配电网云边端通信计算存储配置方法

算存储资源配置、基于云层配置的边层通信计算存储资源配置及数据卸载决策、基于边层配置的端层通信计算存储资源配置及数据卸载决策三个部分，具体阐述如下：

5.4.1.1　云层通信计算存储资源配置

1. 云层计算资源配置

云层通过云服务器整合自身计算、存储资源以及当前所需处理数据量，配置云服务器资源并下发配置结果。云层数据积压可以表示为

$$Q_c^n(t+1) = Q_c^n(t) + A_{e,c}^n(t) - x_c^n(t)\frac{\varpi_c(t)}{\alpha_c(t)} \tag{5-3}$$

式中：$Q_c^n(t)$ 为云服务器上来自终端 n 的数据积压；$A_{e,c}^n(t)$ 为边缘服务器卸载至云服务器的终端 n 的数据量；$\varpi_c(t)$ 为云服务器可用计算资源，即云服务器 CPU 总频率（cycles）；$\alpha_c(t)$ 为云服务器数据计算密度（cycles/bit）；$x_c^n(t)$ 为云层计算资源配置比例。

云服务器为终端 n 计算资源配置的打分情况 $O_c^n(t)$ 可计算为

$$\begin{cases} O_c^n(t) = \dfrac{\beta_{req}^n + V_{c,1}^n[Q_c^n(t) + Q_d^n(t-1)] + V_{c,2}^n S_{e,c}^n(t)}{delay_{req}^n} \\ x_c^n(t) = \dfrac{O_c^n(t)}{\sum\limits_{n=1}^{N} O_c^n(t)} \end{cases} \tag{5-4}$$

式中：β_{req}^n 为终端 n 的数据重要度；$S_{e,c}^n(t)$ 为边云之间针对终端 n 的数据的通信资源配置打分情况；$delay_{req}^n$ 为终端 n 的数据延时需求；$Q_d^n(t-1)$ 为终端 n 在第 $t-1$ 次迭代完成时的数据积压，迭代数据积压越多，其待处理数据越多，则为终端 n 配置更多计算资源；$V_{c,1}^n$，$V_{c,2}^n$ 分别为云服务器侧对于终端 n 的数据积压权重和云服务器侧对于终端 n 通信资源配置打分情况权重。

2. 云到边数据回传通信资源配置

云层完成对边层所卸载数据的处理后，需要占用云层和边层之间的部分通信资源回传数据计算结果。设置 $B_{e,c}$ 为云层和边层之间的通信总带宽，根据终端 n 的数据延时需求以及边云存储情况，为终端 n 数据在云边间传输所配置的通信资源 $B_{e,c}^n$ 可以计算为

$$\begin{cases} S_{e,c}^n(t) = \dfrac{\beta_{req}^n + V_{c,1}^n[Q_c^n(t) + Q_d^n(t-1)]}{delay_{req}^n} \\ \eta_{e,c}^n(t) = \dfrac{S_{e,c}^n(t)}{\sum\limits_{n=1}^{N} S_{e,c}^n(t)} \\ B_{e,c}^n(t) = \eta_{e,c}^n(t) B_{e,c}(t) \end{cases} \tag{5-5}$$

式中：$S_{e,c}^n(t)$ 为终端 n 数据在云边间传输所需通信资源打分情况；$\eta_{e,c}^n(t)$ 为终端 n 数据在云边间传输所需通信资源配置比例。

由于数据上传及回传均占用通信总带宽，即 $B_{e,c}^n(t) = B_{e,c}^{n,up}(t) + B_{e,c}^{n,down}(t)$，因此，完成计算数据从云服务器回传至边缘服务器所需带宽 $B_{e,c}^{n,down}(t)$ 为

$$B_{e,c}^{n,\text{down}}(t) = \frac{x_c^n(t)\dfrac{\varpi_c(t)}{\alpha_c(t)}}{A_{e,c}^n(t) + x_c^n(t)\dfrac{\varpi_c(t)}{\alpha_c(t)}}B_{e,c}^n(t) \tag{5-6}$$

即回传带宽通过云服务器回传数据量与带宽所传输总数据量的占比计算。

3. 云层存储资源配置

进一步地，基于云服务器数据积压为终端 n 卸载至云服务器的数据配置存储资源，可以表示为

$$store_c^n(t) = \frac{Q_c^n(t) + A_{e,c}^n(t)}{\sum\limits_{n=1}^{N}\left[Q_c^n(t) + A_{e,c}^n(t)\right]}store_c(t) \tag{5-7}$$

式中：$store_c^n(t)$ 为云服务器总存储资源。

5.4.1.2　基于云层配置的边层通信计算存储资源配置及数据卸载决策

1. 边层计算资源配置

边层接收云服务器配置信息后，进一步调整边缘服务器资源配置方案和数据卸载决策。边层数据积压可以表示为

$$Q_e^n(t+1) = Q_e^n(t) + A_{d,e}^n(t) - A_{e,c}^n(t) - x_e^n(t)\frac{\varpi_e(t)}{\alpha_e(t)} \tag{5-8}$$

式中：$A_{d,e}^n(t)$ 为终端 n 卸载至边缘服务器的数据量；$\varpi_e(t)$ 为边缘服务器可用计算资源，即边缘服务器 CPU 总频率（cycles）；$\alpha_e(t)$ 为边缘服务器数据计算密度（cycles/bit）；$x_e^n(t)$ 为边缘服务器为终端 n 配置的计算资源比例，边缘服务器为终端 n 计算资源配置的打分情况为 $O_e^n(t)$，计算公式为

$$\begin{cases} O_e^n(t) = \dfrac{\beta_{\text{req}}^n + V_{e,1}^n\left[Q_e^n(t) + Q_c^n(t) + Q_d^n(t-1)\right] + V_{e,2}^n S_{d,e}^n(t)}{delay_{\text{req}}^n} \\ x_e^n(t) = \dfrac{O_e^n(t)}{\sum\limits_{n=1}^{N} O_e^n(t)} \end{cases} \tag{5-9}$$

式中：β_{req}^n 为终端 n 的数据重要度；$Q_e^n(t)$ 为边缘服务器为终端 n 所维护的数据队列积压；$Q_d^n(t-1)$ 为终端 n 在第 $t-1$ 次迭代完成时的数据积压；$S_{d,e}^n(t)$ 为边端之间针对终端 n 的通信资源配置打分情况；$delay_{\text{req}}^n$ 为终端 n 的数据延时需求；$V_{e,2}^n$、$S_{d,e}^n$ 分别为边缘服务器侧对于终端 n 的数据积压权重和边缘服务器侧对于终端 n 数据上传时的通信资源配置打分情况权重。

2. 边层通信资源配置

（1）边到云数据上传通信资源配置。基于云服务器回传数据可得边缘服务器上传数据所剩余通信资源，边缘服务器数据上传通信资源配置 $B_{e,c}^{n,\text{up}}(t)$ 可以表示为

$$B_{e,c}^{n,\text{up}}(t) = B_{e,c}^n(t) - B_{e,c}^{n,\text{down}}(t) \tag{5-10}$$

（2）边到端数据回传通信资源配置。同理于云边数据上传与回传需求，设置 $B_{d,e}(t)$ 为边端通信总带宽，因此，终端 n 在边端间传输所配置的通信资源可计算为

$$\begin{cases} S_{\mathrm{d,e}}^{n}(t) = \dfrac{\beta_{\mathrm{req}}^{n} + V_{\mathrm{e,1}}^{n}\left[Q_{\mathrm{e}}^{n}(t) + Q_{\mathrm{d}}^{n}(t-1)\right]}{delay_{\mathrm{req}}^{n}} \\[3mm] \eta_{\mathrm{d,e}}^{n}(t) = \dfrac{S_{\mathrm{d,e}}^{n}(t)}{\displaystyle\sum_{n=1}^{N} S_{\mathrm{d,e}}^{n}(t)} \\[3mm] B_{\mathrm{d,e}}^{n}(t) = \eta_{\mathrm{d,e}}^{n}(t) B_{\mathrm{d,e}}(t) \end{cases} \tag{5-11}$$

式中：$S_{\mathrm{d,e}}^{n}(t)$ 为终端 n 数据在边端间传输所需通信资源打分情况；$\eta_{\mathrm{d,e}}^{n}(t)$ 为终端 n 数据在边端间传输所需通信资源配置比例。

同时，由于数据上传及回传均占用通信总带宽，即 $B_{\mathrm{d,e}}^{n}(t) = B_{\mathrm{d,e}}^{n,\mathrm{up}}(t) + B_{\mathrm{d,e}}^{n,\mathrm{down}}(t)$，因此，完成计算数据从边缘服务器回传至终端 n 所需带宽 $B_{\mathrm{d,e}}^{n,\mathrm{down}}(t)$ 为

$$B_{\mathrm{d,e}}^{n,\mathrm{down}}(t) = \frac{x_{\mathrm{e}}^{n}(t)\dfrac{\varpi_{\mathrm{e}}(t)}{\alpha_{\mathrm{e}}(t)}}{A_{\mathrm{d,e}}^{n}(t) + x_{\mathrm{e}}^{n}(t)\dfrac{\varpi_{\mathrm{e}}(t)}{\alpha_{\mathrm{e}}(t)}} B_{\mathrm{d,e}}^{n}(t) \tag{5-12}$$

3. 边层存储资源配置

基于边缘服务器数据积压为终端 n 数据配置存储资源，可以表示为

$$store_{\mathrm{e}}^{n}(t) = \frac{Q_{\mathrm{e}}^{n}(t) + A_{\mathrm{d,e}}^{n}(t)}{\displaystyle\sum_{n=1}^{N}\left[Q_{\mathrm{e}}^{n}(t) + A_{\mathrm{d,e}}^{n}(t)\right]} store_{\mathrm{e}}(t) \tag{5-13}$$

式中：$store_{\mathrm{e}}^{n}(t)$ 为边缘服务器总存储资源。

4. 边层数据卸载决策

根据边云通信资源配置情况以及边缘服务器为终端 n 所配置的计算资源，边缘服务器向云服务器数据卸载决策可计算为

$$\begin{cases} P_{\mathrm{e,c}}^{n}(t) = \dfrac{S_{\mathrm{e,c}}^{n}(t)}{\varpi_{\mathrm{e}}(t)} \\[3mm] z_{\mathrm{e,c}}^{n}(t) = \dfrac{P_{\mathrm{e,c}}^{n}(t)}{\displaystyle\sum_{n=1}^{N} P_{\mathrm{e,c}}^{n}(t)} \\[3mm] A_{\mathrm{e,c}}^{n}(t) = z_{\mathrm{e,c}}^{n}(t) A_{\mathrm{d,e}}^{n}(t) \end{cases} \tag{5-14}$$

式中：$P_{\mathrm{e,c}}^{n}(t)$ 为边缘服务器中针对终端 n 数据向云服务器卸载时的打分情况；$z_{\mathrm{e,c}}^{n}(t)$ 为边缘服务器中针对终端 n 向云服务器数据卸载的比例。

当边缘服务器计算能力越弱、与云服务器间针对终端 n 的通信资源越多时，其数据卸载打分越高，卸载数据比例越大。

5.4.1.3　基于边层配置的端层通信计算存储资源配置及数据卸载决策

1. 端层数据卸载决策

端层接收边缘服务器配置信息后，进一步计算调整终端数据卸载决策。终端数据积压可以表示为

$$Q_d^n(t+1) = Q_d^n(t) + A_d^n(t) - A_{d,e}^n(t) - \frac{\varpi_d^n(t)}{\alpha_d^n(t)} \tag{5-15}$$

式中：$A_d^n(t)$ 为第 t 次迭代终端 n 所产生数据总量；$\varpi_d^n(t)$ 为终端 n 可用计算资源；$\alpha_d^n(t)$ 为终端 n 数据处理能力。

根据边缘服务器存储资源配置情况以及边缘服务器为终端 n 所维护的数据队列积压，计算终端向边缘服务器数据卸载决策为

$$\begin{cases} P_{d,e}^n(t) = \dfrac{S_{d,e}^n(t)}{\varpi_d^n(t)} \\[2ex] z_{d,e}^n(t) = \dfrac{P_{d,e}^n(t)}{\sum\limits_{n=1}^{N} P_{d,e}^n(t)} \\[3ex] A_{d,e}^n(t) = z_{d,e}^n(t) A_d^n(t) \end{cases} \tag{5-16}$$

式中：$P_{d,e}^n(t)$ 为终端 n 向边缘服务器数据卸载时打分情况；$z_{d,e}^n(t)$ 为终端 n 向边缘服务器数据卸载的比例。

终端 n 计算能力越弱、与边缘服务器间通信资源越多时，其数据卸载打分越高，卸载数据比例越高。

2. 端到边数据上传通信资源配置

基于边缘服务器回传数据可得终端上传数据所剩余通信资源，终端 n 数据上传所需要的通信资源配置 $B_{d,e}^{n,\mathrm{up}}(t)$ 可以表示为

$$B_{d,e}^{n,\mathrm{up}}(t) = B_{d,e}^n(t) - B_{d,e}^{n,\mathrm{down}}(t) \tag{5-17}$$

最后，基于云边端通信计算存储资源配置及数据卸载决策执行数据处理；计算端层终端数据积压结果后，反馈云边资源配置调节情况。

5.4.2　基于端侧数据存储感知的配电网云边卸载方法

随着新型电力系统的发展以及智能配用电终端的规模化接入，配电网业务种类与业务数据不断增多，业务需求逐渐呈现差异化的特点。传统云计算将终端设备的计算任务全部卸载到云中心进行集中处理，会造成网络拥塞以及较大的传输延时，无法满足配电网多业务差异化数据处理需求。边缘计算采用分布式计算方式，由分布在网络中的多个服务器处理计算任务，降低设备上传数据至云服务器的需求，减少网络拥塞。同时，通过将服务器部署在边缘侧，实现算力下沉，降低电力业务数据的传输时间。云边协同机制下，终端可以将端侧数据卸载到边缘服务器或云服务器进行处理，提高数据处理效率。然而，传统的卸载方法缺少端侧数据存储感知，难以实现云边卸载决策与端侧数据差异化处理需求的适配，导致电力业务数据云边卸载性能差。因此，迫切需要一种基于端侧数据存储感知的配电网云边卸载方法。

针对上述问题，本节提出一种基于端侧数据存储感知的配电网云边卸载方法，其架构如图 5-43 所示。首先，根据不同配电网业务带宽、计算资源、延时等需求对配电网业务进行分类，通过分析端侧数据的带宽需求指标、计算资源需求指标、延时需求指标

所占比重，实现端侧业务数据感知识别。然后，根据所识别出的业务类型综合考虑端侧数据存储、端边之间通道情况、端云之间通道情况、端侧电量、边侧计算能力、边侧队列积压、云侧计算能力、云侧队列积压端到端传输延时、计算延时等状态指标进行服务器选择指标计算。最后，根据服务器选择指标以及阈值判定云边卸载策略，具体步骤如图 5-44 所示。

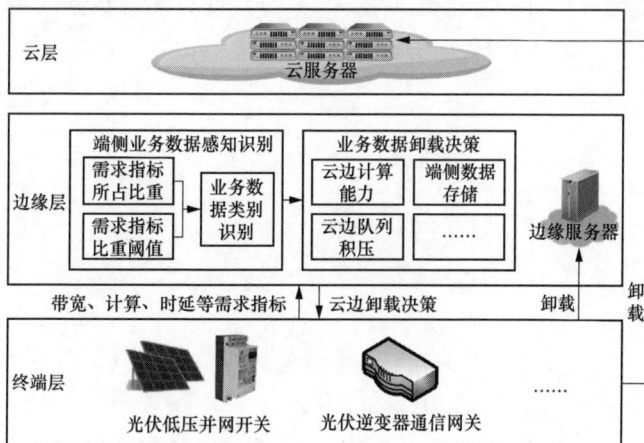

图 5-43　基于端侧数据存储感知的配电网云边卸载架构

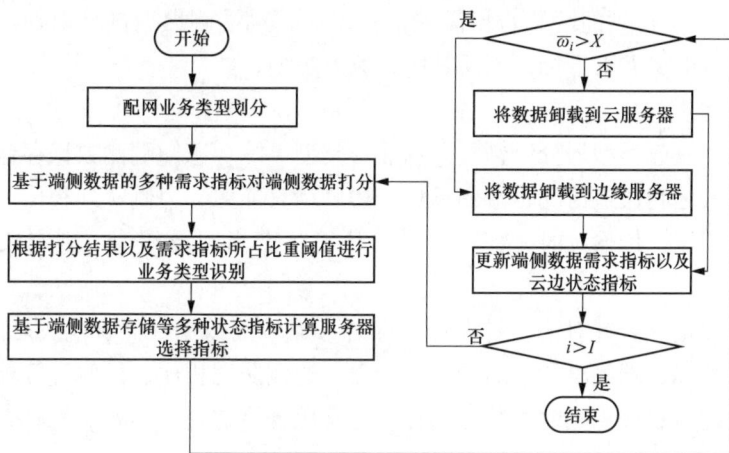

图 5-44　基于端侧数据存储感知的配电网云边卸载流程图

ϖ_i—服务器选择指标；X—服务器选择指标阈值，用来判定数据是否卸载到边缘服务器进行处理；

i—时隙端侧；I—总优化时隙；$\varpi_i > X$—当前服务器选择指标大于服务器选择指标阈值；

$i > I$—当前时隙是否大于全部优化时隙，表示优化结束

1. 业务类型划分

根据不同配电网业务带宽、计算资源、延时等资源需求特点，将配电网业务划分为8 种业务，包括大流量高复杂度低延时业务、大流量低复杂度低延时业务、大流量低复杂度非实时业务、大流量高复杂度非实时业务、小流量高复杂度低延时业务、小流量低

复杂度低延时业务、小流量低复杂度非实时业务、小流量高复杂度非实时业务。

2. 端侧数据感知识别

（1）端侧数据需求指标归一化。综合考虑配电网业务对带宽、计算资源、延时等资源的需求，对端侧数据的带宽需求指标、计算资源需求指标、延时需求指标进行归一化。

（2）端侧数据需求指标分析。基于端侧数据带宽需求、计算资源需求、延时需求归一化指标对端侧数据进行打分，根据式（5-18）分别计算端侧数据的带宽需求指标、计算资源需求指标、延时需求指标所占比重。

$$\begin{cases} \theta_1 = \dfrac{\omega}{\omega + \xi + \dfrac{1}{\psi}} \\[3ex] \theta_2 = \dfrac{\xi}{\omega + \xi + \dfrac{1}{\psi}} \\[3ex] \theta_3 = \dfrac{\dfrac{1}{\psi}}{\omega + \xi + \dfrac{1}{\psi}} \end{cases} \tag{5-18}$$

式中：ω 为带宽需求归一化指标；ξ 为计算资源需求归一化指标；ψ 为延时需求归一化指标；θ_1、θ_2、θ_3 分别为其所占比重。

（3）基于（2）得到的端侧数据需求指标占比，对端侧数据进行识别，根据业务延时、计算资源、带宽需求指标，判断其所属业务类型。

3. 卸载策略判定

基于上述"业务类型划分"判断得到业务类型，综合感知端侧数据存储、端边之间通道情况、端云之间通道情况、端侧电量、边侧计算能力、边侧队列积压、云侧计算能力、云侧计算积压、传输延时、计算延时等环境状态指标及阈值，判定数据云边卸载策略。

（1）服务器选择。针对第 j 种业务，综合考虑端侧数据存储、端边之间通道情况、端云之间通道情况、端侧电量、边侧计算能力、边侧队列积压、云侧计算能力、云侧队列积压、传输延时、计算延时等状态指标，定义服务器选择指标 $\varpi_{i,j}$，其表示为

$$\varpi_{i,j} = \chi_{i,j}\log(B_{i,j,1} - B_{i,j,2}) + \delta_{i,j}\log(Q_{i,j,2} - Q_{i,j,1}) + \varepsilon_{i,j}\log(f_{i,j,1} - f_{i,j,2}) \\ + \phi_{i,j}\log(T_{i,j,2} - T_{i,j,1}) + \varphi_{i,j}\log(\tau_{i,j,2} - \tau_{i,j,1}) - \beta_{i,j}E_{i,j} - \alpha_{i,j}D_{i,j} \tag{5-19}$$

式中：$D_{i,j}$ 为第 i 个时隙端侧第 j 种业务数据存储量；$E_{i,j}$ 为第 i 个时隙端侧剩余电量；$B_{i,j,1}$ 为第 i 个时隙端边之间第 j 种业务分配的带宽；$B_{i,j,2}$ 为第 i 个时隙端云之间第 j 种业务分配的带宽；$Q_{i,j,1}$ 为第 i 个时隙边侧第 j 种业务数据队列积压；$Q_{i,j,2}$ 为第 i 个时隙云侧第 j 种业务数据队列积压；$f_{i,j,1}$ 为第 i 个时隙边侧处理第 j 种业务数据计算速度；$f_{i,j,2}$ 为第 i 个时隙云侧处理第 j 种业务数据计算速度；$T_{i,j,1}$ 为第 i 个时隙第 j 种业务数据的端到边传输延时；$T_{i,j,2}$ 为第 i 个时隙第 j 种业务数据的端到云传输延时；$\tau_{i,j,1}$ 为第

i 个时隙第 j 种业务数据的边侧计算延时；$\tau_{i,j,2}$ 为第 i 个时隙第 j 种业务数据的云侧计算延时；$\alpha_{i,j}$、$\beta_{i,j}$、$\chi_{i,j}$、$\delta_{i,j}$、$\varepsilon_{i,j}$、$\phi_{i,j}$、$\varphi_{i,j}$ 分别为数据存储量、端侧剩余电量、带宽、队列积压、计算速度、传输延时、计算延时的权重参数。

根据上述"业务类型划分"所识别的业务类型设置不同权重参数，用来反映不同业务对上述资源的差异化需求。本节通过相减的形式对边侧指标与云侧指标进行比较，其中边侧状态指标与服务器选择指标成正比，云侧状态指标与服务器选择指标成反比，当边侧带宽、计算速度较快，延时与队列积压较小时算法倾向于选择边缘服务器，反之则倾向于选择云服务器。特殊地，服务器选择指标与端侧剩余电量成反比，当端侧剩余电量较小时倾向于选择边缘服务器以减小终端数据传输功耗，反之选择云服务器。服务器选择指标还与端侧数据存储量成反比，当端侧数据存储量较大时通信开销大，传输时间长，此时倾向于选择边缘服务器以减少通信开销，反之选择云服务器。

（2）判断 $\varpi_i > X$，用来判定数据是否卸载到边缘服务器进行处理。若满足则转向（4），否则转向（3）。

（3）将数据卸载到云服务器上进行处理。

（4）将数据卸载到边缘服务器上进行处理。

（5）更新端侧数据需求指标以及云边状态指标。

5.4.3　面向配电网多业务异质资源即时调度的边边协同方法

随着海量电力业务终端接入配电网，配电网业务数据不断增多，导致数据采集、数据分析和数据处理等方面需求激增。海量业务数据处理需要即时调度营销、运检、调度等异质资源，从而提高海量业务数据处理效率，支撑配电网多业务安全稳定运行。

边缘计算能够通过将算力下沉到边缘侧，为海量业务数据提供就近数据处理服务，降低数据传输和数据处理时间，实现电力业务数据边缘侧快速处理。考虑到边缘侧单一服务器计算以及存储能力有限，边边协同可以共享不同边缘服务器计算资源，实现电力业务数据协同处理。然而，传统的边边协同方法没有考虑配电网业务类型的划分，难以满足配电网不同业务对延时、计算资源、存储等的差异化需求。此外，传统的边边协同方法没有考虑多业务异质资源匹配度与边边协同信赖度的融合，导致配电网业务数据边边协同性能下降。因此，迫切需要一种面向配电网多业务异质资源即时调度的边边协同方法。

针对上述问题，本节提出一种面向配电网多业务异质资源即时调度的边边协同方法，其架构如图 5-45 所示。首先，根据配电网不同业务对延时、计算资源、存储等的差异化需求，将业务数据类型划分为低延时业务数据、计算密集型业务数据以及高流量业务数据；其次，根据划分的业务数据类型，综合考虑延时、计算资源、可用存储空间等配电网多业务需求进行业务数据类型识别；最后，基于所识别的业务数据类型，根据目标边缘服务器信赖度以及多业务异质资源匹配度对目标边缘服务器优先度进行评估，选择协同数据处理的目标边缘服务器，并依据处理反馈结果更新对目标边缘服务器的优先度评分，提高边边协同卸载性能。

如图 5-46 所示，本节提出一种面向配电网多业务异质资源即时调度的边边协同方法，具体步骤如下。

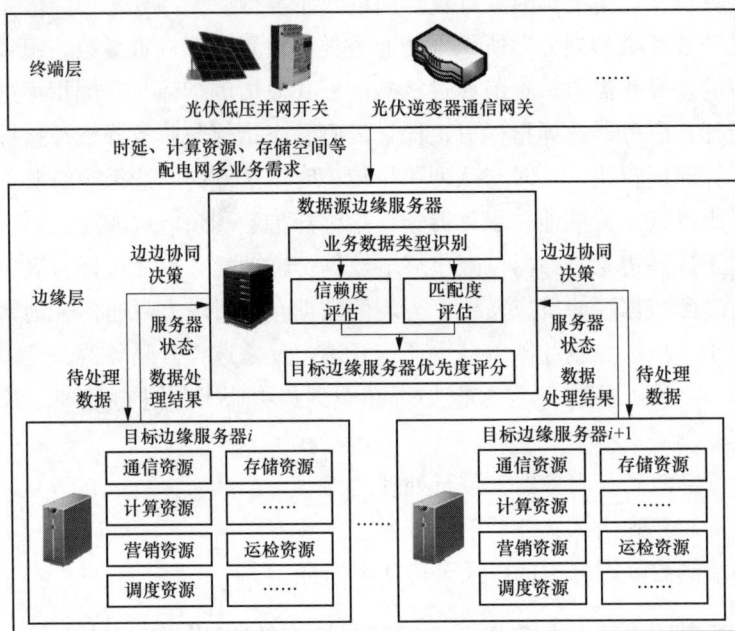

图 5-45　面向配电网多业务异质资源即时调度的边边协同架构图

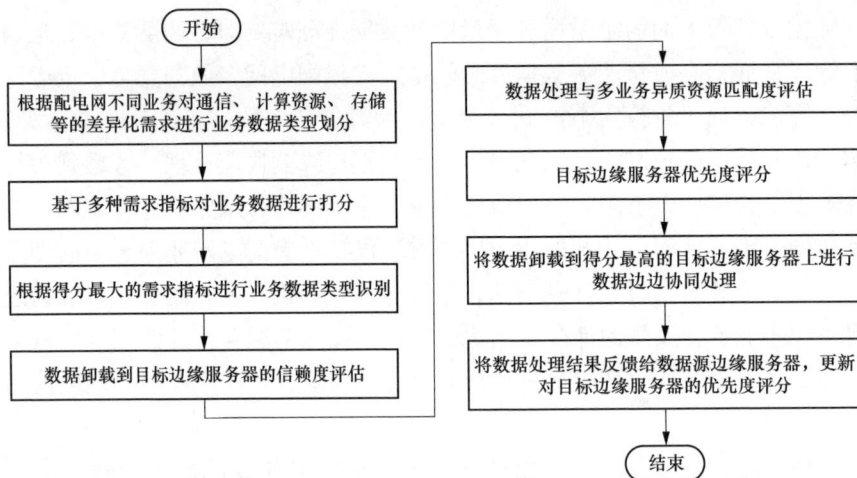

图 5-46　面向配电网多业务异质资源即时调度的边边协同流程图

1. 业务数据类型划分

根据配电网不同业务对延时、计算资源、存储等的差异化需求，本节将业务数据类型划分为低延时业务数据、计算密集型业务数据以及高流量业务数据。

2. 数据类型识别

基于所提的配电网多业务分类规则，综合考虑延时、计算资源、存储空间指标等配电网多业务需求进行业务数据类型识别。

（1）综合考虑配电网业务对延时、计算资源、存储空间资源的需求，对端侧数据原始延时需求指标、计算资源需求指标、存储空间需求指标进行线性变化，将原始需求指标映射到［0，1］之间，实现需求指标归一化。

（2）基于步骤 1 所提的配电网多业务分类规则，数据源边缘服务器综合考虑延时、计算资源、存储空间等配电网多业务需求归一化指标对待识别的业务数据进行打分，其表示为

$$delay = \log\left(\frac{\dfrac{1}{\tau}}{\dfrac{1}{\tau} + \upsilon + \zeta}\right)$$

$$com = \log\left(\frac{\upsilon}{\dfrac{1}{\tau} + \upsilon + \zeta}\right) \qquad (5\text{-}20)$$

$$sto = \log\left(\frac{\zeta}{\dfrac{1}{\tau} + \upsilon + \zeta}\right)$$

式中：τ 为延时需求归一化指标；υ 为计算资源需求归一化指标；ζ 为存储空间需求归一化指标；$delay$、com、sto 分别为延时需求指标、计算资源需求指标、存储空间需求指标的分数，可以反映出业务数据对延时、计算资源、可用存储空间的需求程度。

通过比较分数大小进行业务数据识别，若延时需求指标分数 $delay$ 最高，则将该业务数据识别为低延时业务数据；若计算资源需求指标得分 com 最高，则将该业务数据识别为计算密集型业务数据；若存储空间需求指标分数 sto 最高，则将该业务识别为高流量业务数据。

3. 匹配度构建

数据源边缘服务器依据目标边缘服务器信赖度以及多业务异质资源匹配度构建目标边缘服务器优先度评分模型，并根据各个可用目标边缘服务器的优先度评分进行服务器调度决策，实现数据边边协同处理。

（1）目标边缘服务器信赖度评估。本节考虑各目标边缘服务器的可用信道带宽、计算资源余量、可用存储空间等通信、计算、存储资源指标，对数据卸载到各目标边缘服务器的信赖度进行评估，其表示为

$$\varpi_{i,j} = \zeta_{i,j} \frac{B_{i,j}}{B_i} + \sigma_{i,j} \frac{f_{i,j}}{f_i} + \delta_{i,j} \log(Q_{i,j}) \qquad (5\text{-}21)$$

式中：$\varpi_{i,j}$ 为第 j 种业务数据卸载到第 i 个目标边缘服务器的信赖度；$B_{i,j}$ 为第 j 种业务数据卸载到第 i 个服务器进行数据协同处理可用的信道带宽；B_i 为总带宽；$f_{i,j}$ 为第 j 种业务数据卸载到第 i 个目标边缘服务器进行数据协同处理的可用计算资源余量；f_i 为目标边缘服务器 i 的总计算资源；$Q_{i,j}$ 为第 i 个目标边缘服务器的第 j 种业务数据可用存储空间；$\zeta_{i,j}$、$\sigma_{i,j}$、$\delta_{i,j}$ 分别为可用信道带宽、计算资源余量、可用存储空间的权重参数，根据上述"业务类型划分"所识别的业务数据类型不同权重参数有所不同，用来反映

不同业务数据对可用信道带宽、计算资源余量、可用存储空间等指标的需求程度。

（2）数据处理与多业务异质资源匹配度评估。本节综合考虑不同业务数据处理对目标边缘服务器所能提供的营销、运检，调度等多业务异质资源的差异化需求，定义数据处理需求与多业务异质资源匹配度 $\psi_{i,j}$ ，其表示为

$$\psi_{i,j} = a_{i,j}\log\left(\frac{\eta_{i,j}}{\eta_{i,j}+\iota_{i,j}+\kappa_{i,j}}\right) + b_{i,j}\log\left(\frac{\iota_{i,j}}{\eta_{i,j}+\iota_{i,j}+\kappa_{i,j}}\right) + c_{i,j}\log\left(\frac{\kappa_{i,j}}{\eta_{i,j}+\iota_{i,j}+\kappa_{i,j}}\right)$$

$$(5-22)$$

式中：$\eta_{i,j}$ 为目标边缘服务器 j 可以为第 j 种业务数据提供的营销资源的数据量大小，$\iota_{i,j}$ 为目标边缘服务器 j 可以为第 j 种业务数据提供的运检资源的数据量大小；$\kappa_{i,j}$ 为目标边缘服务器 j 可以为第 j 种业务数据提供的调度资源的数据量大小；$a_{i,j}$、$b_{i,j}$、$c_{i,j}$ 分别为营销资源、运检资源、调度资源的权重参数，根据上述"业务类型划分"所识别的业务数据类型不同权重参数有所不同，用来反映不同业务数据处理对多业务异质资源的需求程度。

（3）目标边缘服务器优先度评分模型构建。本节综合考虑目标边缘服务器的可用通信、计算、存储等资源以及多业务异质资源匹配度构建目标边缘服务器优先度评分模型，融合式（5-21）和式（5-22）得到的目标边缘服务器信赖度及数据处理需求与多业务异质资源匹配度，计算目标边缘服务器优先度评分 $score_{i,j}$ 为

$$score_{i,j} = \psi_{i,j} + \varpi_{i,j} \qquad (5-23)$$

式中：$score_{i,j}$ 为第 j 种业务数据卸载到边缘服务器 $\varpi_{i,j}$ 进行数据边边协同处理的得分；$\varpi_{i,j}$ 为第 j 种业务数据卸载到第 i 个目标边缘服务器的信赖度；$\psi_{i,j}$ 为第 j 种业务数据处理需求与第 i 个目标边缘服务器提供的多业务异质资源的匹配度。

（4）数据源边缘服务器接收来自电力业务终端的电力数据，依据式（5-22）得到各个可用目标边缘服务器的优先度评分 $score_{i,j}$ ，从而进行边边协同决策，将数据卸载到得分最高的目标边缘服务器上进行数据边边协同处理。

（5）目标边缘服务器将服务器状态和数据处理结果反馈给数据源边缘服务器，更新对目标边缘服务器的优先度评分。

5.5　新型配电网数据深度融合与共享技术

5.5.1　覆盖多业务的配电网数据资源统一服务框架

随着越来越多的用户接入配电网，新型配电网逐渐承载了包括生产、运行、控制、计量等在内的多类型海量业务。因此，提出一种覆盖多业务的配电网数据资源统一管理方法对新型配电网的良性发展愈发重要。

5.5.1.1　支持动态可伸缩的配电网多业务数据资源统一服务框架

数据资源统一服务框架针对多源异构的海量数据资源，为各电力部门提供个性化服务模式，实现配用电及分布式新能源跨系统跨业务统一服务。数据资源统一服务框架基于 Kubernetes 容器化技术，创建多个容器，每个容器中可运行一个应用实例，并通过负荷均衡策略实现各容器统一感知，框架的部署伸缩过程无须手动，大大减少人力，实

现统一服务框架的自动化部署和动态可伸缩。数据资源统一服务模式是基于大数据联盟技术，对电力系统各部门组建大数据联盟，联盟内各成员服从既定的共享交互规则，大数据联盟根据各成员的不同需求，构建数据超市，提供共享服务、交易服务、推送服务、嵌入式服务、数据资源目录服务模式、资产运营服务模式等多维个性化服务模式，为参与大数据联盟的配用电及分布式新能源提供统一实时的数据资源服务，数据超市统一服务架构图如图 5-47 所示。

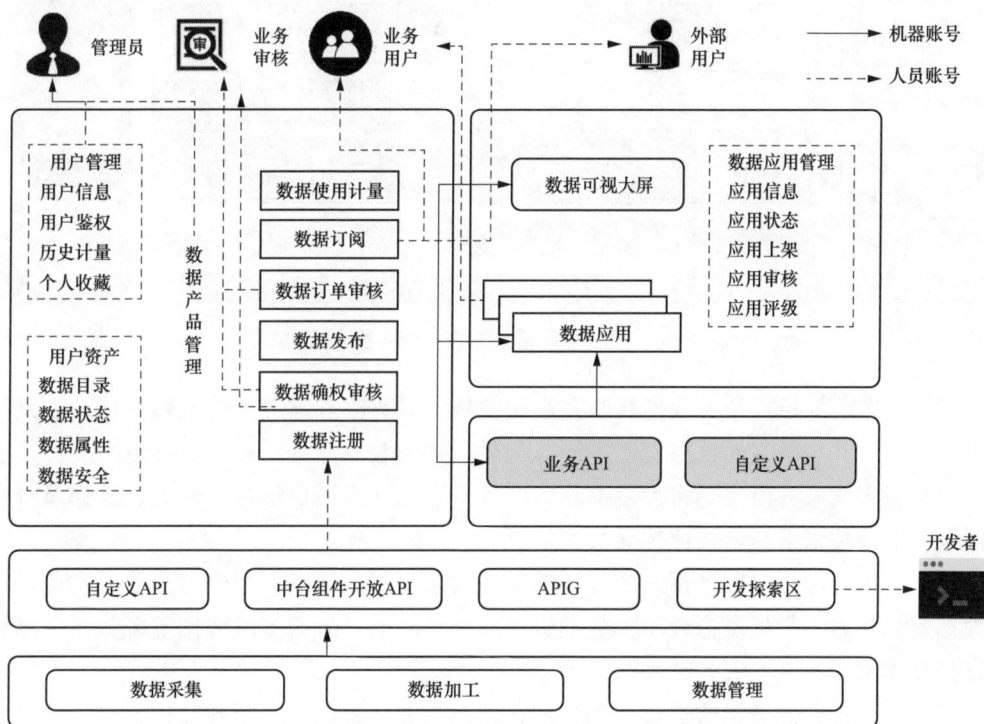

图 5-47　数据超市统一服务架构图

5.5.1.2　基于大数据联盟的数据资源统一服务模式及实现方法

数据资源统一管理的关键是数据资源共享，着力解决"不愿开放共享、不敢开放共享、不会开放共享"问题，打破部门分割和行业壁垒，促进互联互通、数据开放、信息共享和业务协同。提出基于大数据联盟的数据资源统一服务模式，如图 5-48 所示，主要包括共享服务模式、交易服务模式、推送服务模式、嵌入式服务模式、数据资源目录服务模式、资产运营服务模式。

（1）共享服务模式是针对企业而言，为联盟内的成员企业实现数据资源的免费共享。通过了解用户需求，进行数据资源的深入挖掘，把搜集到的数据资源进行重构，整理之后反馈给大数据联盟，最终实现数据资源的精准共享。

（2）交易服务模式是针对用户而言，以交易的形式为用户实现数据资源的共享。通过将用户传递的需求与数据资源池进行匹配，将搜集到的数据资源重组，进行数据资源交易管理，然后进行服务方案的选择，最终将结果提供给用户。

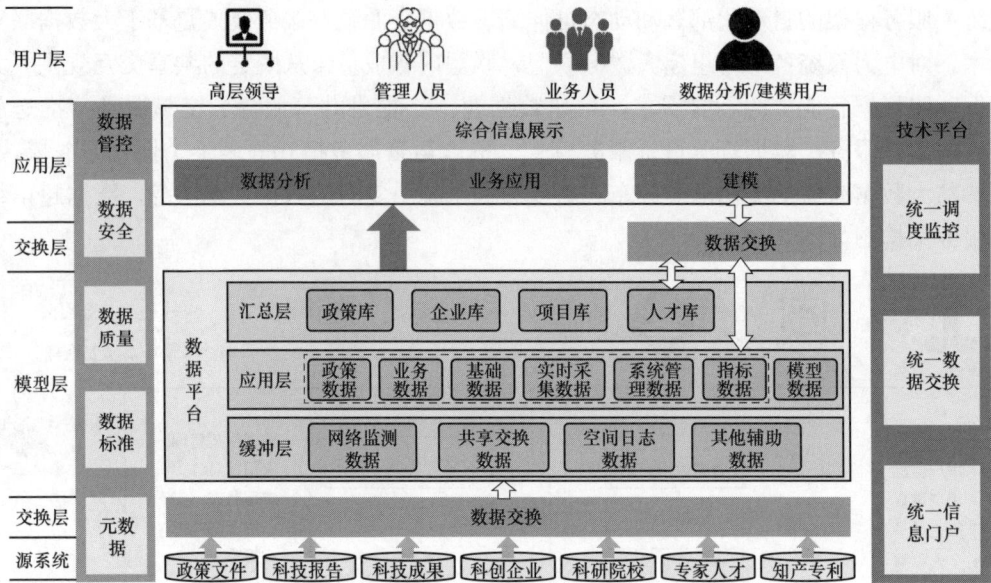

图 5-48　大数据联盟数据资源统一服务模式

（3）推送服务模式指大数据联盟利用相关技术对数据资源进行一系列处理，识别用户隐形需求，并与联盟的数据资源进行匹配后，筛选服务方案，推送给订阅用户。

（4）嵌入式服务模式是将大数据联盟的数据资源嵌入用户学习、研究、工作及社交等环境，搭建技术平台，快速传导数据信息。

（5）数据资源目录服务模式实现新增业务目录构建、数据资源比对服务等功能，优化数据资源检索、数据资源展示、数据资源统计等功能，形成多维数据资源目录，增强用户操作体验。

（6）资产运营服务模式通过提供专题化运营、业务视图化运营和数据资产价值评估等功能，形成完善的数据资产运营化服务体系，实现对数据资产知识的不断沉淀，更好地支撑资产的应用。

5.5.1.3　配电网统一服务安全可信体系

针对新型配电网生产、运行、控制、计量等业务环节众多，以及管理主体分散产生的数据安全问题，研究包含智能感知层、安全防护层、数据融合层、智能决策层的统一服务安全防护体系，体系架构如图 5-49 所示。首先，针对配电网智能管控需求，结合配电网运行状态、设备状态、环境状态等关键特征量，采用多维感知融合的一体化综合信息监测技术与基于隶属度函数的模糊综合评估算法，提升智能感知层信息监测与业务安全防护能力。其次，针对配电网数据资源面临的中间人攻击、数据被篡改或重放等突出问题，以静态可信、动态监测为主，以容器隔离、主动诱捕为辅，实现配电主站主动地防御，同时，以可信身份鉴别、业务安全性与高实时性平衡技术为支撑，构建新型配电网关键业务节点可信互联及业务数据分类分级加密的梯级防护体系，构筑配电网多源数据安全可信应用新格局。最后，针对配电网业务系统壁垒严重、有效数据分散、故障种类繁多、处置环节复杂的特点，基于多源安全敏感信息融合技术，实现对配电网运行状态的精准评估与研判，为新型配电网运行全过程安全防护提供了有力支撑。

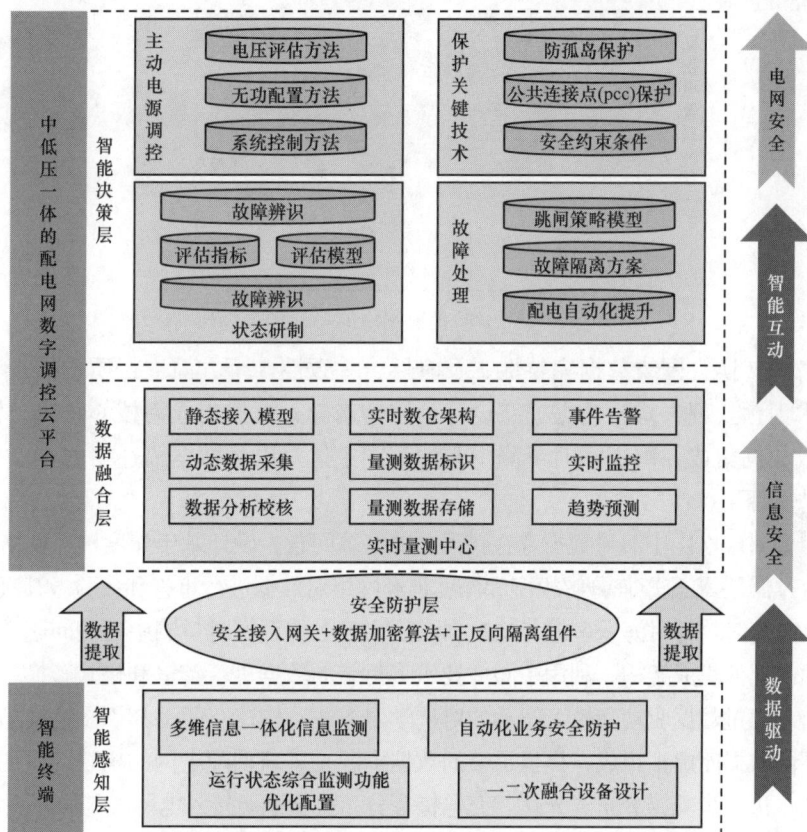

图 5-49　配电网统一服务安全可信体系

5.5.2　新型配电网多源异构数据资源集成融合技术

5.5.2.1　配电网数据深度特征提取与训练方法

针对来自配电网的多源异构数据无法直接与生产、运行、控制、计量等多种电力业务适配的问题，提出基于深度学习的多源数据特征提取与训练方法，利用半监督学习算法和根部神经网络特征提取技术，从原始数据中提取多种不同模态特征，突破数据间壁垒，获得多源异构数据特征的统一表达。首先，为每个输入数据的信息模态分配一个子网络，对不同模态数据做变换处理，通过深度神经网络的多重非线性变换，对原始的低层次数据表征进行特征提取，得到新的高层抽象表征，基于 BP 神经网络的特征训练结构如图 5-50 所示。其次，利用 BP 算法对根部网络和所有数据模态对应的子网络进行特征训练，待训练结束后，在每个子网络提取得到一组精炼过的高层抽象特征。最后，通过映射变换将不同模态数据从原始的异构空间映射到同构空间中，得到同构的特征表示，从而将多源异构的数据以统一表达的形式发布，为后续的数据集成和融合技术奠定基础。

5.5.2.2　面向配电网跨域跨应用的协同高效数据集成技术

以标准编码及业务结构组成形式对来自电力系统内外部不同数据平台的数据进行整

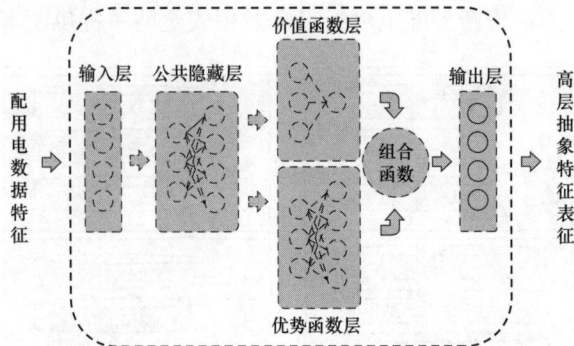

图 5-50　基于 BP 神经网络的特征训练结构

合分类、清洗转换，围绕数据完整性、及时性、一致性 3 个方面进行质量核查，并以数据清洗技术为预处理方式、数据通路设计为结构基础、虚拟集成为核心手段，协同实现配电网高效数据集成，解决实时量测中心的不同主体对电量数据描述格式不一问题。具体实现方法如下：

首先，针对配电网中海量数据存在错误、冲突等问题，设计基于深度神经网络的数据清洗技术，通过低秩-稀疏矩阵分解模型和深度神经网络对数据进行审查和校验。其次，当数据源节点发生改变时，针对海量多源异构数据无法实时上传至实时量测中心的问题，使用基于数据封装的中间件集成架构，利用中间件技术将封装的数据进行传输和格式转换。最后，基于知识图谱，通过数据驱动和模型驱动的对抗学习方法，构建双驱动知识图谱模型，将配电网内外部不同数据库虚拟集成，提供足够的数据资源支撑新型配电网的构建，实现配电网可观测可感知，进一步支撑分布式光伏、充电桩等分布式新能源接入电网参与协同互动。

5.5.2.3　适配多业务协同的多源异构数据自适应融合算法

当来自生产、运行、控制、计量等业务的多源异构数据接入配电网数据资源统一服务体系框架后，数据的类型、格式、特征和属性各不相同，导致数据接入和应用效率较低，影响基于配电网数据中台的各类分析应用的建设效率、降低已有应用的数据时效性。针对上述问题，引入张量分解理论，构建基于联邦学习的多源异构数据自适应融合算法：首先，针对配电网数据逐渐多元化且体量呈几何式增长的问题，利用具有异构空间维度特性的高阶张量，捕捉多源异构数据的高维特征，构建基于云平台-物管平台-数据中台协同配电网多源数据融合、特征融合和决策融合的多层模型；其次，配电网物联管控平台和数据中台接收到实时量测中心控制节点下发的多层模型后，根据本地数据集选择对应的特征提取模型进行训练，并将各自的训练模型返回至实时量测中心控制节点进行模型聚合；最后，根据生产、运行、控制、计量等业务需求，对配电网多源数据融合模型、特征融合模型和决策融合模型采用平均聚合算法，确保离线状态下数据格式、模式的实时统一，从而打通各类数据间壁垒，为"电网一张图"提供数据支撑。

5.5.3　新型配电网数据资源安全共享与服务技术

5.5.3.1　基于持续信任评估的新型配电网数据资源细粒度动态访问控制技术

针对新型配电网网络安全防护技术难以满足配电业务不断扩展、海量终端持续接

入、高效化互联互通、停电实时故障研判等场景下安全需求的问题，提出基于持续信任
评估的新型配电网数据资源细粒度动态访问控制技术。首先，利用区块链技术构建分布
式节点信任数据库，再根据共识机制选取节点记账，通过即时通信获取各节点信任值，
实现对信任数据库进行实时更新、维护和管理。其次，引入时隙模型，利用前一时间段
内的数据提取节点行为特征，计算当前节点信任值，通过平均滤波法得到综合信任值，
实现各节点的动态持续信任评估。最后，根据新型配电网数据资源的类型、格式、特征
和属性等特征，使用分层的方式对资源对象进行细粒度划分。并根据信任值大小、请求
资源、访问控制规则和动态持续信任评估结果等信息做出访问控制决策，从而实现不同
安全区域和接入对象之间风险管控及安全监测。动态访问控制机制如图 5-51 所示。

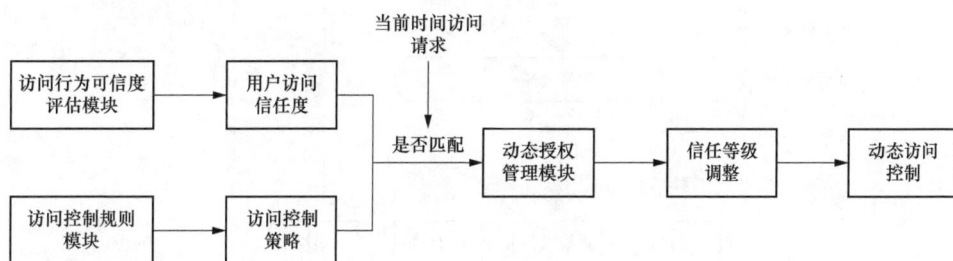

图 5-51　动态访问控制机制

5.5.3.2　面向配用电高并发场景的实时数据确权与权限控制技术

针对新型配电网海量并发数据请求环境下数据共享的实时性以及安全性难以保障的
问题。提出基于云存储＋元数据的配用电数据实时确权与权限控制技术，为新型配电网
海量运行数据安全共享、异常行为监测提供基础。首先，以数字水印技术为支撑，标识
配用电数据所有方的数据资产，再以分布式云端加密存储为框架，实施基于数字资源链
上元数据信息的配用电实时数据确权，以此搭建起了一个电力系统终端自我定位明确的
安全防护体系，实现明确数据规定权限，提供有效的确权保障。其次，基于非交互协
议，提出配用电实时数据权限控制技术，该技术通过提交权属证明，分别针对数据所有
方进行了多场景的智能适配安全加固和管控，比如在调度数据网络和信息网络之间加入
横向单向隔离装置，采用内核裁剪、数据单向传输控制、数据隔离、综合过滤、自适应
等关键技术识别非法请求并阻止超越权限的数据访问和操作。进而通过数据确权、权限
控制以及各种加密算法为调度数据网络共享业务提供安全防护保障，形成配用电数据所
有方独立的数字资产凭证，解决各环节数据资源"信息孤岛"问题，为新型配电网海量
运行数据衍生服务拓展提供技术基础。

5.5.3.3　基于云边端协同智能编排与自适应风险管控的资源安全共享技术

随着配电网两级数据中台深化建设，支撑应用越来越多，对于用电信息采集、电能
量采集系统量测数据的使用需求增大。针对新型配电网海量数据资源集成、共享及停电
故障实时研判等场景，基于云边端协同、流式处理、图计算等技术原理，提出基于云边
端协同智能编排与自适应风险管控的资源安全共享技术，如图 5-52 所示。

首先，构建基于 Kubernetes 容器的资源分配和集群管理的动态可伸缩云平台服务

架构，满足海量数据并发响应的高效性需求，如图 5-53 所示。其次，基于云边端实现新型配电网业务协同智能编排，满足跨业务、跨平台的数据分析、处理和共享需求。最后，基于配电网流式处理和图计算，构建自适应风险管控的资源安全共享技术。该技术可以实现主动监控和可视化风险管控功能，并主动适应新型配电网不同场景下多业务异质资源的智能共享需求，实现新型配电网的安全加固和韧性提升。

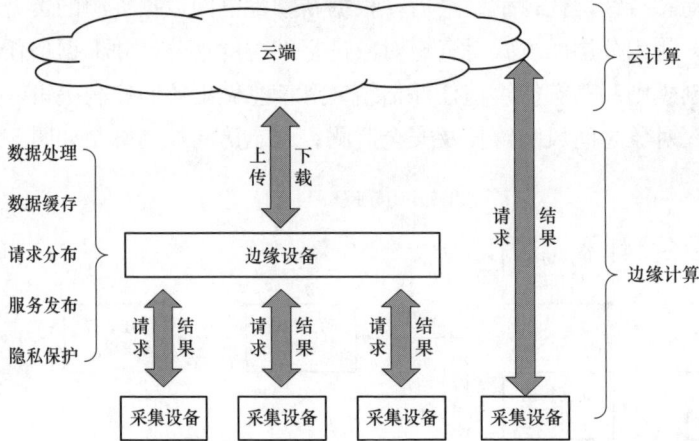

图 5-52　基于云边端协同智能编排与自适应风险管控的资源安全共享技术

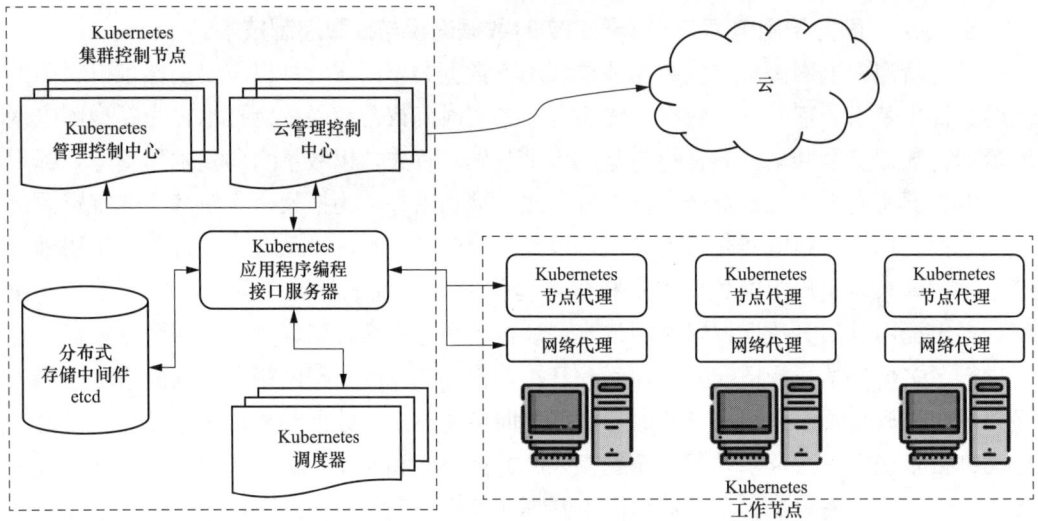

图 5-53　Kubernetes 容器的资源分配

5.6　新型配电网大数据分析及可视化技术

5.6.1　新型配电网大数据分析平台及可视化系统

5.6.1.1　电力大数据分析平台及关键技术

1. 电力大数据平台

电力企业级大数据平台架构图如图 5-54 所示，电力大数据平台运用分布式计算和存储技术，通过整合电力企业分散的业务数据，搭建统一的数据存储计算、分析服务及管理平台，从而为上层应用提供有力支撑。电力企业级大数据平台架构主要由数据整合层、数据混合存储层、性能分析计算层、公共服务层和数据管理、安全服务组成，具体如下所述。

图 5-54　电力企业级大数据平台架构图

（1）数据整合层提供数据定时抽取、实时数据接入、文件数据采集等服务，具备定时与实时的分布式数据采集处理能力。

（2）数据混合存储层提供关系数据库、分布式文件系统、列式数据库等服务，以支撑企业各类型数据的统一集中存储与计算处理。数据存储模型遵照电力大数据信息模型标准制定，其中关系型数据库具备结构化轻度汇总数据的存储和压缩功能，支持自适应高效压缩；分布式文件系统、列式数据库可为非结构化数据、半结构化数据提供存储支撑。

（3）性能分析计算层提供查询和统计计算、内存计算、流计算等计算功能，具备实时、离线、交互式的数据处理能力。

（4）公共服务层基于底层组件提供统一数据存取、统一计算、数据挖掘等服务。其中，统一数据存取服务通过标准化服务接口提供对外服务；统一计算服务以规范化的计算流程定义业务计算逻辑，调用底层不同计算引擎；数据挖掘服务支持常用的数据挖掘算法库、挖掘建模工具及业务模型管理能力，实现数据挖掘分析。

（5）数据管理提供基础数据管理、数据质量管理、数据流转监测和数据运维辅助等功能，形成数据资产统一视图，实现数据应用全过程监测，为平台数据管理和运维提供有力支撑。

（6）安全管理通过数据销毁、透明加解密、分布式访问控制、数据审计等技术，实现从大数据采集到应用过程的身份识别、操作鉴权和过程监控等功能。

2. 电力大数据关键技术

（1）多源数据整合技术。多源数据整合技术通过关系数据库数据抽取、文件数据采集、数据库实时复制、数据流向等访问调用接口，提供分布式数据整合功能，具备定时实时的数据采集处理能力，从而可实现从数据源到平台存储过程的配置开发和监控功能。

（2）异构数据统一存储技术。异构数据统一存储技术主要面向全类型数据（结构化、半结构化、实时、非结构化）的存储、查询，以海量规模存储、快速查询读取为特征，在低成本硬件（X86）、磁盘的基础上，采用分布式文件系统、分布式数据库、关系型数据库等业界典型功能系统，从而有效实现各类数据的集中存储与统一管理，满足大量、多样化数据的低成本、高性能存储需求。

（3）混合计算技术。混合计算技术指通过流计算、内存计算、批量计算等多种分布式计算技术满足不同时效性的计算需求。流计算面向实时处理需求，用于在线统计分析、过滤、预警等应用，如电能表采集数据实时处理、网络状态实时分析与预警等。内存计算面向交互性分析需求，用于在线数据查询和分析，便于人机交互，如某省用电数据的在线统计。批量计算主要面向大批量数据的离线分析，用于时效性要求较低的数据处理业务，如历史数据报表分析。

（4）大数据安全校验技术。电力大数据平台针对潜在的随意链接、隐私泄露等安全问题，提供接入安全、存储安全、隐私保护、身份验证等数据安全控制手段，增强业务系统数据在平台和应用中的安全性。电力系统相对来说最主要运用的数据校验方法主要有奇偶校验，累加和校验以及循环冗余校验码（CRC）校验等方法。目前常用的 CRC 校验技术，由于结构简单，计算简便得到了很大的应用。但是，其校验技术的查错能力更胜于纠错能力，这就使得在接收端对其错误信息的定位和错位能力分析得不到满足。因此，就上述存在的缺陷，提出了新的 CRC 校验技术，即三维信息传输校验。其校验过程如下：首先，通过采集的数据信息建立对应的三维结构图。然后，将 3 条边的交点，即总校验码计算出。最后，将采集到的信息和计算出的校验码一同打包上送到接收端。接收端在接收到上传的信息后，采用与发送端一致的计算对传输的数据进行校验。如果错误，则重新发送。这种校验技术，采用三维结构，对传输的信息进行校验，不仅可以差错而且还可以对错误信息进行定位，这就使得对信息的分析能力得到了提高。

（5）大数据分析挖掘技术。大数据挖掘技术通过对非结构化数据、结构化数据以及半结构化数据高效过滤，将数据结构中所含有的无关数据内容剔除掉，并进一步结合非结构化数据信息以及半结构化数据信息，以相应的技术标准和要求作为主要参照，实现将这些数据转化为机器语言或相关索引等信息的目的。数据库会根据主体内容的不同确定其所具有的设计属性集，尽可能地保证数据处理的准确性，特别在实际应用主题数据库时往往会通过粗糙集属性的应用剔除其中所含有的冗余数据，最后再对数据进行集合和分析总结归纳操作。大数据分析挖掘提供统计分析、多维分析、挖掘算法库、数据挖掘工具等功能，构建面向业务人员使用的数据分析功能组件，方便用户快速构建针对不同业务的分析应用，为电力企业分析决策应用构建提供基础平台支撑。

（6）多系统业务数据优化贯通办法。配电网的生产运行信息主要分布在配电网生产管理系统、营销系统、计量自动化系统、地理信息系统当中。配电网生产管理系统、营销系统、GIS 系统、计量自动化系统都建立了基于开放数据库连接（open database connectivity，ODBC）技术的数据平台，并可以通过结构化查询语言（structured query language，SQL）语句库进行管理操作。ODBC 技术目前在配电网各系统中广为应用，其开放性为不同系统之间的数据共享提供了技术基础。SQL 语言是实现数据查询、提取、更新的规范化程序语句，能够实现配电网规划数据库创建和管理的各项功能。不同系统数据的有效匹配为利用多源数据提高配电网规划水平提供了数据基础，保证了配电网负荷率分析、可靠性分析算法、转供电分析算法、负荷预测算法、综合评估算法的可行性。

5.6.1.2　新型配电网大数据平台

以构建"大数据共享、大数据开发及大数据分析"三位一体平台为目标，遵循"广泛集成、混搭架构、组件标准化"的建设原则，制定详细的新型配电网大数据平台建设方案，涉及总体架构设计、平台功能及能力设计、平台组件层设计、平台数据层设计、平台服务层设计五个方面。新型配电网大数据平台建设思路如图 5-55 所示。

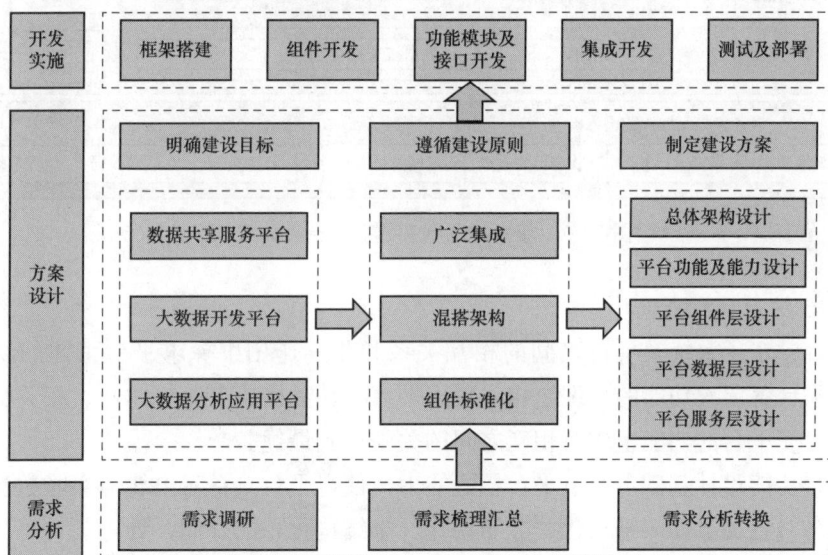

图 5-55　新型配电网大数据平台建设思路

1. 总体架构设计

平台采用松耦合的混搭架构，以元数据驱动各模块进行数据采集、存储及计算，以满足海量多源异构数据的批量/实时采集、数据快速存储及查询、数据批量快速处理、实时在线处理等需求；采用分布式处理和流式处理等技术，实现数据的高效和流程化处理。新型配电网大数据平台总体架构如图 5-56 所示。

平台将传统数据仓库与新型数据处理融合在一起，以支撑不同类型的业务应用。数据驱动的工作流可以通过统一控制接口的方式将离线计算、流式计算、内存计算等不同计算引擎有效组织起来，对外提供分析挖掘服务、数据共享服务及数据交互服务。

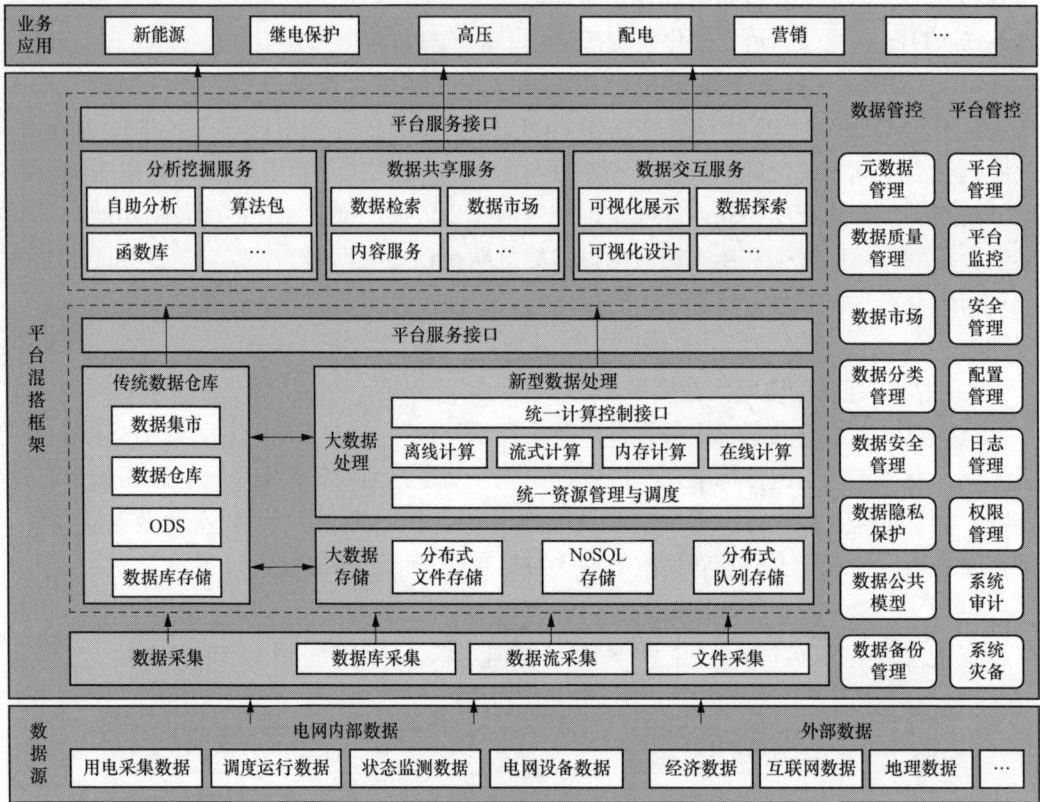

图 5-56　新型配电网大数据平台总体架构

2. 平台功能及能力设计

从平台各个子系统及模块之间的相互关系和相互作用中探求平台整体的功能和特性，寻求平台各层次功能的合理结构，找出平台在功能构成上的整体性、相关性和层次性等特征，使平台的功能组成及相互之间的关联达到最优。

在平台功能设计基础上打造平台核心能力，使得平台具备对离线与实时数据的采集能力，具备对各类数据（结构化、非结构化、半结构化）的存储、处理、计算（流式计算、离线计算、内存计算）、分析挖掘及可视化能力。

3. 平台组件层设计

（1）组件选型。需要基于对各种类型技术的分析和实际测试，在均衡技术先进性、稳定性、兼容性、可扩展性及电力应用领域特性和对平台的整体架构进行考量的基础上，完成选型。

1）组件版本类型。每一类型都含有相应的特性和局限性，应根据特定应用领域选择相应的组件版本类型。如果为了电网业务科研及锻炼自己的研发队伍需要，可以选择开源版；如果应用到电网生产领域，对组件容错性、鲁棒性要求极高，则优先选择商用版或者发行版。

2）组件之间的兼容性。海杜普（Hadoop）生态系统中的组件兼容性测试及集成往往是最耗时、最难攻克的难题，也同时是最重要的单元，必要时需要对组件进行重新编译打包。

3）组件先进性及可扩展性。遵循平台广泛集成的建设原则，在组件选型时要充分考虑其先进性，同时也要兼顾组件的稳定性及其横向扩展性。

（2）组件融合。制定平台内集成各类组件的调度指令和数据通信规范，构建一体化、标准化的数据采集、存储、计算及分析挖掘等功能组件，实现组件之间的深度融合及统一调度。

4. 平台数据层设计

为能够适配智能电网领域多源异构数据的采集和存储，平台集成不同类型的采集和存储组件，通过标准化接口协议进行融合。新型配电网大数据平台数据层架构设计如图5-57所示。

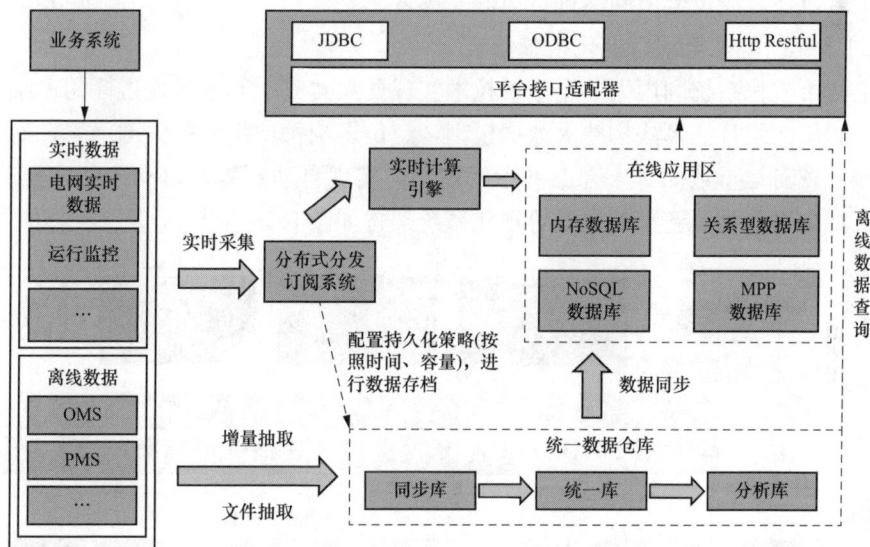

图 5-57　新型配电网大数据平台数据层架构设计

平台接入的数据可以分为实时数据、离线数据及非结构化数据（文件），针对不同数据类型应选择相应的数据抽取-转换-加载（extract-transform-load，ETL）组件，包括 Flume、Sqoop 及 Kettle。Flume 采集实时数据到消息队列 Kafka 中，通过配置相应的持久化策略将数据同步到数据仓库中；业务系统的离线数据通过 Sqoop 抽取到数据仓库的同步库中，根据统一数据模型、数据规则映射模型持久化到统一库中，再根据不同的主题建立不同的数据域，对外提供数据访问服务。

在线应用区包括非关系型（NOSOL）数据库、关系数据库、分析型（MPP）数据库及内存数据库。这些数据库根据应用的需求存储相应的数据，通过接口适配器提供查询服务。

5. 平台服务层设计

针对数据采集、数据存储、数据计算、数据分析挖掘、数据可视化展示、工作流等服务，平台提供丰富协议、标准化的对外服务接口封装，以满足开发人员、分析人员等不同用户使用需求。

目前接口方式以 Http RESTful、Java SDK、Web Service 为主，主要包括分析模型调用接口、数据存储访问接口、任务调用接口等。

6. 平台开发实施

平台分为多个子系统，包括安装部署子系统、数据采集子系统、存储与计算子系统、管理子系统、接口服务子系统、工作流子系统、分析挖掘子系统及可视化子系统，这些子系统之间通过 IDBCODBC、Htp RESTful 标准接口及 irame 框架进行数据集成和页面集成。基于用户界面（user interface，UI）设计规范开发平台的人机界面，利用 J2EE 开发框架进行平台后台的开发，通过集中式认证服务（central authentication service，CAS）框架实现平台统一认证、权限管理；对平台进行功能、性能及安全测试，测试通过之后通过专用网络进行集群式部署。

5.6.1.3 新型配电网可视化系统

配电网可视化系统利用大数据分析技术实现九大类三十五项运检指标的多维度可视化分析，利用人工智能算法构建大数据模型，定位影响每项指标的关键因素，通过融合回归曲线和现有运行数据对未来电网运行预测，实现自动预警、自动诊断、自动优化，有效提高配电可靠性。新型配电网可视化系统架构如图 5-58 所示。

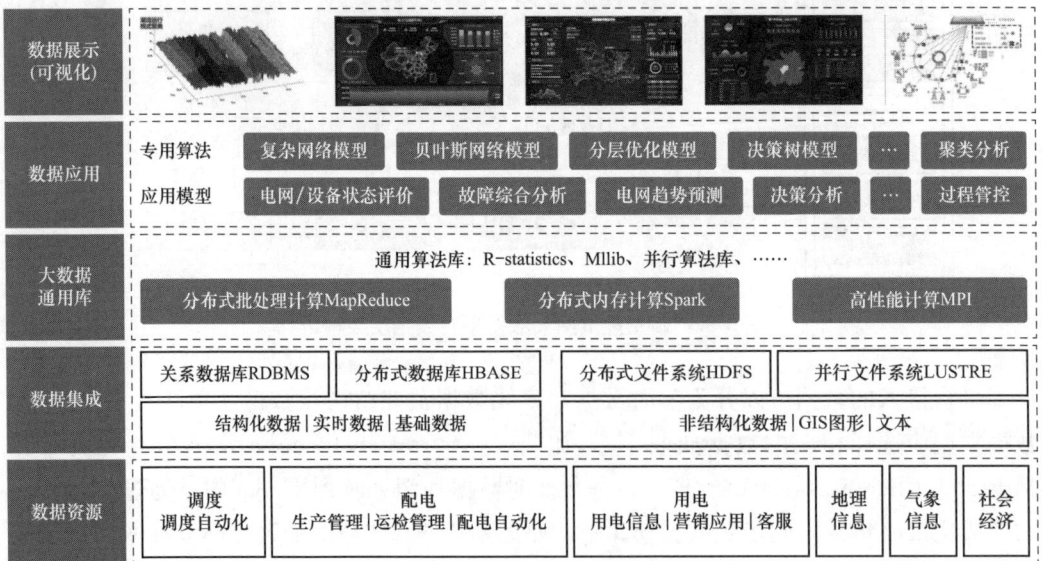

图 5-58　新型配电网可视化系统架构

该系统针对配电网九大类业务场景，集成数据采集模块获取的配电网当前运行数据，采用 K-means 聚类算法、神经网络算法、遗传算法、回归分析算法、决策树算法、增强学习算法 Adaboost、Apriori 算法等数据挖掘类算法构建七大数据模型，分析配电网当前发展态势，提前对可能发生的问题进行预警，及早防范，大大提高配电网供电可靠性。其亮点介绍如下：

（1）数据深度融合。整合 PMS 系统、用电信息采集系统、营销系统、电能服务系统、ERP 系统、一体化缴费平台、营销 GIS 系统、电力交易系统等系统数据，构建配电大数据仓库，实现数据集中共享。

（2）直观可视。配电大数据可视化，实现设备、运检业务、电网监测、故障跳闸及环境监测全数据融合的动态配电网一张图，辅助用户决策。

（3）配电网运行监测。形成以配电网设备为基础，融合运检业务数据、配电自动化监测数据和配电设备所处环境监测数据，实现配电网设备运行过程的实时跟踪、监控，以 GIS 可视化展示与视频监控的方式，实现全天候、全方位、集中式电力企业配电网设备运行监控及展示。

（4）自预警自诊断。利用人工智能算法构建故障跳闸类指标模型、非计划停电类指标模型、设备负荷类指标模型、配电自动化类指标模型等模型算法，实现对未来电网运行自动预警、自动诊断。

5.6.2　新型配电网全景数字地图模型构建及功能实现方法

5.6.2.1　新型配电网全景数字地图模型

1. 配电网运行分析建模

搭建基于 Apriori 算法的配电网运行分析模型，通过对时间报表类数据做相应转码处理，将馈线电流、电压这些时序运行数据进行离散化处理并保持事务的时序运行特征和趋势，运用 Apriori 算法找出存在于事务数据集中最大的频繁项集，利用得到的最大频繁项集与预先设定的最小置信度阈值生成强关联规则，实现对配电网运行中所产生的报表数据、时序数据进行关联分析，实现流程如图 5-59 所示。

2. 光伏时序出力模型

光伏发电的时序出力主要由光伏电池板参数和时序的光照强度决定，光伏发电的实质是将太阳的辐射能转化为电能。光伏发电具有间歇性、随机性和波动性，光伏的时序出力可以根据太阳能实时辐射强度和光伏电池板参数时序功率输出特性，如式（5-24）所示。

$$P_{pvt}=\begin{cases} \dfrac{P_{pv}^{N}G_{Bt}^{2}}{G_{pv}^{std}R_{c}} & 0\leqslant G_{Bt}<R_{c} \\[2mm] \dfrac{P_{pv}^{N}G_{Bt}}{G_{pv}^{std}} & R_{c}\leqslant G_{Bt}<G_{pv}^{std} \\[2mm] P_{pv}^{N} & G_{Bt}\geqslant G_{pv}^{std} \end{cases} \tag{5-24}$$

式中：P_{pvt} 为时序的光伏输出功率；G_{pv}^{std} 为标准天气状态下的光照强度，一般取 $1kW/m^2$；P_{pv}^{N} 为光伏电站额定输出功率；R_{c} 为特定强度的光照强度，一般取 $150/m^2$；G_{Bt} 为 t 时刻光强系数。

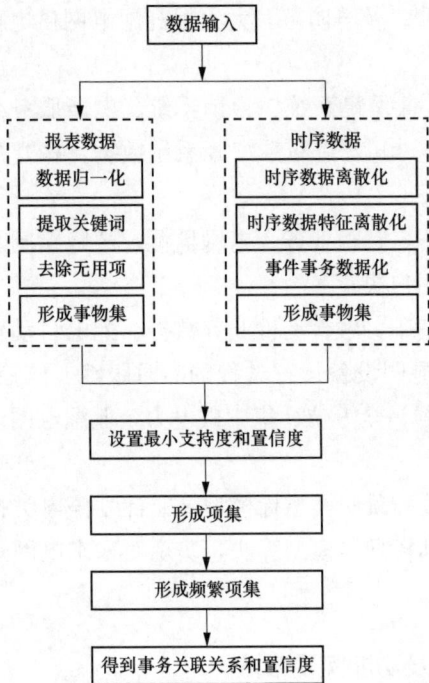

图 5-59 基于大数据关联分析模型流程

电池的额定容量参数和某一时刻的 SOC，理论上就可以计算得到此时蓄电池可对外放电量。该项目考虑蓄电池最大输出功率以及容量约束，建立如式（5-27）和式（5-28）所示的储能蓄电池充放电模型。

3. 风机时序出力模型

由于实时风速的前后数据具有随机性、相关性和时序性，因此采用自回归滑动平均模型对风速进行建模分析，基于统计数据对风速 v_t 进行建模，风速 v_t 的自回归滑动平均模型如式（5-25）和式（5-26）所示。

$$v_t = \mu_t + \sigma_t x_t \tag{5-25}$$

$$x_t = \varphi_1 x_{t-1} + \varphi_2 x_{t-2} + \cdots + \varphi_n x_{t-n} + \lambda_t - \lambda_{t-1}\theta_1 - \lambda_{t-2}\theta_2 - \cdots - \lambda_{t-m}\theta_m \tag{5-26}$$

式中：μ_t 为统计某地区计算得到的平均风速；σ_t 为该地区概率分布的标准差；x_t 为时间序列；φ_n、θ_m、λ_t 分别为自回归系数、滑动平均系数和白噪声系数。

4. 储能系统可靠性建模

储能蓄电池的容量可以通过荷电状态（state of charge，SOC）来表示。SOC 指储能电池剩余容量与额定容量的比。只要得到某蓄电

$$P_{ext} = (\sum P_{wt} + \sum P_{pvt}) - P_{apt} \tag{5-27}$$

$$P_{bt} = \begin{cases} \min(P_{cmax}, P_{ext}) & P_{ext} > 0 \\ \min(-P_{dmax}, P_{ext}) & P_{ext} < 0 \end{cases} \tag{5-28}$$

式中：P_{ext} 为 t 时刻分布式电源总出力之和与原计划出力的差额；P_{apt} 为 t 时刻系统计划出力；P_{bt} 为 t 时刻储能的充电功率；P_{cmax} 和 P_{dmax} 分别为储能最大充电和放电功率。

5.6.2.2 数据中台存储与功能实现

1. 数据系统架构

数据系统架构如图 5-60 所示，其包含应用系统和数据系统。应用系统主要实现了应用的主要业务逻辑、处理业务数据或应用元数据等。数据系统主要对业务数据及其他数据进行汇总和处理。

整个系统架构中，关系数据库用于主业务数据存储，提供事务型数据处理，是应用系统的核心数据存储；高速缓存对复杂或操作代价昂贵的结果进行缓存，加速访问；搜索引擎提供复杂条件查询和全文检索；非结构化大数据存储用于海量图片或视频等非结构化数据的存储，同时支持在线查询或离线计算的数据访问需求；结构化大数据存储能支持高吞吐数据写入以及大规模数据存储，可存储面向在线查询的非关系型数据，或者是用于关系数据库的历史数据归档，满足大规模和线性扩展的需求，也可存储面向离线分析的实时写入数据；批量计算对非结构化数据和结构化数据进行数据分析；流计算对

非结构化数据和结构化数据进行流式数据分析，低延迟产出实时视图。

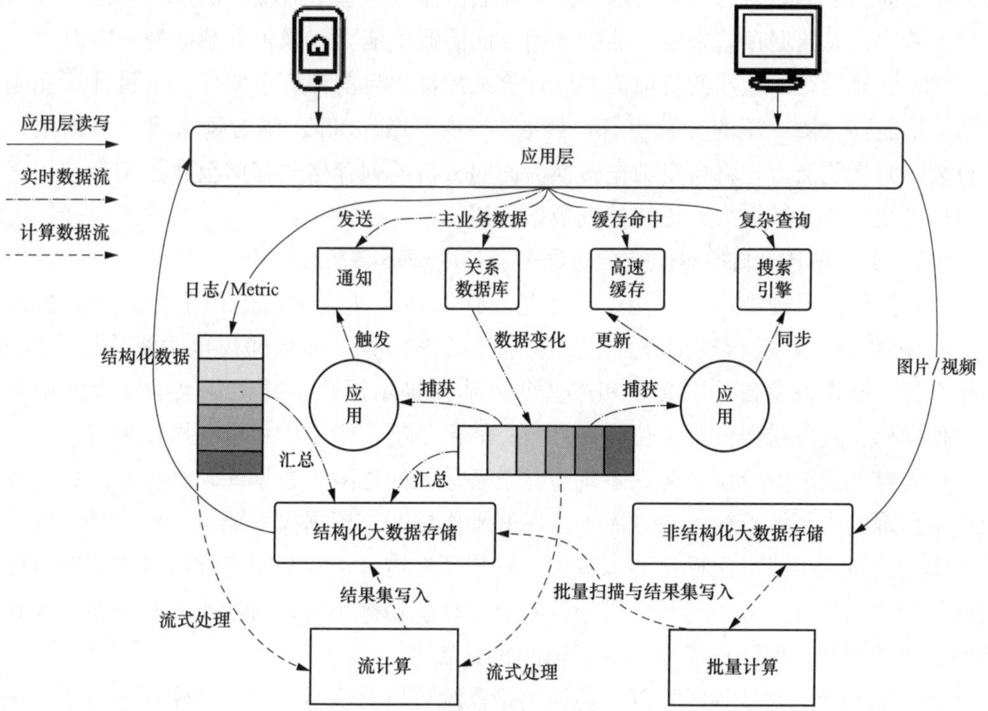

图 5-60　数据系统架构

2. 存储功能实现

结构化大数据存储作为数据中台中的结构化数据汇总存储，用于在线数据库中数据的汇总来对接离线数据分析，也用于离线数据分析的结果集存储来直接支持在线查询或者是数据派生。根据这样的定位，满足结构化大数据存储如下关键需求。

（1）大规模数据存储。结构化大数据存储的定位是集中式的存储，作为在线数据库的汇总（大宽表模式），或者是离线计算的输入和输出，能支撑 PB 级规模数据存储。

（2）高吞吐写入能力。数据从在线存储到离线存储的转换，通常是通过 ETL 工具，$T+1$ 式的同步或者是实时同步，其中 T 表示当前时隙。结构化大数据存储能支撑多个在线数据库内数据的导入，也能承受大数据计算引擎的海量结果数据集导出。

（3）丰富的数据查询能力。结构化大数据存储作为派生数据体系下的辅存储，需要为支撑高效在线查询做优化。常见的查询优化包括高速缓存、高并发低延迟的随机查询、复杂的任意字段条件组合查询以及数据检索，面向不同的查询场景提供不同类型的索引。例如面向固定组合查询的基于 B＋tree 的二级索引，面向地理位置查询的基于 R-tree 或 BKD-tree 的空间索引或者是面向多条件组合查询和全文检索的倒排索引。

（4）存储和计算成本分离。存储计算分离在分布式架构中，最大的优势是能提供更灵活的存储和计算资源管理手段，大大提高了存储和计算的扩展性。对成本管理来说，只有基于存储计算分离架构实现的产品，才能做到存储和计算成本的分离。

（5）数据派生能力。一个完整的数据系统架构下，需要有多个存储组件并存。并且根据对查询和分析能力的不同要求，需要在数据派生体系下对辅存储进行动态扩展。所以对于结构化大数据存储来说，能扩展辅存储的派生能力，来扩展数据处理能力。

（6）计算生态。数据的价值需要靠计算来挖掘，目前计算主要分为批量计算和流计算。一是能够对接主流的计算引擎，例如 Spark、Flink 等，作为输入或者是输出；二是有数据派生的能力，将自身数据转换为面向分析的列存格式存储至数据湖系统；三是自身提供交互式分析能力，更快挖掘数据价值。

5.6.2.3　配电网调控操作安全防误开发与薄弱环节在线分析

（1）操作防误规则判断。调度员或是操作人员在防误主机的图形界面上点击设备（开关和隔离开关）进行模拟操作，系统进行防误检查，如果违反电力操作防误规则，系统会禁止操作该设备，以文字和声音两种形式提示用户，并锁住当前点取的操作对象，使操作无效。错误信息定位到元件级；如果正确，则生成相应的操作步骤。

（2）自动危险点分析。防误系统建立设备单元的危险源数据库，将存在隐患的设备及可能出现的人身风险输入数据库中，在开操作票时，根据操作项目、操作任务或手工输入等方式自动生成本次操作的危险点分析与预控措施，在开票完成后可以同时打印出与操作相关的危险点分析与预控措施控制卡，在现场操作时，对涉及人身危险的操作细节给出语音提醒，保证现场操作的正确性和安全性。

（3）配电网临时接地线管理。防误闭锁系统可以对临时接地线的使用进行强制闭锁管理，能够有效地防止临时接地线的漏拆和错拆事故。

（4）态势感知分析。安全态势感知系统通过对网络中各类安全日志等原始数据进行融合分析，结合业务系统和资源及其脆弱性情况及外部威胁情报进行网络威胁分析。

（5）全景潮流分析。基于大数据的高性能并行快速高精度的潮流计算技术，有助于提高潮流计算的速度和精度，从而提高电力系统可靠性水平。在掌握全系统实时数据的情况下，电力大数据中心将能够更有效地实现全局资源的整合，实现电力供需平衡调度。

5.6.3　基于全景态势感知的电网辅助决策

电网态势感知技术是一项新兴的技术理念，在广域数据采集、电力调度、输配电运行管理等领域具有广泛应用前景，可有效提升电力系统的可见性，及时发现系统的薄弱环节和存在的威胁，并借强大的数据分析和决策支持能力，提高电力系统运行决策的及时性和准确性。物联网技术和大数据技术分别为态势感知系统提供广域数据采集和高级数据分析手段，是态势感知系统发挥作用的基础保证。电网态势感知数据架构如图5-61所示。

基于全景监控数据，多维度评估配电设备，对设备运行健康度进行诊断；从配电网网架水平、电源备用情况、配电自动化应用、故障自愈能力、运行管理水平、需求侧响应水平等多方面考虑形成配电网运行评估指标，通过分析配用电运行数据中心数据，发现配电网运行情况，发出告警，预测运行态势，做到运行风险早发现、早预警、早处置。

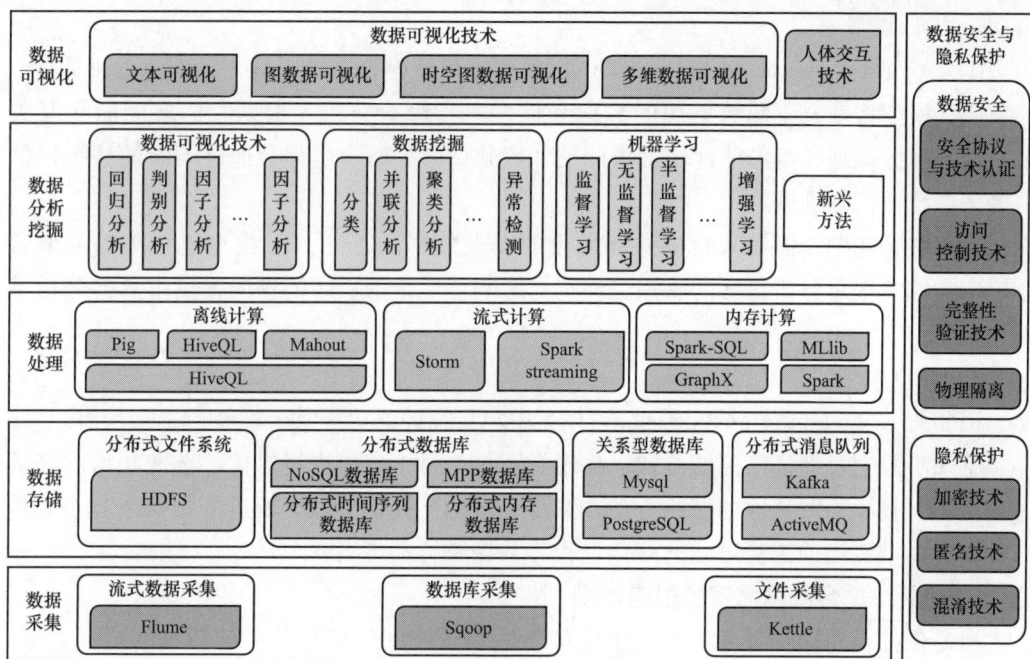

图 5-61　电网态势感知数据架构

5.6.3.1　态势感知数据源合理化分析

态势感知一般分为数据采集、态势理解、态势评估及态势预测四个过程进行，其中数据采集是态势感知的重要前提，数据源的合理性决定了后续三个流程的准确程度。基于数据源的重要性，可以通过 Endsley 模型、OODA 模型、JDL 模型、RPD 模型四种模型进行数据源合理性分析。

1. Endsley 模型

Endsley 模型中，态势感知始于感知。

感知包含对环境中重要组成要素的状态、属性及动态等信息，以及将其归类整理的过程。

理解则是对这些重要组成要素的信息的融合与解读，不仅是对单个分析对象的判断分析，还包括对多个关联对象的整合梳理。同时，理解是随着态势的变化而不断更新演变的，不断将新的信息融合进来形成新的理解。

在了解态势要素的状态和变化的基础上，对态势中各要素即将呈现的状态和变化进行预测。

2. OODA 模型

OODA 指观察（oberve）、调整（orient）、决策（decide）及行动（act），它是信息战领域的一个概念。OODA 是一个不断收集信息、评估决策和采取行动的过程。将OODA 循环应用在态势感知中，预测对手下一个动作并发起行动，同时进入下一轮的观察。例如通过关注对方正在进行或者可能进行的事情，即分析对手的 OODA 环，来判断对手下一步将采取的动作，而先于对方采取行动。

3. JDL 模型

JDL（joint directors of laboratories）模型是信息融合系统中的一种信息处理方式。

JDL 模型将来自不同数据源的数据和信息进行综合分析，根据它们之间的相互关系，进行目标识别、身份估计、态势评估和威胁评估，融合过程会通过不断的精练评估结果来提高评估的准确性。

在态势感知中，面对来自内外部大量的安全数据，通过 JDL 模型进行数据的融合分析，能够实现对分析目标的感知、理解与影响评估，为后续的预测提供重要的分析基础和支撑。

4. RPD 模型

RPD（recognition primed decision）模型中定义态势感知分为感知和评估两个阶段。

感知阶段通过特征匹配的方式，将现有态势与过去态势进行对比，选取相似度高的过去态势，找出当时采取的哪些行动方案是有效的。评估阶段分析过去相似态势有效的行动方案，推测当前态势可能的演化过程，并调整行动方案。

5.6.3.2 融合图像展示的供电地图

（1）依托信息通信技术，立足于单位各信息系统间的信息共享和数据的全面贯通，整合全业务属性数据和实时数据，实现电网及主要指标、分布式电源、电网状态、系统/设备风险脆弱点、异常线路、重要用户等各类信息的全面数字化、采集和基于供电地图的全景展示。

（2）通过系统仿真、大数据挖掘技术构建深度分析、智能决策服务平台，为电网公司提供全面的数据和决策支撑。对内可促进电网规划建设、设备管理和决策支持的精益化，对外能够支持竞争性业务发展、全方位用户服务。

（3）通过物理电网在清洁友好的发电、安全高效的输变电、灵活可靠的配电、多样互动的用电、智慧能源与能源互联网等各个领域的全面数字化，形成各领域信息系统和数字化管理手段。

（4）平台接入数字化的内部数据源和外部数据源，提供数据的存储、管理、计算、分析与可视化等服务，基于二维多图层叠加以及三维模型可视化，为用户提供电网数据的全景展示和模拟仿真，开放各类分析工具为发电企业、电力用户、政府及第三方机构等提供应用支撑。

1）平台通过调用 GIS 系统提供的地图查询定位、缓冲区分析等基本重组，以地图底图、电网网架、地理接线图等基础数据，实现基于 GIS 的各类业务应用，并向上提供全景展示、模拟仿真和分析工具等支撑功能。

2）二维地图，利用二维地图整合 GIS 平台电源、电网、设备、重要用户等各类数据图层，关联实时数据和业务数据，实现基于 GIS 地图的多元数据实时查询与分析。

3）三维地图，利用三维地图，在二维地图共享数据的基础上，通过三维数字化移交手段，实现输电线路、变电站三维模型的可视化，并支持属性、状态信息的动态查询。

4）支撑功能。利用其他支撑功能，通过整合平台各项基础功能与核心能力，可实现电网基础数据、网架结构、实时运行数据的全景展示，支持基于三维场景的电网网架演进模拟、站内操作模拟、故障模拟、自然灾害模拟等模拟仿真，并提供各类辅助分析工具。

5.6.3.3　基于潮流分析的智能成票

配电网是电力系统不可分割的一个重要部分，且配电网直接面向用户，是保证用户供电质量的关键环节。分布式电源一般分布在配电网，大量分布式电源的接入会对配电网的线路潮流、网损和电压分布等产生重要的影响，配电网结构和运行控制方式都将发生巨大改变。此时接入分布式电源的配电网的潮流计算尤为重要，因为在配电网的网络重构、故障处理、无功优化、状态估计中都要用到潮流计算的数据，同时潮流计算常用来评估分布式电源并网后对配电网的影响，这也是分析分布式电源并网对电网静态电压稳定性影响等其他理论研究工作的基础。

基于配电网潮流分析体系，根据实际的网架水平、电源配备情况、配电自动化应用、故障自愈能力、运行管理水平、需求侧响应水平等多方面因素，融合形成智能化操作票生成体系。其中，配电网潮流深度分析是关键技术。配电网潮流是电力系统中电压（各节点）、有功功率（各支路）、无功功率（各支路）的稳态分布。而配电网潮流计算是配电网分析的基础配电网的网络重构、故障处理、无功优化和状态估计等都需要用到配电网潮流数据。传统的潮流计算方法一般是针对高压输电网提出的，而低压配电网络具有许多不同于高压输电网的特征，其中一些特点对传统的潮流算法来说实际上属于病态条件，因而也就对配电网的潮流计算方法提出了特殊的要求，如收敛性问题在配电网潮流算法中备受重视。

配电网潮流计算方法一般要求满足可靠收敛、计算速度快、能求解弱环网问题、使用方便灵活调整和修改容易可满足工程上的需要、内存占用量少等。由于配电网中的收敛问题比较突出，因此对配电网潮流算法进行评估时，首先看它是否能够可靠收敛，然后在此基础上可对计算提出进一步的要求。

5.7　新型配电网孪生建模与交互技术

5.7.1　新型配电网数字孪生系统方案概述

随着配电网模型结构日益复杂以及数字孪生技术飞速发展，数字孪生配电网成为新型配电网发展的热点方向。相比于侧重模型驱动的仿真软件或实体操控的信息物理系统，数字孪生电网更倾向于数据驱动的实时态势感知和超实时虚拟推演，通过动态监控和全息模拟，精准感知物理电网的真实状态。数字孪生配电网从物理配电网量测感知各类电气量、状态量，以配电网机理模型为基础，依托大数据分析平台，以数据云计算服务形式为配电网运行提供数字载体。配电网数字孪生的基本实现方式示意图如图 5-62 所示。

新型配电网数字孪生系统方案示意图如图 5-63 所示，其涵盖以变电站出线为起点，以用户计量箱为终点的所有配电线路及设备，利用物联感知终端搭载前端的感知网络，通过智能融合终端和智能网关汇聚所有的感知数据和运行数据，并利用 5G 回传至系统，通过人工智能大数据分析、知识图谱等技术进行数据的智能分析、应用和展示，实现"先知"阶段的数字孪生应用，实现设备的自动巡检、状态分析评估、缺陷故障预警、故障研判、拓扑分析、负荷分析、线损分析等应用，辅助用户决策，提高运维检修效率，降低运维检修成本，保障配电网设备运行的可靠性。

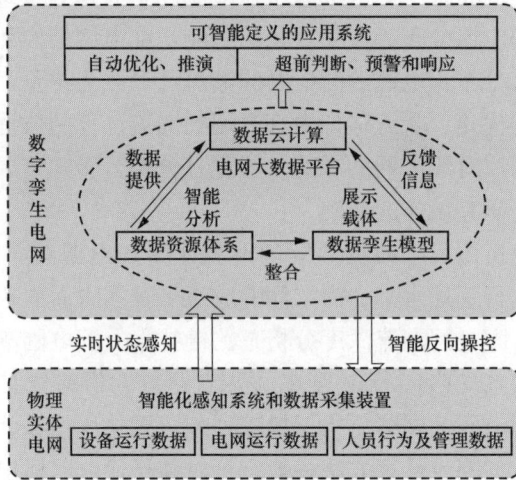

图 5-62　配电网数字孪生的基本实现方式示意图

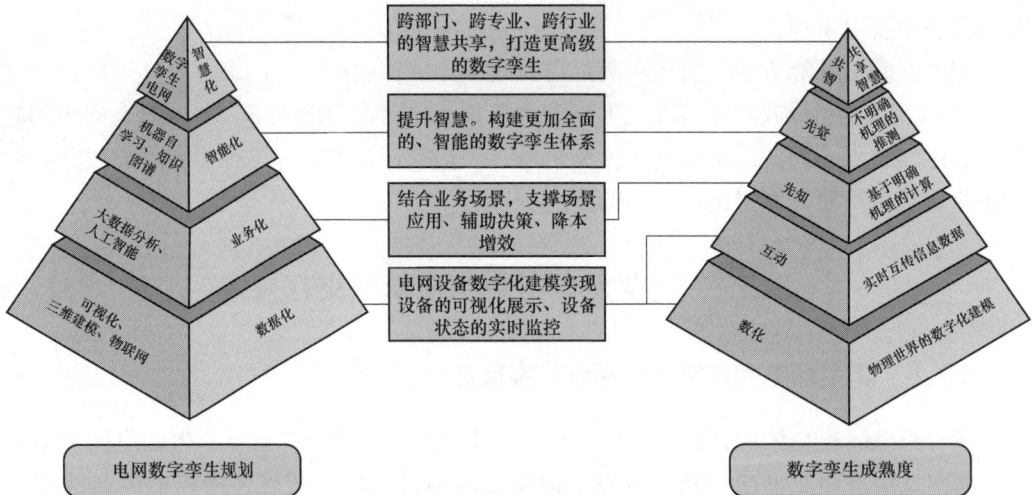

图 5-63　新型配电网数字孪生系统方案示意图

配电网数字孪生体对应的是真实世界中的配电网，是包括架空线路、电缆、配电变压器、开关设备等配电设备及附属设施在内的配电网在虚拟数字空间的完整映射，通过全覆盖度的高密度动态数据，完全反映实体及其之间关系在全生命周期时间尺度内的动态变化，它能实现与物理配电网的信息与动作的交互，同时也能支持应用系统实现基于数字孪生体全模型数据智能分析动态决策、互感协作，是一个数字化的生命体集合或更大尺度与范畴的数字孪生体。

5.7.2　新型配电网数字孪生建模与交互技术实现机理

5.7.2.1　基于云模型的配电网运行画像数字孪生构建方法

新型配电网孪生画像建模的总体实现思路如图 5-64 所示。

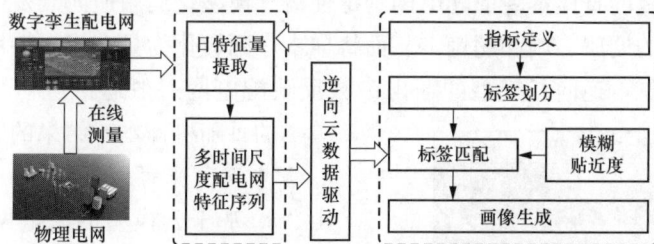

图 5-64　新型配电网孪生画像建模的总体实现思路

1. 配电网运行状态的感知

数据中台按一定的采样间隔实时采集各台区日负荷状态，形成台区日负荷状态量的量测序列，用矩阵 $\boldsymbol{P}_\mathrm{T}$ 表示，如式（5-29）所示。

$$\boldsymbol{P}_\mathrm{T} = \begin{bmatrix} P_{1,1}^\mathrm{T} & P_{1,2}^\mathrm{T} & \cdots & P_{1,t}^\mathrm{T} & \cdots \\ P_{2,1}^\mathrm{T} & P_{2,2}^\mathrm{T} & \cdots & P_{2,t}^\mathrm{T} & \cdots \\ \vdots & \vdots & & \vdots & \\ P_{k,1}^\mathrm{T} & P_{k,2}^\mathrm{T} & \cdots & P_{k,t}^\mathrm{T} & \cdots \end{bmatrix} \tag{5-29}$$

式中：k 为台区编号；t 为数据采样时段，若采样间隔为 15min，则日采样序列为 96 点；$P_{k,t}^\mathrm{T}$ 为第 k 个台区在 t 时段采集的负荷数据。

孪生配电网与数据中台交互数据，在物理电网运行数据驱动下进行潮流分析，得到采样时刻各配电网的潮流状况数据序列，用矩阵 $\boldsymbol{P}_\mathrm{L}$ 表示，如式（5-30）所示。

$$\boldsymbol{P}_\mathrm{L} = \begin{bmatrix} P_{1,1}^\mathrm{L} & P_{1,2}^\mathrm{L} & \cdots & P_{1,t}^\mathrm{L} & \cdots \\ P_{2,1}^\mathrm{L} & P_{2,2}^\mathrm{L} & \cdots & P_{2,t}^\mathrm{L} & \cdots \\ \vdots & \vdots & & \vdots & \\ P_{k,1}^\mathrm{L} & P_{k,2}^\mathrm{L} & \cdots & P_{k,t}^\mathrm{L} & \cdots \end{bmatrix} \tag{5-30}$$

式中：$P_{k,t}^\mathrm{L}$ 为在物理配电网运行数据驱动下，孪生配电网第 k 个台区在 t 时段通过潮流分析得到的负荷数据。

2. 定义反映台区和线路状态的标签体系

画像技术通过使用标签描述事物的一系列特征，用高度概括的概念化、易理解、可量化的标签体系来刻画对象。因此，需建立反映台区用电行为和线路运行状态的特征指标，并对指标值按一定的物理意义进行区间量化，从而使各量化区间对应一个概念，即标签。例如，若以台区用电水平为特征指标，可将台区的日用电量分为高、中、低三个等级的标签。显然，标签通常具有模糊属性，是用概念化的语言进行描述。

3. 基于云模型的配电网运行特征概念化归纳

根据式（5-29）与式（5-30）表示的日采样序列，并根据配电网的指标定义可计算日运行特征指标，每天可形成一个指标样本。同时，考虑配电网台区的日运行行为受人的行为及天气、气温等状况的影响，具有很大的随机性和分散性，因而基于单一的日样本对配电网进行画像不能反映对象的宏观特征。本小节采用云模型理论作为数据驱动手段，基于一定规模的日样本生成配电网的定性概念模型。运用逆向云发生器将历史样本集合转化为样本的期望、熵和超熵，从而将样本序列转化为具有模糊特性和统计特性的概念化表达。可见，逆向云模型的输出参数反映配电网一般运行过程的宏观行为和特点，单一的日随机样本对结果的影响很小。

4. 配电网画像的生成

由"3. 基于云模型的配电网运行特征概念化归纳"中的内容可知，标签体系中各标签的定义具有模糊性，是用模糊语言表示的模糊概念。而历史样本特征序列通过逆向云转化，也形成模糊集合。构建配电网画像，就是根据配电网各元件的模糊特征，识别这个模糊对象属于哪类模糊标签的问题。本部分利用模糊概念的贴近度方法，将模糊对象对标上文定义的模糊标签，从而实现配电网各元件运行行为的画像生成。

由上述分析可见，配电网画像生成过程就是配电网运行特征的抽象和标签匹配过程。配电网画像生成过程中特征的抽象和处理层次结构如图 5-65 所示。

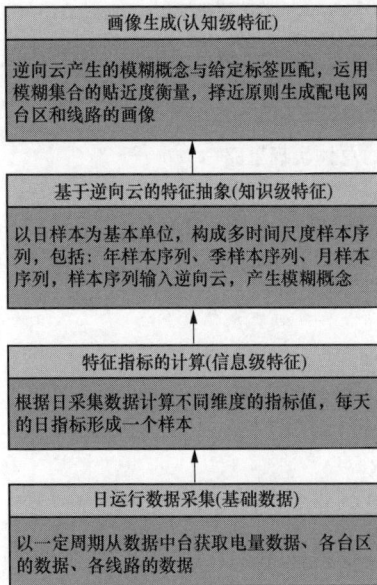

图 5-65 新型配电网运行特征的抽象过程

5.7.2.2 基于源、荷马尔可夫链模型的配电网数字孪生构建方法

1. 配电网状态量的马尔可夫链表征原理

台区用电行为和光伏出力的变化具有时序性。马尔可夫链是一组具有马尔可夫性质的离散随机变量的集合。假设配电网某状态量在 t 时刻处于 j_s 状态，到下一时刻状态转移到 i_s，则转移的条件概率记为 $p^1_{i_s j_s}(t) = p_{i,j_s}(t)$，称为马尔可夫转移概率。将台区用电时间和光伏出力时间分别设为 t_{ti} 和 t_{pvti}，统计各时间段内状态转移情况，建立系统状态转移概率矩阵为

$$\boldsymbol{P}(t) = \boldsymbol{P}_c(t) = \begin{bmatrix} p_{11}(t) & p_{12}(t) & \cdots & p_{1N_s}(t) \\ p_{21}(t) & p_{22}(t) & \cdots & p_{2N_s}(t) \\ \vdots & \vdots & \ddots & \vdots \\ p_{N_s 1}(t) & p_{N_s 2}(t) & \cdots & p_{N_s N_s}(t) \end{bmatrix} \tag{5-31}$$

式中：N_s 为系统状态总数，台区用电行为状态为 $N_s = K$，影响光伏的云层状态为 $N_s = L_{lr}$；t 为分析时刻。

若已知当前状态或某时刻状态的概率分布，且已知转移矩阵 $\boldsymbol{P}(t)$，则下一时刻系统所处状态概率分布如式（5-32）所示。

$$P_s(t+1)=P_s(t)P(t)=\{p_{s,1}(t+1),p_{s,2}(t+1),\cdots,p_{s,N_s}(t+1)\}$$
$$P_s(t)=\{p_{s,1}(t),p_{s,2}(t),\cdots,p_{s,N_s}(t)\} \tag{5-32}$$

式中：$p_{s,i_s}(t)$ 为 t 时刻系统处于状态 i_s 的概率。对于当前或过去已发生的状态，$p_{s,i_s}(t)=1$ 或 0 表示初始状态已是确定性事件。

令状态 $i_s=f_s(pi_s)$，$f_s(x)$ 为状态映射函数，则可以依据状态概率根据式（5-33）获得下一时刻的随机状态。

$$i_s(t+1)=\underset{0\leqslant i_s\leqslant N_s}{f_s}\left[p_{s,i_s}(t+1)\right] \tag{5-33}$$

2. 基于马尔可夫模型的配电网数字孪生构建方法

配电网数字孪生的实现方案如图 5-66 所示，主要包括以下环节。

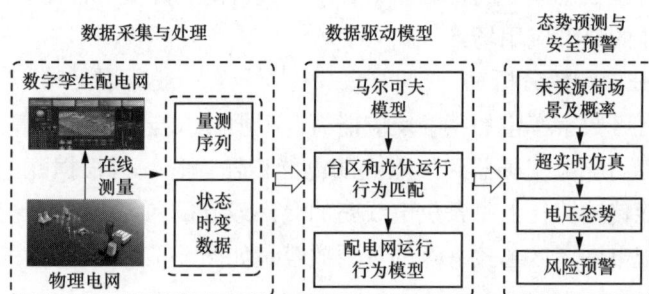

图 5-66　配电网数字孪生的实现方案

（1）配电网、荷运行数据采集与状态获取。建立孪生配电网数据中台，孪生配电网从数据中台获取物理电网的数据。数据中台实时采集各台区负荷数据和配电网光伏电站出力数据，形成对物理配电网数据采集的量测序列。孪生配电网对量测值进行量化，以状态量形式表征台区和光伏电站的时变运行数据，为构建运行状态的数据驱动马尔可夫模型提供基础数据。

（2）建立配电网各台区和光伏运行行为的马尔可夫链模型。运用配电网大量历史运行数据建立行为状态概率转移矩阵；获取实时监测数据建立行为初始状态。结合行为状态转移矩阵以及初始行为状态建立马尔可夫模型，反映配电网各台区和光伏的运行行为，得到配电网运行行为模型。

（3）配电网未来运行态势的预测。基于配电网源、荷当前运行状态及其行为的马尔可夫模型，预测未来时段的源、荷场景并根据状态转移矩阵确定场景发生的概率。将以上概率场景代入孪生配电网进行超实时仿真，并考虑高比例光伏对配电网的主动电压支撑作用，获得配电网未来时段可能出现的电压态势，并根据马尔可夫链模型的场景转移概率确定各电压态势的发生概率。

（4）电压安全预警机制的生成。根据预测的电压态势计算电压风险，依据电压风险对电压态势进行安全预警。其具体实施步骤可表示如下。

1）基于数据驱动建立配电网源、荷随机行为的马尔可夫模型。孪生配电网基于数据中台获取配电台区和光伏历史数据，包括天气数据。对数据进行量化形成运行状态量。

2）基于马尔可夫模型对未来时段的场景进行抽样。孪生配电网基于当前物理电网状态和源、荷的马尔可夫模型，利用吉布斯抽样抽取未来时刻的一组样本场景。

3）蒙特卡洛抽样场景的超实时随机模拟。孪生配电网根据吉布斯抽样的场景，结合光伏主动电压支撑策略进行蒙特卡洛概率潮流的超实时随机模拟。

4）未来场景的电压安全态势分析。根据概率潮流分析结果，计算节点电压越限风险指标和全网电压越限风险指标。输出未来特定时段高比例光伏配电网的电压风险指标，依据电压越限风险程度做出安全预警信息。

5.7.3 新型配电网数字孪生应用场景

基于配电网台区数字孪生的特点，结合工作人员的实际业务需求，本文分析其在配电网台区运维工作的典型应用场景。

5.7.3.1 可开放容量分析

基于配电网台区数字孪生的精准反应能力，根据接入点的具体位置以及配电网台区的拓扑关系，推算出配电变压器到接入点的电能传输途径，再根据配电变压器的容量、负荷情况以及电能传输路径上每条供电线路的允许载流量和负荷情况，计算出接入点的可开放容量。某配电网台区各接入点的可开放容量如图 5-67 所示。

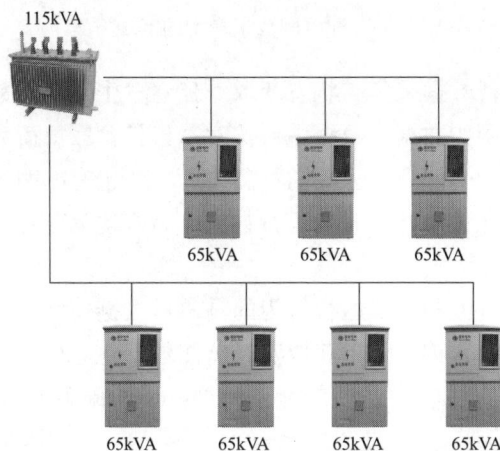

图 5-67 某配电网台区各接入点的可开放容量

5.7.3.2 台区状态评估

配电网台区数字孪生具有精准反映配电网台区的拓扑关系、设备参数、运营指标及配电网台区下各电力用户信息的特点，因此可以便捷准确地获取各类档案信息及运营指标，以实现对配电网台区状态的快速准确评估，提升配电网台区的运维工作效率。

5.7.3.3 线损精益管理

由于配电网台区数字孪生可精准反映电网台区的设备参数和用户信息，实现对配电网台区线损的分段计算，配电网台区可以分成 5 个分段，分别进行线损的计算。配电网台区线损实现分段计算后，细化了线损管理的颗粒度，可快速定位线损异常区域，进而将大幅提升配电网台区的线损定位水平。

5.7.3.4　停电范围研判

配电网台区数字孪生可实时反映运行状态，即实时反映配电网台区下各线路的电流、各节点的电压信息，以及各电力用户的用电负荷、停上电等信息。上述信息的更新频度取决于电能表、集中器等采集设备的采集频度，随着用电信息采集系统的建设和 HPLC 技术的应用，电压、电流等信息可 15min 更新一次，停电信息可实时更新。配电网台区数字孪生实时反映运行状态的能力可及时获得电力用户的停电信息，同时，结合配电网台区的拓扑及用户地址信息，可准确研判出故障范围及故障地点，进而可有效提升抢修工作效率、缩短停电时间，避免用户投诉。停电范围研判示意图如图 5-68 所示。

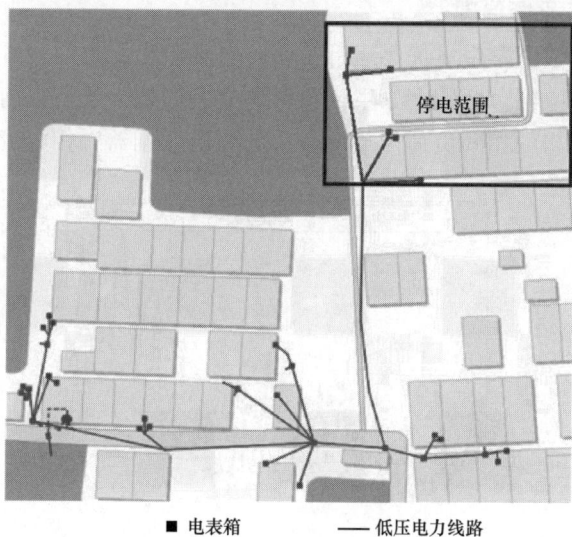

■ 电表箱　　——低压电力线路

图 5-68　停电范围研判示意图

5.7.3.5　异常识别诊断

配电网台区数字孪生可以基于配电网台区拓扑关系、设备参数，以及各电力用户的电压、电流信息，建立配电网台区的异常诊断模型，进而实现对各类异常状态的准确诊断和识别，即判断出该电力用户的电能表接线存在异常，并能给出电力用户的具体地址，工作人员可赶赴现场对接线进行校正。

5.7.3.6　过负荷风险预判

基于电网台区数字孪生的趋势预测能力，可对配电网台区在迎峰度夏、迎峰度冬期间的负荷率进行预测，进而提前发现存在过负荷风险的设备。某配电网台区中部分设备在迎峰度夏期间的负荷率预测曲线如图 5-69 所示。

由图 5-69 可知，供电线路 L_1 存在过负荷的风险，应在迎峰度夏之前对其进行更换；供电线路 L_2 不存在过负荷风险；供电线路 L_3 虽然不存在过负荷的风险，但其负荷率也较重，应加强对其关注力度。

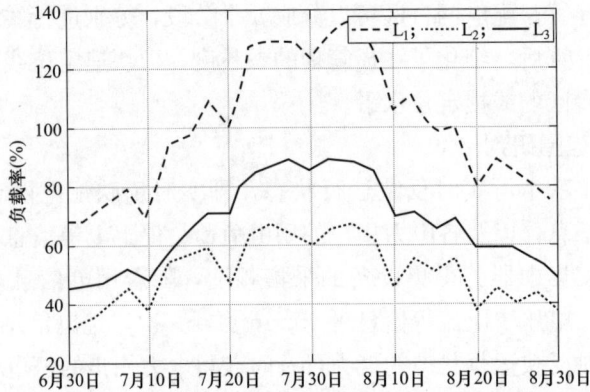

图 5-69 负荷率预测曲线

5.7.3.7 三相不平衡治理

由于配电网台区数字孪生可优化运行策略，自动给出配电网台区的相间负荷优化调整决策。同时基于配电网台区数字孪生还可对调整后的效果进行提前推演验证。经配电网台区数字孪生推演出的相间负荷优化调整后的配电变压器三相电流如图 5-70 所示。

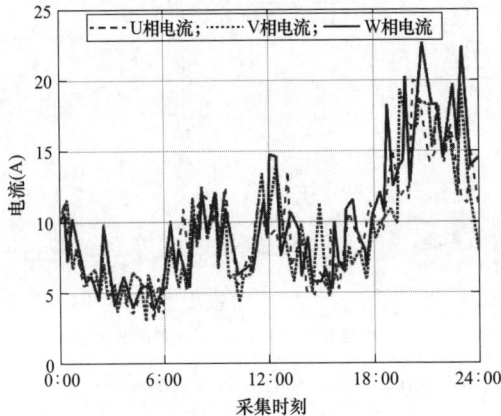

图 5-70 相间负荷优化调整后配电变压器三相电流

5.8 新型配电网图数据建模及智能分析技术

5.8.1 新型配电网图数据建模方法

随着配电网拓扑关系越来越复杂，形成的网络拓扑数据也越来越多，如何合理利用电网拓扑数据并加强对电网拓扑数据的有效管理是当前电力系统需要解决的问题。配电网拓扑管理中使用图数据库技术，可以有效地提升配电网拓扑数据的可视化展示以及便于数据的高效存储和查询。图数据库技术是一种基于数学图论的数据处理技术，定义了节点、边以及属性作为图中基本的三类单元，一些终端模块设备通常都被定义为图中的节点，设备之间的连接通常被定义为图中的边，而属性则是这些节点上的具体信息含义。图数据库中的边具备了其他传统类型数据库不具备的连接表示，这种更加直接的关联关系，能够让数据分析人员更加便利地对数据进行检索等操作。相比于传统类型的数据库，图数据库的这种网状拓扑结构提供了一种更加直观、自然的数据关联表达方式，能够将关联复杂的数据以一种更加友好的方式可视化出来。电力系统中的通信服务器设备可以被建模为节点，节点间的物理连接可以被建模为边，连接附带的具体信息可以被建模为边上的属性，图数据库技术能够被广泛应用于新型配电系统中，可以很好地发挥它的优势。

新型配电网具有天然的网络特征，网络拓扑关系也十分复杂，包括物理关系、客户关系以及资产关系等。同时，在此基础上产生了海量配电网拓扑数据，包括配电网运行数据、状态监测数据和智能电能表数据等。配电网天然的网络拓扑特征和以图数据库"点"和"边"为基础的拓扑型数据具有直接清晰的映射关系。目前配电网拓扑管理仍采用传统关系型数据库，并不能直接反映配电网的网络拓扑特征，对电网数据的描述展示、查询检索的支持性能较差，将会严重影响电网资产管理等应用性能。如何管理日益增长的电网设备以及它们之间的联系成为一个亟待解决的问题。Tiger Graph 图数据库是一种面向电网拓扑管理的图数据建模方法，该方法基于图数据库的电网系统运行方式，利用属性图的点、边以及概念去描述电网拓扑结构。

5.8.1.1　图数据智能分析

为了完成配电网拓扑数据从传统数据库到图数据库的迁移，根据电网拓扑管理的图数据特性以及图数据库自身的特点，配电网拓扑图数据分析框架如图 5-71 所示。

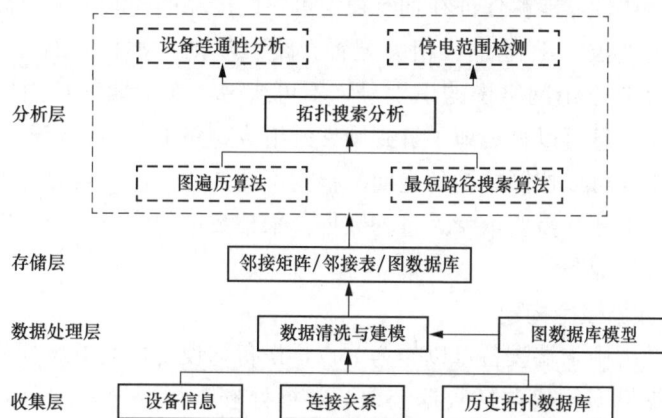

图 5-71　配电网图数据模型智能分析框架

框架主要包括以下四层：

（1）收集层：该层的作用是收集电网的电力拓扑数据，不仅包含物理设备的数据，如母线、变电站、输电站、变压器等，同时还包括伴随物理设备的物理连接关系和拓扑关系。采集历史电网设备台账信息，设备运行数据，设备型号、故障、运行记录等历史数据有助于更加全面、有效地进行电网业务分析，提高管理效率。

（2）数据处理层：从电网收集到的拓扑数据逻辑关系复杂，需要基于数据收集层采集到的数据进行图数据建模，比如将设备信息映射为节点，设备间的物理连接映射为边。同时，由于数据冗余、数据缺失的情况存在，所以有必要对数据进行清洗和标准化处理。

（3）存储层：经过标准化处理之后的数据已经具备图逻辑结构，可通过存储模型进行存储，常见的图存储数据结构包括邻接矩阵和邻接表，当然也可以利用已经开发好的图数据库进行存储。

（4）分析层：面向电网拓扑管理的图数据库技术研究重点就是为了进行图数据分析，该层提供了一些算法框架来满足日常电网需求，对电网拓扑数据展开应用分析，支持营配调业务。功能比如电网拓扑搜索分析、设备连通性分析、停电范围分析等，用到的算法包括图遍历算法、路径搜索算法等。

5.8.1.2 末端设备建模

对于末端设备和路由建模，根据不同的业务类型，需要考虑不同的建模方式，配电网设备建模属性包括设备自身信息、网络信息以及业务信息。设备自身信息包括设备名称、设备类别及子类别、设备型号等；网络信息包括 IP 地址、路由列表及相关配置等；业务信息包括采集数据的规模及数据的业务类型等。在整个建立的数据网络中，设备的名称都必须是唯一的，可以为数字或字符串类型。设备类型指的是不同的业务类型，设备类型直观地描述了该设备所属的具体业务，如充电桩类型设备，属于充电业务类型的设备，设备类型如同设备名称，一般不可或缺。而子类型则是对设备所属业务类型进行了更加具体的描述，子类型可以缺省。设备型号对应着设备生产商的产品型号信息，建模时添加设备型号属性，能够保证在拥有稳定可靠的产品的同时大大提高对于实际生产环境中资源成本的把控。IP 地址、相关配置、路由规则在建模过程中，均可不唯一，IP 地址作为该设备在整个网络中的识别号，不可或缺，而配置信息则反映了该设备的具体配置，通过该信息可以直观地了解到硬件的组成，路由表则管理着网络传输过程中的出入，通过路由表可以控制传输的走向。根据不同的业务，所需要的数据规模也不相同，业务类型复杂的往往需要依赖大量的数据，采集数据的业务类型可以直观地表示这批数据所对应的具体业务。

5.8.1.3 图数据模型构建

配电网拓扑数据中末端设备可以作为节点，设备与设备之间具体的物理连接关系可以看成边，图数据模型构建包括数据获取、数据处理、数据导入以及数据管理四大步骤，流程图如 5-72 所示。

图 5-72　配电网图数据建模流程

各步骤具体介绍如下：

（1）特征提取：特征提取主要是把采集到的配电网拓扑大数据进行属性特征的提取，根据电力系统的分析经验，设置属性特征优先级，通过将无序的属性值，根据影响程度优先级进行降序排列，然后对得到的既有连续又有离散的电力数据属性信息，映射为数值型，并把每个属性特征都记录下来生成第一属性结构拓扑图 G1。第一属性结构拓扑图中至少包括设备 ID、子类别、设备型号以及 IP 地址、端口信息和存放位置信息，形成容易处理的且具有电力系统优先级的属性特征集合。

（2）生成拓扑关联图：对得到的第一属性结构拓扑 G1，利用皮尔逊积矩相关系数法判断设备与设备间关联性，形成拓扑关联图，基于皮尔逊积矩相关系数法，利用 R 系数进行相关性分析，给相关性强的节点添加一个强联系属性，为停电范围分析提供快速通道。皮尔逊积矩相关系数法被广泛应用于判断数据是否存在关联性，是一种经典的相似度计算方法，它具有计算方式简单、复杂度低、计算时间快、计算结果准确等特点。配电网拓扑图数据下的多维时序数据 $D=\{D_1,D_2,\cdots,D_N\}$，其中 N 为多维数据元监控总数，$D_i \in D$ 为数据源任一数据序列，其相关性采用 R 系数表示，计算如下：

$$R=\frac{\sum_{i=1}^{M}(X_i-\overline{X})(Y_i-\overline{Y})}{\sqrt{\sum_{i=1}^{M}(X_i-\overline{X})^2}\sqrt{\sum_{i=1}^{M}(Y_i-\overline{Y})^2}}$$ (5-34)

式中：X_i、Y_i 为数据序列 D_i 中任意互不相同元素；M 为数据序列 D_i 的长度。

（3）生成属性结构图：主要是把生成的拓扑关联图进行录入图数据库系统的一个步骤，同时设立端子、边的属性及比较优先级。如果电力实体设备之间有物理导线的连接，反映在电力拓扑图上称为存在物理连接；如果电力实体设备之间不光有物理连接，电也是可通的，称为存在电气连接。电力设备一般通过开关类设备控制有物理连接的设备是否电气连通，此外设备的故障等原因也会导致物理连接相通但电气连接不通。对物理连接和电气连接进行区分之后，设置端子来存储设备间的关系属性，形成第二属性结构拓扑图 G2。

（4）图数据模型管理：主要是把业务数据信息，结合业务优先级别，把设备节点信息连接形成单元结构，组成不同优先级别的单元框架，每个单元框架之间都是连通的。通过将设备节点以及端子的属性和整个系统的拓扑关系相融合，形成第三属性结构拓扑图 G3。

5.8.1.4　图数据模型管理

由于电网本身的特点，拓扑分析基础模型可以很自然地将电网中的设备本身作为顶点，命名为 Gnode，设备之间的物理连线作为无向边命名为 Nline，即是电气连接。此外，为加快母线类连接数量比较多的设备的分析，将连接本身也作为节点，命名为 Cpoint，在进行带电分析之后为了表示电流方向，添加有向边表示电流方向，命名为 Eline。电网图数据模型管理主要介绍电网图数据的图元设计，图元设计思想主要基于图的面向对象图理论模型，该模型允许我们使用（模糊）图匹配的概念来评估图之间的相似性。采用 Tiger Graph 图数据库进行设计，编程语言为 GSQL，结合电网拓扑数据，设计如下 Schema：

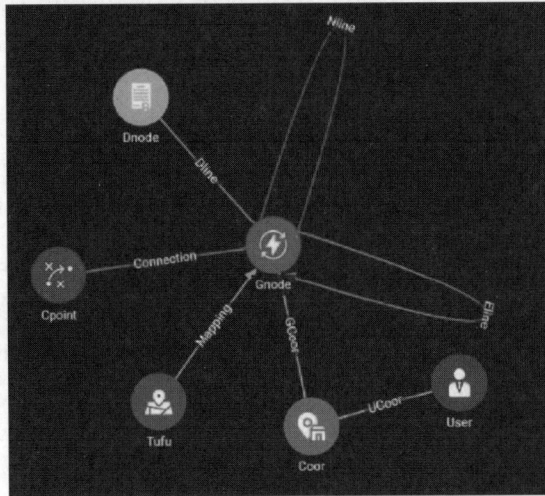

图 5-73　数据单元模型

从图 5-73 中可以看到六种节点，分别代表不同的含义，其中，Gnode 代表设备（优先级），Dnode 代表设备信息（台账信息），Cpoint 代表端子（存储设备和设备之间联系），Coor 代表坐标信息，User 代表用户（检修人员），Tufu 是画图小工具，用来标记图块大小等信息，Nline 是设备之间的连接关系，Eline 是电流方向。其中，Gnode 和 Dnode 上存储信息属性较多，表 5-3 和表 5-4 分别列出 Gnode 和 Dnode 的部分属性对应关系表。

表 5-3　　　　　　　　　　　　　　　　Gnode 属性对应关系表

SBZLX	DYDJ	KGZT	ISBYQ	ISKG	SSDZ	EFLAG
设备子类型	电压等级	开关状态	是否变压器	是否开关	所属电站	带电状态

表 5-4　　　　　　　　　　　　　　　　Dnode 属性对应关系表

SBID	CLASSID	OID	SBZLX	DYDJ	KGZT	YXDW	SSDZ	SSXL	SSGT
设备 ID	设备类型 ID	老 ID	设备子类型	电压等级	开关状态	运行单位	所属电站	所属线路	所属杆塔

通过设计好的 Schema，可以对电网中拓扑图数据进行批量化的管理，具备相同属性结构的模型可以共用一个 Schema，若某些节点不包含某些属性特征，其节点属性数据可以为空，若需要添加别的类型的设备，可以通过添加多个 Schema 的方式，来导入原始数据，并通过连接关系，把属于不同 Schema 的拓扑图连接起来。在 Tiger Graph 图数据库中，不仅可以通过 Graph Studio 来对属性进行更改和删除，也可以直接对设备节点数据信息以及连接边的状态信息进行增删改查，能够较好地实现对新型配电网拓扑数据的实时管理，管理流程图如图 5-74 所示。

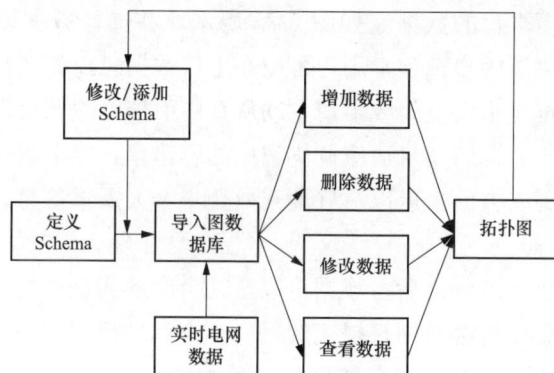

图 5-74　新型配电网拓扑数据管理流程图

5.8.2　新型配电网图数据智能存储管理方法

5.8.2.1　图数据存储管理

1. 关系数据库的图数据存储管理技术

目前在关系数据库上进行图数据管理的普遍实现方式是通过为关系数据库添加新逻辑，进而形成新的数据库。Agens Graph 作为新一代多模型图数据库，就是在 Post-greSQL 上重新添加新的一层逻辑形成的，它能够支持经典的关系型数据模型，允许开发人员仍然能够集成经典的关系数据库模型，同时也能够支持提供图数据分析环境。基于关系数据库的图存储管理技术开发，解决了很多之前纯图数据库存储图数据时遇到的诸多问题，但由于关系数据模型本身的影响，导致面对复杂的图运算时，数据库的能力还是表现不足。

2. 多模型数据库的图数据存储管理技术

ArangoDB 作为原生的多模型数据库，它将多种不同的数据组合在一起存储在一个数据库当中。在多模型数据库中，用户可以将数据存储为键/值对形式、图形形式或文档形式，用户可以使用统一的查询语言进行访问，单次查询也允许用户涉及多个数据模型的数据。不同类型、不同结构的数据采用不同数据模型进行存储，可以获得更高的查询效率，尤其在大型的数据管理平台当中，具有很强的应用价值。ArangoDB 通过自身的实践应用，证明了多模型数据库的价值，在应用上拥有很高的访问效率，当然为了获得这些收益，必须面对一定的维护代价与数据冗余问题。

5.8.2.2　关系-图协同存储管理

多数据模型对数据集进行协同存储体现了其性能的优越性，但也同时需要付出一定的代价，主要体现在复杂的运维与冗余存储上。可以通过采用查询感知的存储优化方式，结合数据特点与用户需求，来解决冗余存储的问题。由于数据存储的优化方案受到数据集本身特点与用户个人查询需求的影响，系统很难一开始就对用户传入的数据集进行结构判断与需求分析，因此可以采用用户查询感知的方式进行协同存储调优，其机制是：定期解析用户输入的查询内容，分析用户的查询需求并解析数据库中的数据结构，进而完成自适应存储优化，达到为用户优化存储空间的目的。基于上述查询感知的存储优化思路，用户上传至平台的数据流如图 5-75 所示，并选择数据库默认选项为全冗余形式。同时平台也提供了用户选项，用户可以在上传数据时或者在自适应优化存储过程中，申请主动分配数据至指定空间或申请主动从某一引擎删除部分数据。用户选项的设置一方面可以提高基于查询感知自适应调优程序的容错率，减少因调优程序引起部分查询效率降低的情况，另一方面也可以更好地获取用户个人需求信息，进行更准确地存储调优。

在用户上传数据进入平台之后，数据将以全冗余的形式存入两个数据引擎当中，届时平台的自适应调优程序将会对用户提交的每一个查询进行相应的分析，并存储至用户对应的查询历史记录当中。自适应存储调优过程如图 5-76 所示，调优程序将会定期调用存储的查询记录，根据解析用户提交的查询对数据集结构特点与用户需求进行判断，从而得到如何对数据进行存储。

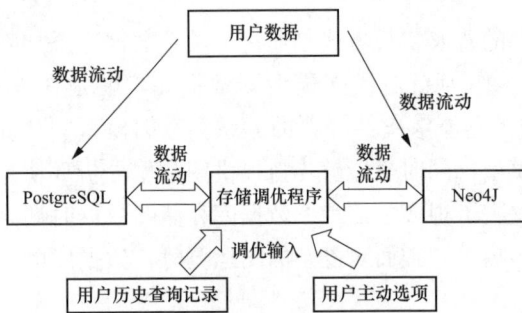

图 5-75 数据库引擎间的数据流

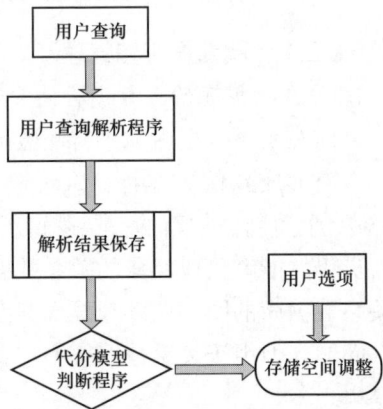

图 5-76 自适应存储调优过程

用户查询解析算法将用户的每一个查询进行结构上与内容上的解析，进而判断用户所存储的数据集中哪一部分数据参与了复杂的表连接查询，哪一部分数据经常参与聚集查询等。将查询语句所隐含的信息解析出来后，用作接下来自适应存储调优算法的判断依据，进而完成存储优化的目标。算法整体可分为预处理阶段与信息解析阶段：预处理阶段将用户输入的查询语句格式统一后分块，便于之后的信息挖掘与获取；信息解析阶段将分块后的信息进行解析整合。解析后，每个数据表的信息会以哈希表的形式存储下来：表总查询访问数、表参与属性查询数、表参与查询的自身连接数以及表参与查询的总连接数。通过这些哈希表存储的信息，来传达用户查询中潜藏的表信息与用户需求。解析算法核心为启发式规则：

（1）当数据表本身参与连接数不超过该表总查询数时，认定该表每次查询最多本身只参与一次表连接，可判断这类表为存储某一节点的属性集。

（2）当数据表每次查询都有 x 次（x 为可调整系数）聚集、排序等查询时，则该表至少存储在关系数据库中；若该表参与的每个查询都小于 y 表连接数（y 为可调整系数），删除该表在 Neo4J 引擎中的存储。

220

（3）当数据表参与的每个查询都超过了 z 次连接数（z 为可调整系数），判断数据应存入 Neo4J 数据引擎。若该表每次查询自身参与连接数超过 n（n 为可调整系数），删除该表在关系数据引擎中的存储。

存储优化算法用户查询解析后，算法将每个表的信息存到对应表中，接下来存储调优算法进行冗余存储优化。算法将使用解析信息，对用户需求与数据结构进行判断，由此完成对部分数据在某一引擎中的存储或删除操作。数据存储调整单位为关系数据库中的数据表，当在关系数据库中的表发生存储变化时，只需按照表的形式进行调整；当图数据库中的数据发生调整时，则只需按照节点情况进行增减。值得一提的是，由于 Neo4J 的存储模式问题，在 Neo4J 引擎中进行任何的数据变更成本都比较高，因此算法在判断数据在 Neo4J 中的存储或者删除时，要求会相对较高。

5.8.3　基于知识图谱的新型配电网图数据可视化及智能搜索方法

5.8.3.1　基于知识图谱的图数据可视化方法

可视化知识图谱为实现图数据可视化及技术分析提供支持。首先结合配电网的输出参数分析数据库构建的方法，建立配电网图数据分析的三层体系结构，模型如图 5-77 所示。

以图 5-77 所示的三层结构模型为研究对象，采用稀疏散点图分析法实现图数据信息加载和可视化重构，结合配电网参数调节方法，分析图信息的数据特征参数，通过 GIS 信息重组方法，实现对图数据融合和特征调度，得到图信息可视化数据挖掘模型。图信息可视化特征分布的编译特征量为

$$A = \sigma_v + V + t(d) \tag{5-35}$$

式中：σ_v 为图信息数据分布的差异度函数；$t(d)$ 为抽头延迟分布式融合的方法参数；V 为结合检测系数。

采用扩频序列分析的方法，建立图信息的分布式结构模型，得到可视化知识图谱参数为

$$s(e) = \frac{f(p) + t(d)}{b_i} + A \tag{5-36}$$

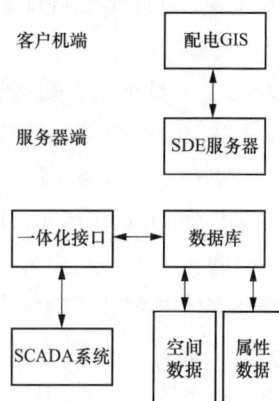

图 5-77　图数据分析三层结构模型
SDE—空间数据库引擎；
SCADA—数据采集与监视控制系统；
GIS—油气隔离开关

式中：$f(p)$ 为模糊信息散射簇聚类的方法参数；A 为图数据的图谱特征量；b_i 为挖掘图数据的特征量。

采用动态信息融合的方法，得到图信息可视化知识图谱扰动分布参数为

$$h_i(w) = G_k + \left[m_e(r) + \sum_{e=1} s(e) \right] \tag{5-37}$$

式中：G_k 为图信息可视化知识图谱的三维空间分布集；$m_e(r)$ 为 $k+1$ 时刻得到图信息可视化知识融合调度参数；e 为变量，取值为 1、2、…。

结合模糊度检测方法，得到图信息可视化知识图谱的动态参数模型

$$u_r = w_v + s_a + h_i(w) \tag{5-38}$$

式中：w_v 为图信息数据特征参数；s_a 为配电网数据监控规范参数。

对图信息数据进行信息聚类处理，得到数据可视化特征分布参数为

$$z(n) = s_a + \frac{s(x) + u_r}{\Delta t} \tag{5-39}$$

式中：Δt 为图信息数据的模糊时间信息采样间隔；$s(x)$ 为挖掘图信息数据的特征量。

采用动态信息融合的方法，实现对图信息可视化知识图谱分解。假设 $B = \mu_2 \mu_1$，得到图信息可视化知识图谱的耦合参数分布为

$$q_m = \frac{v + r}{B} + \left[l + \int_{n=1} z(n) \mathrm{d}n \right] \tag{5-40}$$

式中：v 为图信息可视化知识图谱的谐振份量；r 为电力阻抗因素；B 为图信息的抑制系数；l 为图信息可视化特征分解的三维动态参数。

采用自适应特征参数分解的方法，得到图信息可视化知识图谱融合参数模型为

$$Q(e) = [w_p + w_v + w_c] + \frac{V_t + C}{p_1} \tag{5-41}$$

式中：w_p、w_v、w_c 为图信息可视化知识图谱特征分布的适应度权重；$p_1 = p_{cu} + p_h + p_e + p_b + p_w$ 为自相关特征分布函数；V_t 为耦合系数；C 为图信息可视化分解的阻尼系数。

5.8.3.2　基于知识图谱的模型智能化搜索

基于 TransH 模型，通过分析实体在不同关系超平面中的语义表示来针对不同关系选择候选实体。为了提高候选实体排序的准确性，采用实体无向带权图模型（entity undirected weighted graph，EUWG），通过量化查询实体与候选实体在 Web 文档和 KG 中反映出的相关性，从而准确地对候选实体进行排序，方法能够在大规模 KG 中准确地搜索候选实体并对其正确排序。知识图谱作为实体关系的语义网络，在相关实体搜索的应用中至关重要，是搜索引擎的重要支撑技术。基于 KG 的相关实体搜索旨在根据给定的实体，在 KG 中搜索与此实体相关的候选实体集合，并按照候选实体与查询实体间的相关度对候选实体进行排序并返回结果，以提高用户的搜索体验。随着互联网的快速发展，Web 文档快速产生，反映了现实世界不断演化的知识，与 KG 中的知识共同描述了实体间的相关关系。

KG 是由实体和关系组成的有向图，表示为 $G_{kg} = (E, R)$，其中，$E = \{e_1, e_2, \cdots, e_n\}$ 为实体集合，$R = \{r_1, r_2, \cdots, r_m\}$ 为关系集合，任意一条有向边表示一个三元组（h, r, t）（h, $t \in E$ 和 $r \in R$），G_{kg} 可看作三元组集合。首先，将给定的查询实体记为 e_q，为了增加搜索候选实体的效率，从全局重要度和局部重要度两方面来度量关系 r 对 e_q 的语义表示能力，去除对 e_q 语义表示能力弱的关系，减少需计算的关系数量。关系 r 在 KG 中的重要程度为全局重要度，r 在 G_{kg} 中出现的频率越高，其对 e_q 的特殊性就越小，重要性也就越小。按以下方式计算 r 对 e_q 的全局重要度，即

$$I_1(e_q, r) = \frac{1}{r'} \tag{5-42}$$

式中：r' 为 r 在 G_{kg} 中出现的次数。

关系 r 在以查询实体 e_q 为中心的局部子图中的重要程度为局部重要度。将 KG 中与 e_q 直接相连的边构成的集合记为 $R'(e_q)$，r 在 $R'(e_q)$ 中出现的次数越多，说明 e_q 通过 r 连接的实体越多，进而 r 对 e_q 就越重要。r 在 $R'(e_q)$ 中出现的次数与其重要程度成反比，计算公式如下：

$$I_2(e_q,r) = \frac{r''}{|R'(e_q)|} \tag{5-43}$$

式中：r'' 为关系 r 在 $R'(e_q)$ 中出现的次数；$|R'(e_q)|$ 为 $R'(e_q)$ 中三元组的个数。

利用超参数 α 来平衡上述因素对关系 r 语义表示能力的贡献。为了统一 $I_1(e_q,r)$ 和 $I_2(e_q,r)$ 的取值区间，使用最大最小归一化函数（min-max scaling）对全局重要度和局部重要度进行处理，计算公式如下：

$$I(e_q,r) = \alpha \mathrm{Nor}[I_1(e_q,r)] + (1-\alpha)\mathrm{Nor}[I_2(e_q,r)] \tag{5-44}$$

式中：$\alpha \in [0,1]$，为衡量各因素贡献比重的超参数，$\mathrm{Nor}(\cdot)$ 为最大最小归一化函数。

最后，为了提高候选实体搜索的效率，通过计算 KG 中各关系对查询实体 e_q 的语义表示能力并对各关系进行排序，选择其中得分最高的前 k 个关系，记为集合 S。

首先，将 KG 中的实体通过训练嵌入向量空间中，得到对应的实体向量集 $E=\{e_1, e_2,\cdots,e_n\}$，其中，$e_j \in E(1\leqslant j\leqslant n)$ 是实体 e_j 的向量表示。将与关系集合 S 对应的超平面法向量集记为 $D=\{d_1,d_2,\cdots,d_k\}$，将与集合 D 中第 i 个法向量对应的关系记为 $r_i \in R(1\leqslant i\leqslant k)$。计算实体 e_j 在 r_i 对应超平面上的投影，如图 5-78 所示。

其次，为了正确地在各超平面中搜索候选实体，将每一个实体向量 e_j 在超平面 $d_i(1\leqslant i\leqslant k)$ 上的投影作为该实体在 r_i 对应超平面中的语义表示，并根据实体在不同超平面中的语义表示，将具有共同语义特征的实体划分为一类。具体而言，由于 K-means＋＋算法的效率高，能够高效地对海量实体进行划分，因此通过投影向量间的余弦相似度表示对应实体在 r_i 下的语义相似度，使用 K-means＋＋对 D 中各超平面上的实体投影进行聚类，将与同属一类

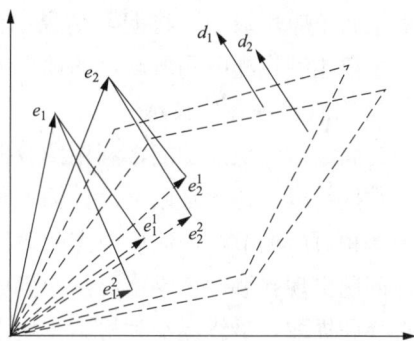

图 5-78　实体在各超平面中的投影

的投影所对应的实体作为 d_i 上与 e_q 有共同语义特征的实体。选择每个超平面中都与 e_q 同属一类的实体，作为候选实体搜索的结果，计算公式如下：

$$M(e_q) = M_1 \cap M_2 \cap \cdots \cap M_i \cap \cdots \cap M_k \tag{5-45}$$

式中：$M(e_q)$ 为候选实体搜索的结果。

5.8.3.3　智能化搜索引擎系统设计

基于知识图谱的图数据库智能化搜索引擎系统设计如下：

1. 网格搜索引擎系统框架

通过硬件设计和软件设计来设计新型配电网网格搜索引擎系统，其中硬件设计包括搜索器和接口设计，软件设计包括配电网网格采集模块、图数据库存储模块和电网网格

搜索引擎模块。

2. 接口设计

为了更好地减少因搜索给引擎带来的过高流量，将 Google API 作为系统的图数据库载体，这一做法不仅能节省不必要的流量消耗，还能够提高引擎的加载时间从而节省资源，将手动信息维护和后台图数据库相结合，在降低系统工作量的同时，能够很大程度降低引擎开发成本。配电网网格搜索引擎系统外部提供了简单地建立索引和搜索的API，但是内部的机制却是非常复杂的，通过调用这些用户可以实现配电网网格索引建立及搜索的功能。

3. 系统软件设计

在利用网格分析搜索引擎中的配电设备时，将配电网设备以建模的形式，划分成网格属性图，由网格图对中压配电网中各个基础配电设备节点进行描述，任意节点间相互连接的关系都可以由边来描述，节点和边均具备相应属性。网格搜索功能需要提供算法支持，在图数据库的基础上，设定网格分析引擎框架，将框架结构分为四个层级：在底层框架时，将网格分析引擎中目标设备，作为网格属性图存储在图数据库中，这一层框架起到图形存储的基本作用，经过图形存储的底层框架后，可以对所存储图形数据进行访问，通过定义图数据的属性，实现图数据库的归纳管理；第二层级框架，在图数据库支持下，输入搜索内容通过算法对数据进行搜索，将搜索所得结果输出；第三层级框架，在这一层级可将搜索网格化，服务于搜索数据，将结果输出给应用程序级；第四层级框架属于应用级别，将搜索结果以图形界面的形式展示给用户，在图像界面的支持下，用户能够在配电网所涵盖的地理地图上看到想要获取的结果。

4. 图数据库存储模块

为满足搜索识别功能，利用图数据模型，对收集到的设备信息进行规范化处理，提高图数据精准，在此基础上设计输入和智能检索模块，根据图数据信息模型，以及与配电设备相对应的节点，明确节点间逻辑关系，通过网格化图数据，推理和计算配电网中故障问题出现在哪一个网格，从中提取关键节点，对搜索网格中的问题节点进行数据信息选择和提取，最终提交到检索模块进行搜索。为保证系统搜索的有效性和准确性，须将挖掘和收集到的信息，在初始化时对其进行规范化处理，形成数据规范可识别的图形结构，将收集到的不同数据通过合成记录，整合数据信息，数据集合后规约处理，统一不同记录和不同标识方法下数据的属性，规范化处理后可降低数据歧义性，对数据分析的精准度有很大程度的提高，在这一过程中能够识别到具有重复属性的数据以及跟踪错误的数据并进行清除，避免干扰正常的图数据库。

以节点和边的形式描述配电网中各节点与支路间存在的关系，利用数据属性区分设备类型，能够更加形象地定义数据间关系，由于配电网规模相对庞大，系统计算相对复杂，不仅要考虑到数据建模的复杂程度，还要考虑到影响搜索速度的相关因素，所建立的图数据库会更加符合要求。数组、链表、树、图是电力系统中常用的四种信息结构，所表示的数据和复杂程度各不相同，图数据库在数据结构和复杂程度各不相同的情况下，能够更加直观和简洁地将数据关系表达出来，更有效地方便后期的计算和分析。

5. 配电网网格搜索引擎模块

创建索引模块，利用关系数据库系统建立中间数据电子目录，并根据电子数据目录逐个生成集合对象，根据集合对象创建数据文件，利用图文索引功能，对配电网的设备信息进行搜索。

第 6 章　新型配电网新技术展望

6.1　面向低碳化发展的新型配电网规划技术展望

6.1.1　概述和关键技术

在"双碳"目标及能源结构转型的驱动下，电能的清洁化替代趋势将愈加显著，配电网在促进新能源消纳和用户碳减排等方面发挥重要作用的同时，也将面临新的挑战。这促使新型配电网向低碳化方向演变，低碳新型配电网规划尤为重要。低碳化新型配电网是一种基于先进技术和智能化管理的电力配电网，低碳化配电网新型配电网规划旨在实现能源的高效利用、减少碳排放和提高电网的可靠性和可持续性。低碳化新型配电网通过引入先进的通信、控制和监测技术，实现了电力系统的双向通信和数据交换，使得电力系统能够更加智能地监测、控制和管理电力流动。新型配电网规划在时间维度上呈现多层次、强耦合的特点，在空间维度上易发生动态演变，使得"零碳排放"的配电网区域电力边界、电压层级难以确定。为有效解决新型配电网规划中"零碳排放"区域电力边界、电压层级难以确定的问题，柔性变电站和具有电压变换功能的柔性配电装置应运而生。作为信息收发链路的重要组成部分，柔性变电站和具有电压变换功能的柔性配电装置响应速度快、数字化水平高，可以及时完成数据测量上传，能够促进清洁能源多级调度协同响应。此外，为积极响应"双碳"目标，应广泛采用分布式发电与智能微网技术，通过自主切换并网运行和脱离主电网孤立运行两种模式，解决单纯依靠化石能源难以实现经济、社会和环境的协调发展的问题，在低碳化发展的基础上解决新型配电网规划问题。

6.1.2　未来展望

在未来，首先，碳中和理念将通过"高碳—低碳—零碳"的过渡方式渐进实现。在此期间制定应合理的能源组合利用方式，逐步减少对传统能源的依赖，实现新型配电网规划的低碳性。其次，由于碳足迹与能量产销的对应关系愈加复杂，信息流和能量流将发生更加紧密的结合，应进一步促进运行模式的转变。使用通信技术和互联网技术将给智能配电网的动态感知、计算决策和代理协作等提供新的控制手段，实现新型配电网规划的兼容性和灵活性。最后，应完善新模式下电力碳排放权交易市场规则，制定安全高效的碳排放权结算与出清规则，利用经济层面的转移支付方式，对地区间的异质互补性

226

资源进行统筹协调，将对配电网规划中不同利益主体的投资行为形成积极引导，实现新型配电网规划的自主性。

6.2　面向多形态发展的新型配电网能量调度技术展望

6.2.1　概述和关键技术

配电网的形态可以定义为配电网的外在结构与运行特征。根据新型城镇化的内在要求，同时考虑到微电网、多能互补、需求侧资源的引入，新型配电网将全面呈现出新的格局和形态特征。2014 年我国发布《国家新型城镇化规划（2014—2020 年）》，明确提出"资源循环利用""提高新能源和可再生能源利用""新能源汽车推广应用""推动物联网、云计算、大数据等新一代信息技术创新应用"等要求。可以从格局、结构、运行模式、物理信息系统、能源互联网五个方面描述配电网的形态。面向新型城镇化分布式能源与需求侧资源接入，配电网将不再局限于传统单一的、单向的能量流的流动，而是将呈现出交直流混合配电、"自适应"化自愈、多能流协同调度、开放式市场交易的特征。新型配电网能量调度相应技术包括柔性交直流混合配电网、新型"自适应性"自愈控制技术、基于需求响应技术的配电网灵活调度机制、电-气-热综合能源系统能量流协同优化调度等。

6.2.2　未来展望

多形态发展的新型配电网能量调度应进一步在配电网结构、自愈控制技术、能量调度机制以及新型市场交易等方面进行完善。网架结构方面，完善多能互补设施建设，可以引入能源中心，将多种能源载体集中起来，进行储存、相互转化；自愈控制方面，完善基于分布式智能终端与主站协调配合的综合控制方式并建立基于分布式能源的故障恢复机制；能量调度机制方面，建立分布式绿色能量管理系统，实现调度管理集成化；市场交易方面可以建立以电力库交易模式为核心的绿色电力交易市场，降低市场建立初期的价格波动带来的市场风险。

6.3　新型配电网运行评估技术及承载力提升方法展望

6.3.1　概述和关键技术

以新能源为主体的新型电力系统已成为未来电网发展的方向。在配电网中分布式光伏、风电等分布式电源和电动汽车渗透率不断提高，但配电网的承载力是有限的。规模化分布式电源和电动汽车接入配电网会对配电网的正常运行产生不利影响。评估配电网对分布式电源和电动汽车的承载力有利于对分布式电源和电动汽车的合理规划和部署，通过采取有效措施减轻甚至消除其对配电网的不利影响，进而提升配电网的承载力，促进分布式电源和电动汽车的大规模接入。因此，评估配电网对分布式电源和电动汽车的承载力对配电网规划具有重要意义。评估方法的选择对评估结果影响很大，不同评估方法的评估成本不同，适用范围不同，所得到评估结果的准确性和合理性也有差异。当前常见技术包括数学解析法、仿真计算法、基于灵敏度的评估方法、综合评估法以及静态安全约束法。可以从源、网、荷、储多种方向提升配电网的承载力，常见技术包括"源"侧谐波治理、清洁能源互补、采用智能逆变器调控分布式电源出力等，"网"侧的调节变压器分接头、选择合适的变压器容量、改变馈线阻抗比、配电网网络重构等，"荷"侧制定车辆到电网响应策略，在负荷低谷时从电网充电，负荷高峰时向电网放电，"储"侧配置固定与移动储能，通过安装储能装置吸收光伏发出的多余电能，可以使分布式光伏始终工作在最大功率点处，有利于提高工作效率，也可预防过电压发生。

6.3.2　未来展望

在未来能源转型驱动下，首先，接入配电网的分布式电源趋于多样化，应进一步考虑不同分布式电源出力在时间和空间上具有的互补性；其次，传统的基于参数的概率分布函数建模方法与实际值常有较大偏差，导致评估模型性能时与实际差异较大，应基于数据驱动与机器学习的不确定性建模方法构建配电网优化调度模型；最后，应考虑电能空间移动的配电网承载力提升技术。将电能进行空间移动，以有效解决不同地方因供需不平衡导致的电能消纳不足、用电需求不能满足等问题，实现空间尺度的削峰填谷，协助配电网应对大量可再生能源的整合以及新型负荷的规模入网。

6.4　新型配电网信息流确定性控制技术展望

6.4.1　概述和关键技术

随着"双碳"建设布局的深化开展，多种新能源接入电网，形成源网荷储多源复杂控制的交换通信网络。依赖网络进行数据交互的高实时性业务数据剧增，现有电力通信网络的延时、抖动、共网传输等指标越来越难满足其需求。时间敏感网络的新型配电网数据传输技术是新型配电网信息流确定性控制实现的关键，它能保证数据的低时延、零丢包、低抖动传输，在上述机制和数据传输性能保障下，综合考虑多种能源的时空耦合特性，建立多能源系统边云协同的分布式优化控制模型，发挥"边-云"协同与信息物理融合的优势，可以实现区域能源系统信息流和能量流的双向流动和交互，保证节点间能量流动的平衡及整体系统的供需平衡。基于时间敏感网标准，新一代电力确定性网络网关芯片技术也对新型配电网信息流确定性控制实现起着决定性作用。新一代电力确定性网络网关芯片技术突破高精度时间同步、确定性流量调控、自动化网络配置等关键技术，实现新型电力系统多业务高质量混合承载、实时响应和精确控制，提供前沿技术引领支撑，同时实现核心部件的国产化和自主可控等问题，助力新型配电网建设。

6.4.2　未来展望

在未来，针对新型配电网电、水、气、热等多能流混合特征，首先，研究多能互联下的新型配电网信息流能量流融合架构，构建新型配电网信息物理融合模型，揭示能源各子系统信息系统、物理系统深度耦合机理，建立能源子系统信息交互机制；其次，研究新型配电网时间敏感网络信息流控制关键技术，建立周期流量精准门控调度模型，设计面向大规模配电网通信网络的快速调度控制算法；然后，研究新型配电网多能互联系统分布式优化控制技术，调研新型配电网信息-物理融合场景下分布式能源、分布式存储、分布式控制等周期性业务数据需求；最后，在此基础上研发基于时间敏感网络技术的电力确定性网络网关芯片，使各分布式节点快速达成共识，支持新型配电网节点间能量流动的平衡以及整体系统的供需平衡。

6.5　新型配电网数字化技术展望

6.5.1　概述和关键技术

随着物联网、互联网等新一代信息技术与智能电网的深度融合，数字化技术在新型配电网中的应用变得至关重要。新型配电网通过引入区块链技术、智能终端识别以及边缘计算等先进手段，实现了配电网系统内的智能化监控、灵活调度和高效数据传输。基于区块链的安全认证技术有效缓解了传统集中式身份认证模式下的运算负载压力，使得电力终端设备的身份验证更加高效、安全。区块链技术通过分布式账本和加密算法，对设备信息进行去中心化处理，保障了数据传输的安全性，并提升了系统的整体运行效率。在配电网的多层次运行中，智能终端识别技术能够通过工业互联网标识（IIoT）实现设备的自动注册和辨识，从而支持电力终端的远程监控与管理。此外，基于边缘计算和 SDN 的优化技术则赋予了配电网系统更高的响应速度和处理能力。通过将部分数据处理与身份认证任务下放至边缘设备，系统减少了对中心服务器的依赖，实现了更加高效的网络调度和数据传输。这些技术的整合与应用，标志着新型配电网在数字化时代迈向了更高的智能化水平。

6.5.2　未来展望

未来的新型配电网将以智能化、灵活性和数据驱动为核心发展方向。首先，智能终端识别与管理技术的提升将增强配电网的自动化能力。工业互联网标识（IIoT）技术将继续发展，智能终端设备通过云边协同，实现高效识别和管理，从而优化资源配置和调度。其次，边缘计算与软件定义网络（SDN）技术的应用将推动配电网智能调度和优化。配电网将利用边缘计算分散数据处理任务，减轻中心服务器负担，实现能量和数据流的高效双向管理；SDN 技术将使网络架构更加灵活，支持能源流动和负载动态调整。随着配电网数字化发展，跨平台的多级联动管理系统将逐步完善，提高整体可靠性。未来，区块链技术将确保配电资源的透明交易和高效清算，推动智能化交易模式的发展，为清洁能源的接入和管理提供支撑。

6.6　新型配电网直流配用电技术展望

6.6.1　概述和关键技术

高比例可再生能源的快速增长、负荷柔性化与直流化的趋势、资源市场的多元化、人工智能技术与数字技术的发展等因素催生了中低压直流配用电技术。该技术指在发、运、储、用一体化的全直流生态下以直流共母线为全直流负荷供配电的新型、绿色、高效的技术。该技术的发展顺应了新型电力系统演化趋势，满足了新型电力系统安全可靠、经济高效、绿色低碳、开放互动等发展需求。中低压直流配用电技术对于以光伏为代表的可再生电源，接入电网不需要换流器、逆变器等装置，大大提高了新能源接入的便捷性；储能设备通过直流进行互联，根据能源系统特点和能耗情况控制其运行，以平抑新能源发电的波动性；终端经变换器接入的负荷可具备柔性特征，根据用户需求的变化快速响应，实现与电网的能量互动。未来直流与交流配用电技术深度融合，将会成为新型配电网重要形态特征，直流配用电系统天然具备的潮流灵活可控、电压主动调节、电能质量综合治理等功能，可有效支撑新能源高渗透率下新型配电网的构建。

6.6.2　未来展望

在直流配用电系统中，需要通过变换器实现不同系统间及系统内部各环节的电压匹配和能量交互，其关键技术可划分为器件、装备和系统三个层面。在器件层面，当前主流技术采用绝缘栅双极型晶体管（IGBT），但随着宽禁带器件技术逐步成熟，基于碳化硅等材料的功率半导体器件因损耗低、热导优、耐压高等优点崭露头角。在装备层面，当前交直流变换器、直流变压器、直流断路器等核心装备存在成本高、体积大、损耗大等问题，亟需优化升级以支持规模化推广应用。在系统层面，超快速故障保护和灵活优化控制技术有待进一步提升，需充分发挥直流配电系统灵活可控特性，通过控保融合提高系统的经济性和可靠性。

参 考 文 献

[1] 舒印彪. 配电网规划设计 [M]. 北京：中国电力出版社，2018.

[2] 罗子楠. 城市配电网网格化规划的研究与评估 [D]. 南昌大学，2020.

[3] 马鑫源. 分布式电源接入下基于供电需求预测的配电网网格化规划 [J]. 技术与市场，2021，28（11）：76-77.

[4] 李翰祥. 含分布式电源和电动汽车的配电网重构研究 [D]. 合肥工业大学，2017.

[5] 张国强. 基于网格化的配电网规划研究及其在榆林高新区电网的应用 [D]. 陕西理工大学，2021.

[6] 罗冬冬. 基于网格化的配电网规划综合评估方法研究与应用 [D]. 南昌大学，2021.

[7] N. C. Koutsoukis, P. S. Georgilakis and N. D. Hatziargyriou. Multistage Coordinated Planning of Active Distribution Networks [J]. IEEE Transactions on Power Systems，2018，33（1）：32-44.

[8] 孔涛，程浩忠，李钢，等. 配电网规划研究综述 [J]. 电网技术，2009，33（19）：92-99.

[9] 武晨晨，苗霈，祝佳楠，等. 配电网网格化运行状态综合评估 [J]. 科技创新与应用，2022，12（14）：1-5.

[10] 张莹. 中性点接地方式的选择及计算实例分析 [J]. 有色设备，2021，35（06）：42-46.

[11] 刘硕. 多区域能源集群互联系统协同优化调度策略研究 [D]. 沈阳工业大学，2021.

[12] 黄钰辰. 多主体分散决策能源互联系统韧性评估及提升策略分析 [D]. 华北电力大学（北京），2021.

[13] S. Heidari，M. Fotuhi-Firuzabad and S. Kazemi. Power Distribution Network Expansion Planning Considering Distribution Automation [J]. IEEE Transactions on Power Systems，2015，30（3）：1261-1269.

[14] 孟政吉. 考虑多区域互联协同的分布式能源站配置规划研究 [D]. 天津大学，2019.

[15] 赵壮. 区域能源互联网的"源-网-荷-储"协同优化 [D]. 新疆大学，2021.

[16] 王婉君. 区域型多能互联网络能源优化配置研究 [D]. 华北电力大学（北京），2018.

[17] 朱子钊，束洪春，戴月涛，等. 单相配电技术理论与研究 [J]. 云南电力技术，2010，38（03）：9-11.

[18] 吴明新，郭世飞，张玉林，等. 低压配电网接线模式综述 [J]. 电气时代，2017（10）：104-107.

[19] 秦腊元. 我国低压电网中性点接地情况分析 [J]. 中小企业管理与科技（下旬刊），2011（02）：243-244.

[20] 杨秀，臧海洋，靳希. 微型燃气轮机并网发电系统的仿真分析 [J]. 华东电力，2011，39（05）：818-821.

[21] 李周华. 基于模型预测控制的三相燃料电池并网发电系统研究 [D]. 广西大学，2022.

[22] 李晓光. 基于生物质发电的电网并网运行监控系统设计 [D]. 大连理工大学，2020.

[23] 刘广一. 主动配电网规划与运行 [M]. 北京：中国电力出版社，2017.

[24] J. A. Martinez，F. de Leon，A. Mehrizi-Sani，et al. Tools for Analysis and Design of Dis-

tributed Resources—Part Ⅱ：Tools for Planning，Analysis and Design of Distribution Networks With Distributed Resources [J]. IEEE Transactions on Power Delivery，2011，26（3）：1653-1662.

[25] 王子涵. 中性点接地方式在中压配电网中的决策 [J]. 科学技术创新，2018（06）：27-29.

[26] 李丹. 中压配电网中性点接地方式改造相关技术的研究 [D]. 河北科技大学，2019.

[27] 刘鑫鑫. 基于博弈树与深度学习结合的非完备信息博弈决策研究与应用 [D]. 南昌大学，2021.

[28] 董文娜. 基于免疫机理的配电网自愈控制研究 [D]. 华北电力大学（北京），2021.

[29] 杨世挺. 智能配电网自愈控制技术的研究 [D]. 山东大学，2019.

[30] 王方军. 离散型序贯博弈计量模型研究 [D]. 首都经济贸易大学，2014.

[31] 马其燕. 智能配电网运行方式优化和自愈控制研究 [D]. 华北电力大学（北京），2010.

[32] 张孝波. 基于不同运行状态的配电网自愈控制方法研究 [D]. 东北大学，2018.

[33] 高连超. 基于决策树算法的滚动轴承的故障诊断研究与实现 [D]. 沈阳工业大学，2022.

[34] 秦立军，马其燕. 智能电网通信技术 [M]. 北京：中国电力出版社，2010.

[35] 康嘉斌. 基于多智能体容错的智能配电网自愈控制方法研究 [D]. 华东交通大学，2017.

[36] 张学清，梁军，张熙，等. 基于样本熵和极端学习机的超短期风电功率组合预测模型 [J]. 中国电机工程学报，2013，33（25）：33-40＋8.

[37] 赵立衡. 基于自动寻优控制的有源电压消弧方法的研究 [D]. 中国矿业大学，2021.

[38] 张金克. 计及差异化需求响应的微电网源荷储协调优化调度 [D]. 华东交通大学，2020.

[39] 负志皓，梁军，韩学山. 一种基于渐进学习的分级电压调控方法 [P]. 山东：CN105207220B，2017-07-11.

[40] 冉玘泉. 智能配电网自愈控制技术研究 [D]. 西南交通大学，2015.

[41] 周坤，李小松. 基于人工智能的节能控制物联网云平台的设计与研究 [J]. 电脑知识与技术，2021，17（02）：173-174＋176.

[42] 鲁晓秋，叶影，曹春，等. 分布式光伏接入的配电网规划综合评估方法 [J/OL]. 华北电力大学学报（自然科学版），2022，1-10.

[43] 黄裕春，文福拴，杨甲甲，等. 含高渗透率间歇性电源的电力网络规划评估体系初探 [J]. 电力建设，2015，36（10）：144-153.

[44] 梁作宾，刘国明，齐向，等. 计及高渗透率可再生能源接入的配电网节能规划研究 [J]. 电气自动化，2021，43（05）：13-16.

[45] 王成山，王瑞，于浩，等. 配电网形态演变下的协调规划问题与挑战 [J]. 中国电机工程学报，2020，40（08）：2385-2396.

[46] 常光耀. 智能配电网自愈控制重构技术研究 [D]. 宁夏大学，2022.

[47] 王丽君. 含储能与快充电站的新能源配电网优化调度策略研究 [D]. 沈阳工业大学，2021.

[48] 刘鑫鑫. 基于博弈树与深度学习结合的非完备信息博弈决策研究与应用 [D]. 南昌大学，2021.

[49] 董文娜. 基于免疫机理的配电网自愈控制研究 [D]. 华北电力大学（北京），2021.

[50] 杨世挺. 智能配电网自愈控制技术的研究 [D]. 山东大学，2019.

[51] 王方军. 离散型序贯博弈计量模型研究 [D]. 首都经济贸易大学，2014.

[52] 马其燕. 智能配电网运行方式优化和自愈控制研究 [D]. 华北电力大学（北京），2010.

[53] 张孝波. 基于不同运行状态的配电网自愈控制方法研究 [D]. 东北大学，2018.

[54] 高连超. 基于决策树算法的滚动轴承的故障诊断研究与实现［D］. 沈阳工业大学，2022.

[55] 秦立军，马其燕. 智能电网通信技术［M］. 北京：中国电力出版社，2010.

[56] 张学清，梁军，张熙，等. 基于样本熵和极端学习机的超短期风电功率组合预测模型［J］. 中国电机工程学报，2013，33（25）：33-40＋8.

[57] 赵立衡. 基于自动寻优控制的有源电压消弧方法的研究［D］. 中国矿业大学，2021.

[58] 张金克. 计及差异化需求响应的微电网源荷储协调优化调度［D］. 华东交通大学，2020.

[59] 负志皓，梁军，韩学山. 一种基于渐进学习的分级电压调控方法［P］. 山东：CN105207220B，2017-07-11.

[60] 冉玘泉. 智能配电网自愈控制技术研究［D］. 西南交通大学，2015.

[61] 周坤，李小松. 基于人工智能的节能控制物联网云平台的设计与研究［J］. 电脑知识与技术，2021，17（02）：173-174＋176.

[62] 查鹏程，甘雅丽，高海祐，等. 电动汽车充电站接入配电网的电能质量评估［J］. 电测与仪表，2022，59（06）：69-75.

[63] 贾嘉瑞. 基于联合法的配电网供电能力可靠性评估研究［J］. 信息技术，2022（02）：121-126.

[64] 陈书樑，曾江，马海杰. 基于最大熵原理的光伏接入配网系统电压风险评估［J/OL］. 电测与仪表，2022，1-10.

[65] 李景顺. G市市区配网供电可靠性评估及提升策略研究［D］. 广西大学，2020.

[66] 董杰，宋利明，黄赟鹏，等. 含高比例光伏配电网电压安全性数字孪生预警方法［J/OL］. 现代电力，2022，1-13.

[67] 李鹏，王瑞，冀浩然，等. 低碳化智能配电网规划研究与展望［J］. 电力系统自动化，2021，45（24）：10-21.

[68] 马其燕，秦立军. 智能配电网关键技术［J］. 现代电力，2010，27（02）：39-44.

[69] 叶斌，代磊，马静，等. 面向新型城镇化的未来配电网形态研究［J］. 电力需求侧管理，2019，21（02）：56-61.

[70] 王婷，陈晨，谢海鹏. 配电网对分布式电源和电动汽车的承载力评估及提升方法综述［J］. 电力建设，2022，43（09）：12-24.